"十三五"职业教育系列教材

U0662006

GONGCHANG GONGPEIDIAN JISHU

工厂供配电技术

（第二版）

王 宇 王志惠 张 蓉 何 伟 编

王艳华 邹振春 主审

中国电力出版社
CHINA ELECTRIC POWER PRESS

内 容 提 要

全书共分七章，内容包括概述、工厂电力负荷及短路电流计算、工厂供配电站、工厂电力线路、工厂供配电系统的二次回路、工厂供配电系统的继电保护与自动装置、工厂供配电系统的运行和管理等。本书力求概念准确清晰、深入浅出，充分反映供电企业、工矿企业、城镇和农村供用电技术工作的实际。为了便于读者学习，每章末都附有习题。

本书可作为职业院校、成人学校及电视大学的供用电技术、电气自动化技术、工业电气自动化等电类专业的教材，也可作为供配电系统方面工程技术人员的参考书。

图书在版编目（CIP）数据

工厂供配电技术 / 王宇等编 . —2 版 . —北京：中国电力出版社，2017.9（2022.2 重印）
"十三五"职业教育规划教材
ISBN 978-7-5198-0945-4

Ⅰ．①工⋯　Ⅱ．①王⋯　Ⅲ．①工厂－供电系统－职业教育－教材②工厂－配电系统－职业教育－教材　Ⅳ．① TM727.3

中国版本图书馆 CIP 数据核字（2017）第 166753 号

出版发行：中国电力出版社
地　　址：北京市东城区北京站西街 19 号（邮政编码 100005）
网　　址：http://www.cepp.sgcc.com.cn
责任编辑：雷　锦（010-63412530）　盛兆亮
责任校对：太兴华
装帧设计：赵姗姗
责任印制：吴　迪

印　　刷：北京雁林吉兆印刷有限公司
版　　次：2006 年 10 月第一版
印　　次：2017 年 9 月北京第二版　　2022 年 2 月第九次印刷
开　　本：787 毫米 ×1092 毫米　16 开本
印　　张：14.25
字　　数：345 千字
定　　价：36.00 元

前　言

　　本书是根据《高职高专教育专门课程基本要求》和《高职高专教育专业人才培养目标及规格》编写的，体现了高等职业教育的应用特色和能力本位。为了适应供用电技术领域的发展状况，结合全国部分电力类高职高专供用电技术专业的设置情况、教学计划与教学安排等，本书在编写过程中注意了电力职业技术教育的要求，对于目前很少采用或淘汰的技术和装置内容进行了删减，有关的技术数据、资料均按新技术的政策、新设计规范及新设备产品样本进行了整理修订；并注意在有关章节内介绍新技术的应用和供电技术的发展趋势。力求概念准确清晰、深入浅出，充分反映供电企业、工矿企业、城镇和农村供用电技术工作的实际。

　　全书共分七章。首先简要地介绍了工厂供配电系统及电力系统相关知识，接着系统地讲述了工厂电力负荷及短路电流的计算、工厂供配电站、工厂电力线路、工厂供配电系统二次回路、工厂供配电系统继电保护与自动装置，最后讲述了工厂供配电系统的运行和管理。鉴于篇幅有限，有的内容只做了简要介绍，以期起到抛砖引玉的作用，详细地学习可参考有关书籍和资料。为了便于读者学习，每章末附有习题。

　　本书由长沙电力职业技术学院王宇统稿并修编第一、二、四章；由保定电力职业技术学院王志惠修编第五章；广东省电力学校张蓉修编第六章；广东省电力学校何伟修编第三章及第七章。

　　本书由王艳华教授和邹振春老师担任主审，并在审阅大纲和稿件过程中提出了许多宝贵的意见和建议，在此表示衷心的感谢！

　　在本书编审中得到了中国电力出版社的大力支持，在此一并表示衷心的感谢！

　　限于编者水平，书中难免有疏漏和不当之处，恳请读者批评指出。

编　者

第一版前言

本书为教育部职业教育与成人教育司推荐教材，是根据教育部审定的电力技术类专业主干课程的教学大纲编写而成的，并列入教育部《2004～2007年职业教育教材开发编写计划》。本书经中国电力教育协会和中国电力出版社组织专家评审，又列为全国电力职业教育规划教材，作为职业教育电力技术类专业教学用书。

本书体现了职业教育的性质、任务和培养目标；符合职业教育的课程教学基本要求和有关岗位资格和技术等级要求；具有思想性、科学性、适合国情的先进性和教学适应性；符合职业教育的特点和规律，具有明显的职业教育特色；符合国家有关部门颁发的技术质量标准。本书既可以作为学历教育教学用书，也可作为职业资格和岗位技能培训教材。

本书体现了职业教育注重应用、能力本位的特点。为了适应供用电技术领域的发展状况，结合全国部分电力技术类供用电技术专业的设置情况、教学计划与教学安排等，本书在编写过程中注意了电力职业技术教育的要求，对于目前很少采用或淘汰的技术和装置内容进行了删减，有关的技术数据、资料均按新技术的政策、新设计规范及新设备产品样本进行了整理修订，并注意在有关章节内介绍新技术的应用和供电技术的发展趋势。本书力求概念准确清晰、深入浅出，充分反映供电企业、工矿企业、城镇和农村供用电技术工作的实际。

全书共分七章。首先简要地介绍了工业企业供电系统的概况及有关知识，接着系统地讲述了工业企业的电力负荷及短路电流的计算、工业企业电力线路、电气设备及其选择条件、工业企业供电系统二次回路、工业企业供电系统继电保护与自动装置，最后讲述了供电质量的提高和怎样节约电能。鉴于篇幅有限，有的内容只做了简要介绍，以期起到抛砖引玉的作用，详细地学习时可参考有关书籍和资料。为了便于学生学习，每章末附有习题。

本书由长沙电力职业技术学院王宇统稿并编写第一、二、四章；由保定电力职业技术学院王志惠编写第三、五章；广东电力学校张蓉编写第六、七章。

本书由王艳华教授和邹振春老师担任主审，并在审阅大纲和稿件过程中提出了许多宝贵的意见和建议，在此表示衷心的感谢！

在本书编审中得到了中国电力出版社的大力支持，在此一并表示衷心的感谢！

限于编者水平有限，书中难免有错误和不当之处，恳请读者批评指出。

编　者

目　　录

第一章　概　　述

本章主要概述供配电系统的一些基本知识。首先简要介绍电力系统的基本概念及中性点运行方式，然后讲述了工厂供电系统的构成、供配电电压标准及选择，并对工厂供电质量的主要指标进行了分析。

第一节　电力系统的基本概念

一、电力系统的组成

电能是现代社会中最重要、也是最方便的能源，它具有便于输送和分配，易于转换为其他的能源，便于控制、管理和调度，易于实现自动化等特点。电能广泛应用于国民经济、社会生产和人民生活的各个方面。绝大多数电能都由电力系统中发电厂提供的。

为了充分利用动力资源及降低发电成本，大型发电厂通常建在远离城市和电能用户的地方，而将电能输送到较远的用电地区。为减少输送电能过程中的损耗，发电厂所生产的电能除厂用电和直配线路外，大部分由升压变压器升压后，经高压输电线路输送给用户。输电电压越高，输送的容量越大，输送的距离也越远。电能输送到用户后因用户的用电设备额定电压均较低，故需经降压变压器将电压降低，再将电能合理地分配到用户，这样由发电厂、变电站、电力线路及用户组成了一个整体，即电力系统，如图 1-1 所示。

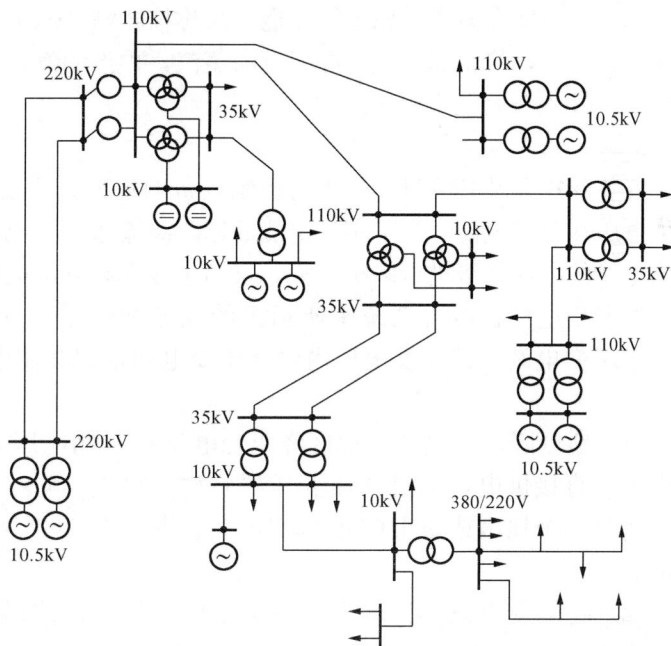

图 1-1　电力系统示意图

下面简要介绍从发电厂到用户的发、输、配电过程，如图 1-2 所示。

1. 发电厂

发电厂将一次能源变为电能。根据一次能源的不同可分为火力发电厂、水力发电厂及原子能发电厂。此外，还有天然气发电厂、太阳能发电厂、风力发电厂、潮汐发电厂、地热发电厂、垃圾发电厂等。

（1）火力发电厂。火力发电厂将煤、石油、天然气等的化学能转变为电能。火力发电的原理是：将燃料在锅炉中充分燃烧，把锅炉中的水加热成高温高压的水蒸气，以此推动汽轮

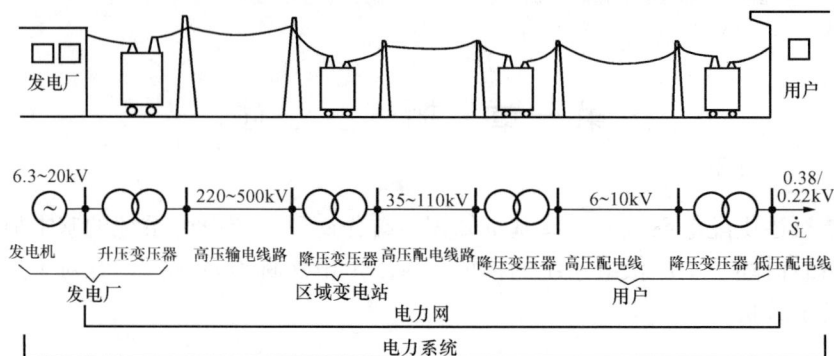

图 1-2　从发电厂到用户的发、输、配电过程

机转动，并带动与汽轮机连轴的发电机旋转、发出电能。

（2）水力发电厂。水力发电厂将水的位能和动能转换成电能。水力发电是利用水流驱动水轮机转动、带动发电机旋转发电。按照提高水位的方法不同可分为堤坝式水电厂、引水式水电厂、混合式水电厂和抽水蓄能式水电厂。

（3）原子能发电厂。原子能发电厂又称核电站。原子能发电是利用核燃料在原子反应堆裂变释放核能，将水加热成高温高压的蒸汽，再推动汽轮机转动并带动发电机旋转发电。其后的生产过程与火电厂相似。

2. 变（配）电站

安装变压器及其测量、保护与控制设备的地方称为变电站。变电站的作用是接受电能、变换电压和分配电能。为了实现电能的远距离输送和将电能分配到用户，需变电站将发电机输出电能的电压等级进行多次变换。仅用于接受和分配电能的场所称为配电站。

根据变电站在电力系统中所承担的任务和性质不同，可分为升压变电站和降压变电站。升压变电站多建在发电厂内，降压变电站常建在用电区域。降压变电站又可分为以下几种：

（1）地区降压变电站。地区降压变电站高压侧电压一般由 220～500kV 的高压输电网或发电厂直接供电，通过降压变压器将电压降为 35～110kV，供给该地区或城市用户用电，这是一个地区或城市的主要变电站。其供电范围大，全站停电后，将使该地区中断供电。

（2）终端变电站。终端变电站位于输电线路的终端，接近负荷点，高压侧由地区降压变电站供电，经变压器降到 6～10kV 直接向用户供电。全站停电后，只是用户中断供电。

（3）工厂降压变电站及车间变电站。工厂降压变电站是指专门供给工厂用电的终端变电站。车间变电站是接受工厂降压变电站提供的电能，将电压降为 380/220V，直接对用电设备供电。

3. 电力线路

电力线路的作用是输送、分配电能，并把发电厂、变电站和用户连接起来，是电力系统不可缺少的重要环节。电力线路按其用途的不同，一般将 220kV 及以上的电力线路称输电线路，110kV 及以下的电力线路称为配电线路。

4．电能用户

所有消耗电能的用电单位均称为电能用户，按其所属行业可分为工业用户、农业用户、公用事业用户及人民生活用户等。其中工业用户所占比例超过半数。

二、电力网

电力网是由各种不同电压等级的电力线路及其两端的变电站组成的。它是电力系统的重要组成部分，是发电厂和用户不可缺少的中间环节，其作用是将电能从发电厂输送并分配到电力用户处，并根据需要改变电压。

电力网按电压高低和供电范围大小可分为区域电网和地方电网。电压等级在220kV及以上的电力网，其供电范围大，称为区域网或输电网；电压等级在110kV及以下的电力网，其供电范围小，称为地方电网或配电网。再有按电压的高低可将电力网分为低压网、中压网、高压网和超高压网等。电压等级在1kV以下的称为低压网；电压等级在1～10kV的称为中压网；电压等级高于10kV低于330kV的称为高压网；电压等级在330kV及以上的称为超高压网；交流1000kV或直流±800kV的电网称为特高压电网。

由于各地区电网发展不平衡，各地区的主网电压等级不同，我国正在建设的最高电网电压为1000kV，发达地区的主网电压已高达500kV，落后地区的主网电压目前只有35kV，一般地区的主网电压多为110～220kV。

第二节　电力系统的额定电压

我国根据国民经济发展的需要和电力工业水平及发展趋势，经全面技术经济分析后，规定了交流电网和电力设备的额定电压（见表1-1），这样能使电力设备的生产实现标准化、系列化，电力系统中发电机、变压器、电力线路及各种用电设备等元件能够配套合理。电力设备在额定电压下运行时，其技术与经济性均为最佳。

表 1-1　　　　　　我国三相交流电网和电力设备的额定电压　　　　　　单位：kV

电网和电力设备额定电压	发电机额定电压	变压器额定电压	
		一次电压	二次电压
0.22	0.23	0.22	0.23
0.38	0.40	0.38	0.40
3	3.15	3 及 3.15	3.15 及 3.3
6	6.3	6 及 6.3	6.3 及 6.6
10	10.5	10 及 10.5	10.5 及 11
—	13.8, 15.75, 18, 20	13.8, 15.75, 18, 20	—
35	—	35	38.5
60	—	60	66
110	—	110	121
154	—	154	169
220	—	220	242
330	—	330	363
500	—	500	525
750	—	750	825

1．电力网和电力线路的额定电压

电力线路的额定电压和电力网的额定电压相等，均选用国家规定的额定电压，它是确定

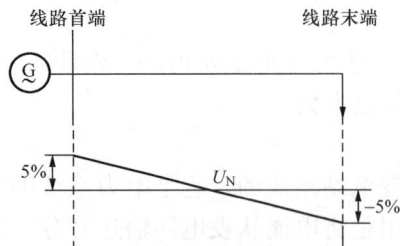

图 1-3　用电设备和发电机额定电压

各类电气设备额定电压的依据。

2. 用电设备的额定电压

用电设备的额定电压和电力线路的额定电压相等，如图 1-3 所示，通过线路输送功率时，由于线路有电压损耗，所以线路上各点的电压不相同。成批生产的用电设备，其额定电压只能按线路首端与末端的平均电压即电网的额定电压来制造。

3. 发电机的额定电压

由于电力线路的允许电压偏移为额定电压的 ±5%，即整个线路允许有 10% 的电压损耗。所以，线路运行时，要求线路首端电压比额定电压高 5%，以使其末端电压不低于额定电压的 5%，如图 1-3 所示。

发电机是输出电能的设备，总是接在线路的首端，所以发电机的额定电压规定比线路额定电压高 5%。例如，线路的额定电压为 10kV 时，接在线路首端的发电机的额定电压应为 10.5kV。对于大型发电机，其额定电压不受线路额定电压等级的限制，一般按技术经济条件确定。如表 1-1 中交流发电机的额定电压有 13.8、15.75、18kV 等几种。

4. 变压器的额定电压

变压器的额定电压规定为各绕组的额定电压，即变压器有几个绕组就对应几个额定电压等级。

变压器的一次绕组是从系统接受电能的。因此若变压器的一次绕组直接与发电机相连，其额定电压等于发电机的额定电压，若一次绕组不直接与发电机相连，而与其他线路相连，则相当于用电设备，因此其额定电压等于所连线路的额定电压。

变压器的二次绕组是输出电能的，相当于供电电源。其额定电压应比所连线路额定电压高 5%，而二次绕组额定电压是指变压器空载时的电压，在额定负荷下变压器内部的电压降落约为 5%，因此为了保证正常运行时变压器二次绕组实际电压仍高于线路额定电压 5%，变压器二次绕组额定电压应比同级线路额定电压高 10%。只有对于短路电压小于 7.5% 或直接（包括通过短距离线路）与用户连接的变压器，其二次绕组额定电压才比线路额定电压高 5%。

【例 1-1】　某电力系统接线如图 1-4 所示，电力网的额定电压已标于图中，试确定图中发电机和各变压器的额定电压。

解：发电机 G：10.5kV；
变压器 T1：10.5/242kV；
变压器 T2：220/121kV；
变压器 T3：110/10.5kV；
变压器 T4：10.5/380V。
需要指出的是额定电压是

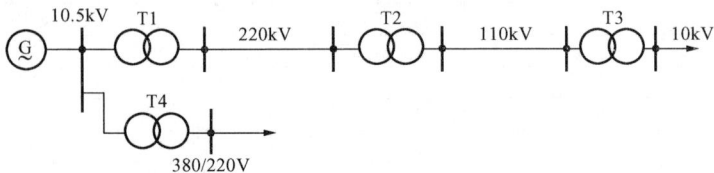

图 1-4　某电力系统接线图

标明设备或线路技术特性的重要参数，不是设备运行时外加的实际电压。在近似计算中，有时要用到线路的平均额定电压，线路的平均额定电压为线路两端变压器额定电压的代数平均值，通常较电网额定电压高 5% 左右。常用的线路平均额定电压为 0.4、10.5、37、66、115、230、347、525kV。

第三节　电力系统的中性点运行方式

电力系统的中性点是指三相系统作星形联结的变压器或发电机的中性点，中性点的运行方式是个很复杂的问题，它关系到绝缘水平、通信干扰、接地保护方式、电压等级、系统接线等方面。

电力系统的中性点运行方式有中性点接地和中性点不接地两种。中性点直接接地和中性点经低电抗或经低电阻接地称为大电流接地系统；中性点不接地和中性点经消弧线圈或高阻抗接地称为小电流接地系统。

一、中性点不接地系统

电力系统运行时，三相导体之间和各相导体对地之间，沿导体全长分布着电容，这些电容在电压的作用下将引起附加的电容电流。为便于讨论，可以认为三相系统对称，将各相导体对地之间分布电容，分别用集中于线路中央的等效电容 C 代替，如图 1-5（a）所示。

各相导体间的电容及其所引起的电容电流较小，在发生单相接地时，因为线电压不变，相间电容电流也不会改变，可不予考虑。

1. 正常运行

中性点不接地系统在正常运行时，各相对地的电压 $\dot{U}_A$、$\dot{U}_B$、$\dot{U}_C$ 是对称的，就等于其相电压。若线路经过完全换位，三相对地电容是相等的，则各相对地的电容电流 $\dot{I}_{CA}$、$\dot{I}_{CB}$、$\dot{I}_{CC}$ 也是对称的，其大小通常用 $\dot{I}_\infty$ 表示，其相量和等于零，所以大地中没有电容电流流过，中性点电位为零，如图 1-5（b）所示。

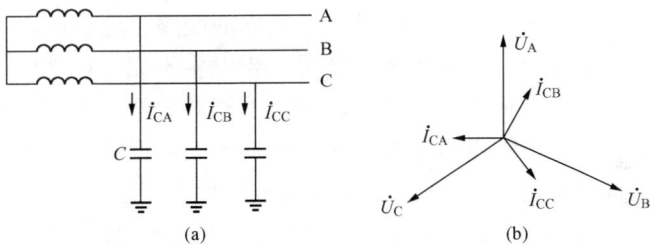

图 1-5　中性点不接地系统的正常运行状态
（a）电路图；（b）相量图

2. 单相接地故障

当系统发生单相接地故障时，各相对地电压改变，对地电容电流也发生变化，中性点电位不再为零，其对地电压值视故障点的接地情况而变化。

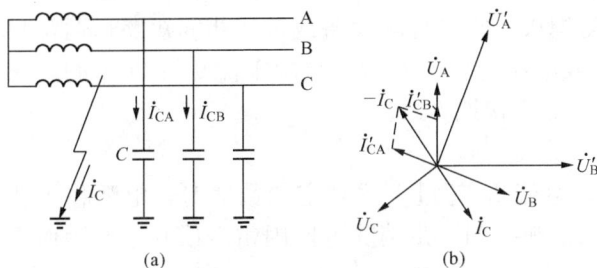

图 1-6　中性点不接地系统 C 相接地时的情况
（a）电路图；（b）相量图

如图 1-6 所示，当发生一相完全接地（也称金属性接地），其接地电阻为零时，故障相对地电压变为零，中性点对地电压值为相电压，非故障相的对地电压升高 $\sqrt{3}$ 倍，变为线电压。

下面以 C 相发生完全接地为例说明。C 相对地电压 $\dot{U}_C = 0$，故中性点对地电压 $\dot{U}_0 = -\dot{U}_C$，A 相对地电压 $\dot{U}'_A = \dot{U}_A - \dot{U}_C = \dot{U}_{AC}$，B 相对地电压 $\dot{U}'_B = \dot{U}_B - \dot{U}_C = \dot{U}_{BC}$，所以 $U'_A = U'_B = \sqrt{3} U_A$。此时三相的线电压

仍保持对称且大小不变，因此对电力用户接于线电压的设备的工作并无影响，无需立即中断对用户供电。

C 相完全接地时，该相对地电容被短接，C 相对地电容电流为零。非故障相 A、B 两相对地电压由正常时的相电压变为故障后的线电压，则非故障相对地的电容电流也相应增大 $\sqrt{3}$ 倍，非故障相 A、B 相的对地电容电流的有效值为

$$\dot{I}_C = -(\dot{I}_{CA} + \dot{I}_{CB})$$

因此 $I_C = 3I_{C0}$，即单相接地的电容电流为正常运行时每相对地电容电流的三倍，$\dot{I}_C$ 在相位上正好超前 $\dot{U}_C 90°$。此时三相对地电容电流之和不再为零，大地中有电流流过，并通过接地点成为回路，如图 1-6（a）所示。

接地电流 I_C 的值与网络的电压、频率和对地电容有关，而对地电容又与电网的结构和线路的长度有关。在实际计算中，接地电流可用下列公式计算：

对架空线路 $\qquad\qquad\qquad\qquad I_C = \dfrac{Ul}{350}$

对电缆线路 $\qquad\qquad\qquad\qquad I_C = \dfrac{Ul}{10}$

式中　U——电网的线电压，kV；

　　　l——电压为 U 的具有电联系的线路长度，km。

以上分析是完全接地的情况。当发生不完全接地时，即通过一定的电阻接地，接地相对地电压大于零而小于相电压，未接地相对地电压大于相电压而小于线电压，中性点对地电压大于零而小于相电压，线电压仍保持不变，但此时接地电流比完全接地时要小些。

综上所述，中性点不接地系统发生单相接地故障时产生的影响可从以下几个方面来分析。

单相接地故障时，由于线电压保持不变，使负荷电流不变，电力用户能继续工作，提高了供电可靠性。然而要防止由于接地点的电弧或者过电压引起故障扩大，发展成为多相接地故障。所以在这种系统中应装设交流绝缘监察装置，当发生单相接地故障时，立即发出信号通知值班人员及时处理。一般规程规定：在中性点不接地的三相系统中发生单相接地时，继续运行的时间不得超过 2h，并要加强监视。

由于非故障相电压升高到线电压，所以在这种系统中，电气设备和线路的对地绝缘应按能承受线电压考虑设计，从而相应地增加了投资。

因接地电流将在故障点形成电弧，电弧可能是稳定性或间歇性的。当接地电流 I_C 较大时，单相接地将产生稳定性电弧，电弧不易熄灭，容易烧坏设备或造成相间短路。通常只有在电压为 20～60kV、接地电流 $I_C \leqslant 10A$，或电压为 3～10kV、接地电流 $I_C \leqslant 30A$ 的高压电网和 1kV 以下的三相三线制电网中采用中性点不接地方式。

二、中性点经消弧线圈接地系统

在上述的中性点不接地系统中，当接地电流 I_C 超过上述规定的数值时，电弧将不能自行熄灭。在变压器的中性点与大地之间接入消弧线圈，是消除电网因雷击或其他原因而发生瞬时单相接地故障的有效措施之一。

消弧线圈是一个具有铁芯的电感线圈，其电抗很大，电阻很小可忽略不计。消弧线圈有许多分接头，用以调整线圈的匝数，改变电抗的大小，从而调节消弧线圈的电感电流。图 1-7 所示是中性点经消弧线圈接地的三相系统的电路图和相量图。

当中性点经消弧线圈接地系统发生 C 相接地时，作用在消弧线圈两端的电压为地对中性点电压 $\dot{U}_C$，并有电感电流 $\dot{I}_L$ 通过消弧线圈和接地点，$\dot{I}_L$ 滞后于 $\dot{U}_C$90°，接地点电流是接地电容电流 $\dot{I}_C$ 与电感电流 $\dot{I}_L$ 的相量和，由

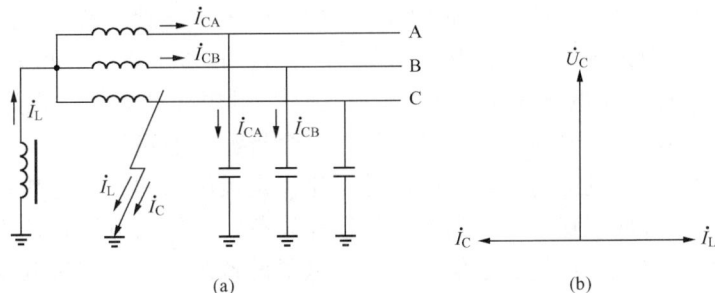

图 1-7　中性点经消弧线圈接地的三相系统
(a) 电路图；(b) 相量图

于 $\dot{I}_C$ 和 $\dot{I}_L$ 两者相差 180°，所以 $\dot{I}_L$ 对 $\dot{I}_C$ 起补偿作用。若适当选择消弧线圈电感（匝数），可使接地点的电流变得很小或等于零，在接地点就不致产生电弧以及由电弧引起的危害。

消弧线圈对接地电容电流的补偿有三种方式：①全补偿 $I_L = I_C$；②欠补偿 $I_L < I_C$；③过补偿 $I_L > I_C$。采用全补偿方式将引起串联谐振过电压。欠补偿方式由于部分线路切除会造成全补偿，也可能会出现串联谐振过电压。因此，在实际应用时都采取过补偿方式。

中性点经消弧线圈接地的系统和中性点不接地的系统一样，当发生单相接地时，故障相对地电压变为零，非故障相对地电压升高 $\sqrt{3}$ 倍。因此，这种系统各相对地的绝缘水平也按线电压考虑。在单相接地时继续运行的时间不得超过 2h，并要查出故障点，在最短时间内消除故障，保证系统安全运行。

三、中性点直接接地系统

图 1-8　中性点直接接地的三相系统

中性点直接接地系统发生一相对地绝缘破坏时，则构成单相短路，由于短路电流很大，危害严重，故障线路不能正常运行，继电保护将动作跳开断路器，使故障线路切除供电连续性中断。因此，中性点直接接地系统在发生单相接地时，不会产生间歇性电弧。图 1-8 所示是发生单相接地时的中性点直接接地系统。

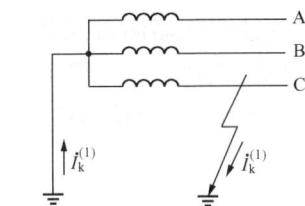

中性点直接接地系统在发生单相接地时，故障相对地电压变为零，非故障相对地电压不变，电气设备绝缘按相电压考虑，降低设备的绝缘要求，直接降低了设备的造价。电网电压等级越高则经济效益越显著。因此，我国 110kV 及以上的高压系统中性点通常采用中性点直接接地系统。

在 380/220V 低压配电系统中也采用中性点直接接地，而且引出中性线或保护中性线，既可满足 220V 单相负荷用电，也可满足 380V 负荷用电，使供电方式灵活，且安全性好。

第四节　电能的质量指标

衡量电能质量的主要指标有电压、频率和波形。

一、电压

电压质量对各类用电设备的安全经济运行都有直接的影响。因为，各种用电设备都是按额定电压来设计制造的，这些设备在额定电压下工作时性能最好、效率最高。当电压偏离额定电压时，其性能和效率都会降低，有的还会减少使用寿命。当电压偏差超过一定范围，设

备会由于过电压或过电流而损坏，或者由于不能满足其工作条件而不能正常工作。

电力系统中主要的用电设备有照明、异步电动机、电热装置和电子设备等。照明负荷（白炽灯）对电压的变化是很敏感的，当电压降低时，白炽灯的发光效率和光通量都急剧下降；当电压上升时，白炽灯的使用寿命将大为缩短。对电力系统负荷中大量使用的异步电动机而言，它的运行特性对电压的变化也是很敏感的。对电热装置而言，其消耗的功率也与电压的平方成正比，过高的电压将损坏设备，过低的电压则达不到所需要的温度。此外，对计算机、电视、广播、通信、雷达等电子设备来说，它们对电压的质量的要求更高。电子设备中的各种半导体器件、集成电路、磁芯装置等的特性，对电压都极其敏感，电压过高或过低都将使其特性严重改变而影响正常工作。例如，对电视机和收音机来说，电压过高将使其损坏，电压过低将影响其接收灵敏度以及收看、收听的效果。

由于上述各类用电设备的工作情况都与电压的变化有着极为密切的关系，故在运行中必须规定电压的允许变化范围，也就是电压的质量标准。电压质量指标通常包括电压允许偏差、电压允许波动和闪变、三相供电电压允许不平衡度。

（1）电压偏差。电压偏差是指系统正常运行而负荷缓慢变化时，系统任一点的实际电压与额定电压之差，通常用百分数表示。目前，我国规定在正常运行情况下，供电电压的允许偏差如下：

1）35kV 及以上电压供电正、负偏差绝对值之和不超过额定电压的 10%。

2）10kV 及以下三相供电电压允许偏差为额定电压的 ±7%。

3）220V 单相供电电压允许偏差为额定电压的 +7%、−10%。

（2）电压波动。电压波动是指在某一段时间内，电压随着负荷波动快速变化而偏离额定值的变化状况。电压波动值为相继出现的电压最大值和最小值之差与额定电压之比，通常用百分数表示。电压波动会引起很多电气设备不能正常工作，因此我国规定的电压波动允许值为：

1）10kV 及以下为 2.5%。

2）35～110kV 为 2%。

3）220kV 为 1.6%。

（3）电压闪变。电压闪变一般是指冲击性负荷（如电弧炉、轧钢机和大电动机启动等）引起的电压突然下降和冲击过后电压迅速恢复的现象。电压闪变会造成电动机振动和转速不均匀，影响某些生产和工艺，还会引起灯光照度不稳而造成人眼视觉不适。

（4）三相电压不平衡度。当三相负荷不对称时，将引起三相电压或电流不平衡。三相电压或电流不平衡会引起产生负序分量和谐波分量，电机的附加发热和振动使电网的损耗增加，并干扰通信设备的运行等。将三相电压不平衡时产生的负序电压与正序电压的比值百分数称为三相电压允许不平衡度。有关规程规定，三相电压允许不平衡度为：正常允许 2%，短时不超过 4%；单个用户一般不超过 1.3%。

由于电力网存在电压损耗，为了保证电压质量合乎要求，需要采取一定措施，关于这方面的内容将在以后章节中介绍。

二、频率

我国采用交流电的额定频率为 50Hz。在发电机组和用电设备铭牌上均标有额定频率。同样这些设备在正常运行情况下，应在额定频率下运行，才能保证设备运行的可靠性和经济性。当频率发生偏差时，不但影响电力用户的正常工作，也会对电力系统产生影响。

对电力用户而言，当频率降低时，用户电动机的转速下降，从而使生产率降低，并影响电动机的使用寿命；反之，频率增高将使电动机的转速上升，增加功率损耗，使经济性降低。特别是某些对转速要求较严格的工厂（如纺织厂、造纸厂等），频率偏差将严重影响产品的质量，甚至产生大量废品。

对电力系统而言，频率降低会使发电厂机械输出功率下降，从而进一步减少发电出力，导致频率继续下降，引起频率崩溃。另外在频率降低的情况下运行时，汽轮机的叶片会发生振动，从而产生裂纹或断裂，缩短汽轮机的使用寿命。

此外，频率的变化还将影响到电钟的正确运行和计算机、自动控制装置等电子设备的准确工作等。

我国对供电频率的允许偏差规定为：容量在 3000MW 及以上的系统，频率偏差不得超过±0.2Hz；在 3000MW 以下的系统，频率偏差不得超过±0.5Hz。

根据频率的质量指标，要求同一电力系统在任何瞬间的频率值必须保持一致。在系统稳态运行情况下，频率值取决于发电机组的转速，而发电机组的转速则主要决定于发电机组输出功率与输入功率的平衡情况。所以，要保持频率的偏差不超过规定值，首先应维持电源与负荷的有功平衡，其次还要采取一定的调频措施，即通过调节使有功保持平衡，从而维持系统频率的偏差在规定范围之内。

三、波形

通常，要求电力系统交流电的波形应为正弦波。为此，要求发电机首先发出符合标准的正弦波电压。其次，在电能的变换、输送、分配过程中不应使波形发生畸变。此外，还应消除电力系统中由于具有非线性特性的用电设备产生的谐波，例如换流装置、电气铁道、电弧炉等产生的谐波。

当电源波形不是标准的正弦波时，必然包含着各种高次谐波分量，这些谐波分量的出现将影响电动机的效率和正常运行，还可能使系统产生高次谐波谐振而危害电气设备的安全运行，例如高次谐波谐振引起的过电压可能烧坏变电站中的电压互感器或无功补偿电容器。此外，谐波分量还将影响电子设备的正常工作并造成对通信线路的干扰等不良后果。

为了严格地保证波形的质量标准，在发电机、变压器等设备的设计制造时，都已考虑并采取了相应的措施，因此只要在运行中遵照有关规程规定，便可保证波形质量。但是，随着电力电子技术在电力系统中的应用和扩大，由其产生的谐波污染日趋严重，威胁着电力系统和各种电气设备的安全经济运行，因此，谐波也是电能质量指标之一。为了保证电能质量、防止谐波的危害，首先应限制各个非线性负荷所产生的谐波电流；其次，要采取一些抑制谐波的措施。例如：配电变压器一侧接线可采用三角形联结，利用滤波装置，用电容器吸收谐波电流或调整三相负荷使其保持三相平衡等。

第五节　工厂供配电系统

一、工厂供配电系统

工厂供配电系统是电力系统的重要组成部分，也是电力系统的最大电能客户。它由总降压变电站、高压配电站、车间变电站、工厂配电线路和用电设备等组成，如图 1-9 所示。

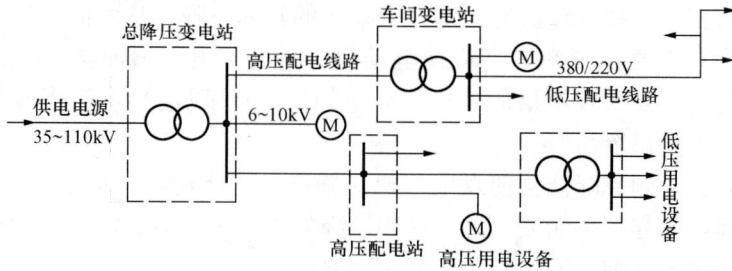

图 1-9　典型工厂供配电系统示意图

1. 工厂总降压变电站

工厂总降压变电站是工厂电能供应的枢纽。它将电力系统供给的 35～110kV 的电源电压降为 6～10kV 高压配电电压，可供给高压配电站、车间变电站和高压用电设备。一般设有 2 台主降压变压器，其容量可由几千到几万千伏·安。

2. 高压配电站

高压配电站集中接受 6～10kV 电压电能，再分配到附近各车间变电站和高压用电设备。通常在负荷分散、厂区大的大型工厂设置高压配电站。

3. 车间变电站

车间变电站将 6～10kV 电压降为 380/220V 电压，对低压用电设备供电。根据生产规模、用电设备的布局和用电量大小等情况，可设立一个或几个车间变电站。若是几个相邻且用电量不大的车间可共用一个车间变电站。车间变电站一般设置 1～2 台变压器，单台变压器容量一般为 1000kV·A 及以下。

4. 工厂配电线路

工厂配电线路分为 6～10kV 厂内高压配电线路和 380/220V 厂内低压配电线路。高压配电线路将工厂总降压变电站与高压配电站、车间变电站和高压用电设备连接起来。低压配电线路将车间变电站的 380/220V 电压向低压用电设备供电。根据工厂企业的具体情况，高、低压配电线路可采用架空线路和电缆线路。

5. 用电设备

用电设备按用途可分为动力用电设备、工艺用电设备、电热用电设备、试验用电设备和照明用电设备等。

应当指出，对于某个具体的用户供配电系统，可能上述各部分都有，也可能只有其中的几个部分，这主要取决于用户电力负荷的大小和厂区的大小。不同用户的供配电系统，不仅组成不完全相同，而且相同部分的构成也会有较大的差异。通常大型工厂都设总降压变电站，中小型工厂仅设全厂 6～10kV 变电站或配电站，某些特别重要的工厂还设自备发电厂作为备用电源。

二、工厂供配电系统的要求

工厂供配电系统要很好地为工业生产服务，切实保证工厂和生活用电的需要，并做好节能工作，降低产品成本，就必须达到以下基本要求。

（1）安全。在供应、分配和使用电能的过程中，不应发生人身事故和设备事故。

（2）可靠。工厂供配电系统应满足用电设备对供电可靠性的要求。

（3）优质。工厂供配电系统应满足用电设备对电压、频率等供电质量的要求。

（4）经济。工厂供配电系统应尽量做到投资省、年运行费低，并尽可能节约电能和减少有色金属消耗量。

三、工厂供配电电压的选择

工厂供配电电压的选择主要取决于下列因素：①当地供电电源电压；②工厂用电设备的电压、容量和数量；③输送工厂所需电能的距离；④工厂厂区范围的大小及用电设备的分布等。

在输送功率一定情况下，若提高供电电压，就能减少电能的损耗、提高用户端电压质量、节约有色金属。但电压越高，绝缘要求越高，供电线路中的元件如变压器、开关设备等的价格将增加，从而增加投资费用。所以为了确定合适的供配电电压，必须进行经济技术比较。表 1-2 中列出了常用各级电压线路的经济输送容量与输送距离。

表 1-2　　　　　　　　　　　常用各级电压线路的经济输送容量与输送距离

线路电压（kV）	线路结构	输送功率（kW）	输送距离（km）
0.38	架空线路	≤100	≤0.25
0.38	电缆线路	≤175	≤0.35
6	架空线路	≤2000	3～10
6	电缆线路	≤3000	≤8
10	架空线路	≤3000	5～15
10	电缆线路	≤5000	≤10
35	架空线路	2000～15000	20～50
60	架空线路	3500～30000	30～100
110	架空线路	10000～50000	50～150
220	架空线路	100000～500000	100～300
330	架空线路	200000～800000	200～600
500	架空线路	1000000～1500000	150～850
750	架空线路	2000000～2500000	500 以上

1. 工厂供电电压的选择

工厂供电电压通常只能选择所在地区原有电源电压等级，具体选择时参照表 1-2，并作如下考虑：

（1）对小型工厂，其用电设备容量在 100kW 以下，输送距离在 600m 以内，可选择 380/220V 电压供电。

（2）对于中小型工厂，其用电设备容量在 100～2000kW，输送距离在 4～20km，可采用 6～10kV 电压供电。

（3）对于大型工厂，其用电设备容量在 2000～5000kW，输送距离在 20～150km，可采用 35～110kV 电压供电。

2. 工厂配电电压的选择

工厂高压配电电压通常选用 6～10kV。6kV 与 10kV 相比较：变压器、开关设备投资相差不多，但在传输相同功率情况下，10kV 线路可减少电能损耗和电压损耗、节约有色金属提高经济效益，所以工厂高压配电电压一般先选用 10kV；若工厂 6kV 用电设备总容量较大，厂区内高压配电电压宜采用 6kV。3kV 电压等级太低，作为配电电压不经济。

　　工厂的低压配电电压一般采用 380/220V（因安全所规定的特殊电压除外）。其中：380V 为三相配电电压，接三相用电设备及 380V 单相用电设备；220V 为单相配电电压，接 220V 照明灯具及其他 220V 的单相设备。对于采矿、石油及化工等部门，因其负荷中心离变电站较远，为减少线路电压、电能损耗，提高负荷端电压水平，也可采用 660V 作低压配电电压。

习　题

1-1　什么叫电力系统？为什么要建立电力系统？

1-2　试述工厂供配电系统的组成及特点？

1-3　什么是额定电压？统一规定各种电气设备额定电压有什么意义？

1-4　反映电能质量的指标是什么？

1-5　什么叫电压偏移？如何计算电压偏移？

1-6　电力系统的中性点运行方式有哪几种？

1-7　工厂供电电压等级如何选择？

1-8　怎样确定工厂配电电压？

1-9　试确定图 1-10 所示供电系统中发电机 G 和变压器 T1、T2 和 T3 的额定电压。

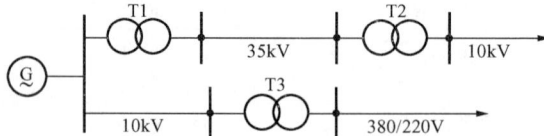

图 1-10　习题 1-9 图

第二章　工厂电力负荷及短路电流计算

本章首先概述工厂电力负荷和负荷曲线的分类及有关概念，重点讲述了工厂电力负荷的确定和计算方法，分析了尖峰电流的计算和工厂功率因数及无功补偿，简单介绍了工厂的电气照明负荷、短路的相关概念和短路计算方法及目的。

第一节　工厂的电力负荷和负荷曲线

工厂电力负荷也称电力负载，是指企业耗用电能的用电设备或用电单位。有时也把用电设备或用电单位所耗用的电功率或电流的大小称为电力负荷。在工厂电力负荷中，有各种用电设备，它们的工作特征和重要性各不相同，对供电的可靠性和供电的质量要求也不同。因此应对工厂用电设备或负荷分类，以满足负荷对供电可靠性的要求，保证供电质量，降低供电成本。

一、有功负荷和无功负荷

连接在电力系统上的一切用电设备所消耗的功率称为电力系统的负荷。其中用电设备把电能转换为其他能量，如机械能、光能、热能等。通常在用电设备中真实消耗掉的功率称为有功负荷，例如电灯、电炉以及电动机带动的水泵、风机、车床等机械设备所消耗的功率就是有功负荷。

但电动机为带动机械，需要在其定子中产生磁场，通过电磁感应在电动机的转子中感应出电流，使转子转动，从而带动机械运转，这种产生磁场所消耗的功率称为无功负荷。同样，变压器也需消耗无功，在一次绕组中产生磁场，二次绕组中形成感应电压。因此，没有无功，电动机就不会转动，变压器也不能变压，无功和有功同样重要，只是无功负荷并不做功，不能转换为其他形式的能，仅完成电磁能量的相互转换。

为了满足有功负荷和无功负荷的需要，发电机既发有功功率，又发无功功率。发电机的全功率包括有功功率和无功功率，又称为视在功率。视在功率等于其额定电压和额定电流的乘积。由于通常系统电压比较稳定，所以负荷电流的大小也就反映了视在功率的大小。

在实际工程中，有功功率的单位为 kW（千瓦），无功功率的单位为 kvar（千乏），视在功率的单位为 kV·A（千伏·安）。

有功功率与视在功率的比值称为功率因数，发电机的功率因数一般为 0.8～0.9。负荷的功率因数与负荷的性质密切相关、变动范围较大，普通的感性负荷在额定负荷情况下一般为 0.7～0.8，常用的电阻炉和白炽灯由于不消耗无功功率故功率因数为 1。

如果发电机发出的有功功率小于系统有功负荷，则系统的频率就要降低，反之，系统的频率就要升高。如果发电机发出无功功率小于系统无功负荷，则系统电压就要降低，反之，系统的电压就会升高。电网的电压、频率和幅值偏离允许值都会对电气设备和用户的电气设备的使用寿命及用电的经济性产生不良影响，所以，一般采取无功补偿措施和正确选用用电设备的容量等办法，以保持电网电压的稳定，采取计划用电和调荷节电等措施以保持电网的频率。

二、负荷分类

（一）按对供电可靠性要求的负荷分类

我国将电力负荷按其对供电可靠性的要求及中断供电在政治上、经济上造成的损失或影响的程度划分为三级。

1. 一级负荷

一级负荷如果突然中断供电，将造成人身伤亡或重大设备损坏且难以修复，给国民经济造成重大损失。例如：炼钢厂的炼钢炉突然停电超过 30min，可能造成炼钢炉报废；矿井下突然停电，可能造成人身事故或矿井倒塌事故等。

因此一级负荷应由两个独立电源供电。所谓独立电源，就是当一个电源发生故障时，另一个电源应不致同时受到损坏。在一级负荷中的特别重要负荷，除上述两个独立电源外，还必须增设应急电源（也称保安电源）。为保证对特别重要负荷的供电，严禁将其他负荷接入应急供电系统。应急电源一般为独立于正常电源的发电机组、干电池、蓄电池或供电网络中有效地独立于正常电源的专门馈电线路。

2. 二级负荷

二级负荷如果突然中断供电，将造成主要设备损坏、大量产品报废、连续性生产过程被打乱且需较长时间恢复、重点企业大量减产等，或造成重要公共场所秩序混乱，在政治上、经济上造成较大损失。

因此二级负荷应由双回线路供电，两个回路应尽可能引自不同的供电变压器或母线段，做到当电力变压器发生故障或电力线路发生常见故障时，不致中断供电或中断后能迅速恢复。当取得两个回路确实有困难时，允许由一回专用架空线路供电。这是因为架空线路发生故障时，较电缆线路故障易于发现、检查和修复。

3. 三级负荷

所有不属于一级负荷、二级负荷的用电负荷均属于三级负荷。三级负荷对供电电源没有特殊要求，一般由单回电力线路供电。

一般工厂中，一、二级负荷所占比例较大，即使短时停电也会造成较大经济损失。掌握了工厂的负荷分级及其对供电可靠性的要求后，可应用于设计新建或改建工厂供电系统的供电方案，使确定的供电方案技术性、经济性最合理。

（二）按工作制的负荷分类

电力负荷按其工作制可分为以下三类。

1. 连续工作制负荷

连续工作制负荷是指长时间连续工作的用电设备。其特点是负荷比较稳定，连续工作发热使其达到热平衡状态，其温度达到稳定温度。工厂用电设备大都属于这类设备，如泵类、通风机、压缩机、电热设备、运输设备、照明设备等。

2. 短时工作制负荷

短时工作制负荷是指工作时间短、停歇时间较长的用电设备。其运行特点为工作时其温度达不到稳定温度，停歇时其温度降到环境温度。此负荷在用电设备中所占比例很小，如有些机床的辅助电动机、闸门电动机等。

3. 反复短时工作制负荷

反复短时工作制负荷是指时而工作、时而停歇、反复运行的设备，其工作时间与停歇时间有一定比例。如起重机、电梯、电焊设备等。

反复短时工作制负荷可用暂载率（或负荷持续率）来表示其工作特征。通常用一个工作周期内工作时间占整个周期的百分比 ε 来表示暂载率，即

$$\varepsilon = \frac{t_{\mathrm{w}}}{T} \times 100\% = \frac{t_{\mathrm{w}}}{t_{\mathrm{w}} + t_0} \times 100\% \tag{2-1}$$

式中　t_{w}——工作时间；

t_0——停歇时间；

T——工作周期。

三、负荷曲线

负荷曲线是表示电力负荷随时间变动情况的曲线，反映了用户用电的特点和规律。负荷曲线可绘制在直角坐标系上，纵坐标表示负荷功率值，横坐标表示对应的时间。

负荷曲线按负荷的功率性质不同，分为有功负荷曲线和无功负荷曲线；按时间单位的不同，分为日负荷曲线和年负荷曲线；按负荷对象不同，分为全厂的、车间的或某类设备的负荷曲线。

1. 日负荷曲线

工厂企业的有功或无功日负荷曲线都可以用测量的方法获得数值后绘制成曲线。如通过接在供电线路上的有功或无功功率表，在一定的时间间隔内将仪表读数的平均值记录下来，再依次将这些点描绘在坐标上。这些点连成折线形状的

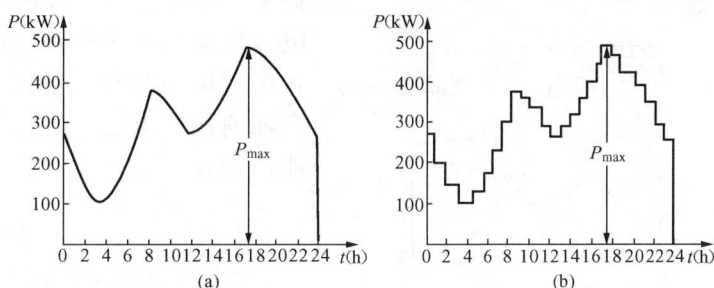

图 2-1　日有功负荷曲线
(a) 折线形负荷曲线；(b) 阶梯形负荷曲线

是折线形负荷曲线，如图 2-1（a）所示；连成阶梯状的是阶梯形负荷曲线，如图 2-1（b）所示。为计算方便，负荷曲线多绘成阶梯形。负荷曲线时间间隔取得越短（一般按2h分格），曲线越能反映负荷的实际变化情况。日负荷曲线与横坐标所包围的面积代表全日负荷所消耗的电能。

2. 年负荷曲线

年负荷曲线的绘制，要借助一年中有代表性的冬季日负荷曲线和夏季日负荷曲线。通常用年持续负荷曲线来表示年负荷曲线，年负荷曲线反映负荷全年（8760h）变动情况，如图2-2所示。

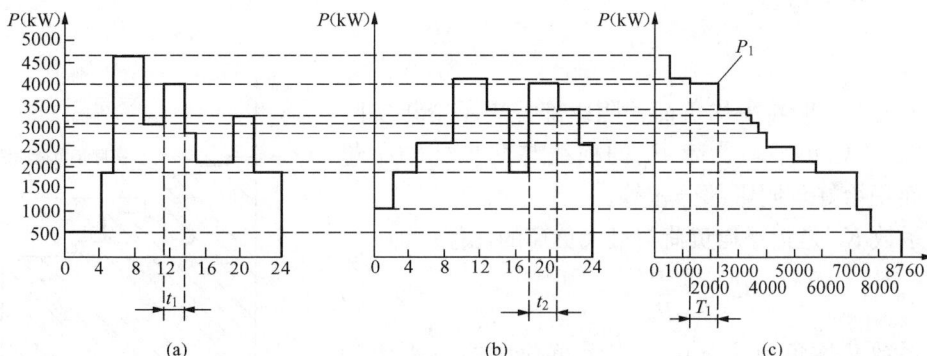

图 2-2　南方某工厂的年负荷曲线的绘制
(a) 夏季日负荷曲线；(b) 冬季日负荷曲线；(c) 年负荷持续时间曲线

年负荷曲线绘制方法如图 2-2 所示。其中夏季和冬季在全年中占的天数视地理位置和气温情况而定。一般在北方，近似认为冬季 200 天，夏季 165 天；在南方，近似认为冬季 165 天，夏季 200 天。图 2-2 是南方某工厂的年负荷曲线，图中 P_1 在年负荷曲线上所占的时间计算为 $T_1 = 200t_1 + 165t_2$。

注意：日负荷曲线是按时间的先后绘制，而年负荷曲线是按负荷的大小排列。

3. 与负荷曲线有关的参数

分析负荷曲线可以了解负荷变化规律，从而合理地、有计划地安排车间、班组或大容量设备的用电时间，降低负荷高峰，填补负荷低谷，这种"削峰填谷"的办法可使负荷曲线变得比较平坦，提高企业的供电能力，也有利于企业降损节能。

（1）年最大负荷和年最大负荷利用小时数。年最大负荷 P_{max} 是指全年中负荷最大的工作班内半小时平均功率的最大值，因此年最大负荷也称半小时最大负荷，记为 P_{30}。

年最大负荷利用小时数 T_{max} 是指负荷以年最大负荷 P_{max} 持续运行一段时间后，消耗的电能恰好等于该电力负荷全年实际消耗的电能。这段时间就是年最大负荷利用小时数，如图 2-3 所示，阴影部分即为全年实际消耗的电能。如果以 W_a 表示全年实际消耗的电能，则有

$$T_{max} = \frac{W_a}{P_{max}} \tag{2-2}$$

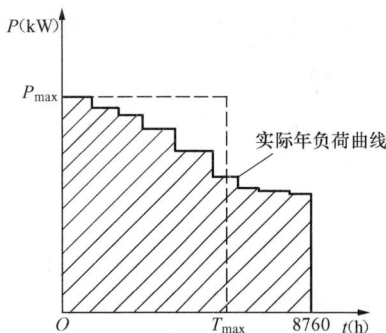

图 2-3 年最大负荷和最大负荷利用小时数

T_{max} 是反映客户负荷是否均匀的一个重要参数，与工厂的类型及工作班制有较大关系，如一班制企业 $T_{max} = 1800 \sim 3000h$；两班制企业 $T_{max} = 3500 \sim 4500h$；三班制企业 $T_{max} = 5000 \sim 7000h$。

（2）平均负荷和负荷系数。平均负荷是指电力负荷在一定时间内消耗的功率的平均值。如在 t 时间段内消耗的电能为 W_t，则 t 时间内的平均负荷为

$$P_{av} = \frac{W_t}{t} \tag{2-3}$$

年平均负荷是指电力负荷在一年内消耗的功率的平均值。如用 W_a 表示全年实际消耗的电能，则年平均负荷为

$$P_{av} = \frac{W_a}{8760} \tag{2-4}$$

图 2-4 用以说明年平均负荷，阴影部分表示全年实际消耗的电能 W_a，年平均负荷 P_{av} 的横线与两坐标轴所包围的矩形面积恰好与阴影部分相等。

负荷系数 K_L 是指平均负荷与最大负荷的比值，即

$$K_L = \frac{P_{av}}{P_{max}} \tag{2-5}$$

负荷系数又称负荷率，用来表示负荷曲线不平坦的程度。负荷系数越接近 1，负荷越平坦。所以对于工厂来说，应尽量提高负荷系数，从而充分发挥供电设备的供

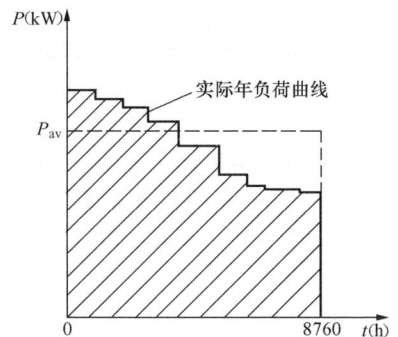

图 2-4 年平均负荷

电能力、提高供电效率。

对于单个用电设备或用电设备组，负荷系数是指设备输出功率 P 和设备额定功率 P_N 的比值，即

$$K_L = \frac{P}{P_N} \tag{2-6}$$

K_L 可以表示该设备或设备组的容量是否被充分利用。

第二节　工厂电力负荷的计算

计算工厂电力负荷的目的是掌握用电情况，合理选择供配电系统中的导线、电缆、开关电器、变压器等设备和元件。

一、工厂用电设备的设备容量

工厂用电设备铭牌上都标有额定功率，但由于各用电设备的额定工作条件不同，如有的是长期工作制，有的是反复短时工作制。因此这些铭牌上规定的额定功率就不能直接相加来作为全厂的电力计算负荷，而必须先换算成同一工作制下的额定功率，然后才能相加。经过换算至统一规定的工作制下的额定功率称为工厂用电设备的设备容量 P_e，计算方法如下几个方面。

1. 长期工作制和短时工作制的用电设备

长期工作制和短时工作制的设备容量即所有设备的铭牌额定功率，则有

$$P_e = P_N \tag{2-7}$$

若铭牌给定的是用电设备的额定容量 S_N 和功率因数 $\cos\varphi_N$，则有

$$P_e = S_N \cos\varphi_N \tag{2-8}$$

2. 反复短时工作制的用电设备

反复短时工作制的设备容量是将设备标准暂载率下的额定功率换算到统一的设备暂载率下的功率。常用设备的换算要求如下：

（1）电焊机设备（电焊机设备的标准暂载率有 50%、65%、75%、100% 四种）要求统一换算到 $\varepsilon = 100\%$ 时的功率，即

$$P_e = P_N \sqrt{\frac{\varepsilon_N}{\varepsilon_{100\%}}} = S_N \cos\varphi_N \sqrt{\varepsilon_N} \tag{2-9}$$

式中　　P_N——设备铭牌额定有功功率；

　　　　S_N——设备铭牌额定容量；

　　　　ε_N——设备铭牌暂载率（计算中用小数）；

　　　　$\varepsilon_{100\%}$——值为 100% 的负荷暂载率（计算中用 1）；

　　　　$\cos\varphi_N$——设备铭牌功率因数。

（2）起重电动机设备（起重电动机设备的标准暂载率有 15%、25%、40%、60% 四种）要求统一换算到 $\varepsilon = 25\%$ 时的功率，即

$$P_e = P_N \sqrt{\frac{\varepsilon_N}{\varepsilon_{25\%}}} = 2P_N \sqrt{\varepsilon_N} \tag{2-10}$$

式中　$\varepsilon_{25\%}$——值为 25% 的负荷暂载率（计算中用 0.25）。

【例 2-1】 某工厂金工车间 380V 的用电设备中，金属切削机床共 18 台（其中 15kW 的 1 台、11kW 的 3 台、7.5kW 的 6 台、5kW 的 8 台），吊车 1 台（5.5kW、$\varepsilon_N = 25\%$），电焊机 2 台（额定容量 22kV·A、$\varepsilon_N = 60\%$、$\cos\varphi_N = 0.5$）。试求该车间的设备容量。

解： （1）金属切削机床的设备容量。金属切削机床属于长期连续工作制设备，所以 18 台金属切削机床的总容量为

$$P_{e1} = \sum P_{ei} = 15 \times 1 + 11 \times 3 + 7.5 \times 6 + 5 \times 8 = 133 \, (kW)$$

（2）吊车的设备容量。吊车属于反复短时工作制的用电设备，它的设备容量应统一换算到 $\varepsilon_N = 25\%$，所以 1 台吊车的容量为

$$P_{e2} = P_N \sqrt{\frac{\varepsilon_N}{\varepsilon_{25\%}}} = P_N = 5.5 \, (kW)$$

（3）电焊机的设备容量。电焊机属于反复短时工作制的用电设备，它的设备容量应统一换算到 $\varepsilon_N = 100\%$，所以 2 台电焊机的容量为

$$P_{e3} = 2S_N \cos\varphi_N \sqrt{\varepsilon_N} = 2 \times 22 \times 0.5 \times \sqrt{0.6} = 17 \, (kW)$$

（4）车间的设备总容量为

$$P_e = 133 + 5.5 + 17 = 155.5 (kW)$$

二、工厂计算负荷的确定

（一）概述

工厂供配电系统要能够在正常条件下可靠运行，则其中所有的设备都必须选择得当，除了满足工作电压以外，最重要的就是要满足负荷电流的要求，因此必须对工厂供配电系统中各个环节的电力负荷进行统计计算。通过负荷的统计计算求出的、用来按发热条件选择工厂供配电系统中设备的负荷值，称为计算负荷。根据计算负荷选择的设备，在以计算负荷连续运行时，其发热温度不会超过允许值。

由于导体通过电流达到稳定温升的时间大约为（3~4）τ，τ 为发热时间常数。对中小截面（35mm^2 以下）的导体，其 τ 约为 10min 左右，故载流导体约经 30min 后可达到稳定温升值。由此可见，只有持续时间在半小时以上的负荷值，才有可能构成导体的最大温升。计算负荷实际上与从负荷曲线上查得的半小时最大负荷 P_{30}（即年最大负荷 P_{max}）是基本相当的，所以把根据半小时平均负荷绘制的典型性日负荷曲线（如在负荷最大的月份至少出现过 2~3 次）中的最大值称为计算负荷，即 P_{30} 是一年中能使线路达到最高温升的最大负荷。因此计算负荷通常用 P_{30}、Q_{30}、S_{30}、I_{30} 分别表示有功计算负荷、无功计算负荷、视在计算负荷和计算电流。

计算负荷是供电设计计算的基本依据，计算负荷确定得是否合理，直接影响到电气设备的选择是否经济合适。计算负荷确定过小，则依此选用的设备和载流部分有过热危险，轻者使线路和配电设备寿命降低，重者影响供电系统的安全。计算负荷确定偏大，则造成设备的浪费和投资的增大。所以合理确定计算负荷是供电设计的前提，也是实现供电系统安全、经济运行的保障。

但由于负荷情况复杂，影响计算负荷的因素很多，虽然各类负荷的变化有一定规律可循，可很难确定计算负荷的大小。而且负荷也不是一成不变，它与设备的性能、生产的组织及能源的供应等多种因素有关。因此负荷计算只能力求接近实际。

目前我国负荷计算常用的方法有简便实用的需要系数法和二项式系数法。

（二）用电设备组计算负荷的确定

1. 需要系数法

用电设备组的计算负荷是指用电设备组从供电系统中取用的半小时最大负荷 P_{30}，用电设备组的计算负荷应为用电设备组的设备容量 P_e（不含备用设备容量）乘以一个合适的需要系数 K_d（小于 1）即

$$P_{30} = K_d P_e \tag{2-11}$$

其中，需要系数 K_d 是考虑了用电设备组所有用电设备不可能全部同时运行、每台用电设备也不一定全部带满负荷，还有线路损耗、用电设备本身的损耗及操作人员的技能及生产等多种因素。

表 2-1 中列出了各种用电设备组的需要系数值 K_d、二项式系数及功率因数，供计算参考。

表 2-1 　　　　　　　　**用电设备组的需要系数 K_d、二项式系数及功率因数**

用电设备组名称	需要系数 K_d	二项式系数		最大容量设备台数 x	$\cos\varphi$	$\tan\varphi$
		b	c			
大批和生产的冷加工机床电动机	0.3～0.35	0.26	0.5	5	0.65	1.17
大批和生产的热加工机床电动机	0.18～0.25	0.14	0.5	5	0.5	1.73
小批生产的冷加工机床电动机	0.25～0.3	0.14	0.4	5	0.5	1.73
小批生产的热加工机床电动机	0.16～0.2	0.24	0.4	5	0.6	1.33
通风机、水泵、空压机及电动发电机组电动机	0.7～0.8	0.65	0.25	5	0.8	0.75
非连锁的连续运输机械和铸造车间整砂机械	0.5～0.6	0.4	0.4	5	0.75	0.88
连锁的连续运输机械和铸造车间整砂机械	0.65～0.7	0.6	0.2	5	0.75	0.88
锅炉房和机修、机加、装配等类车间的吊车（ε=25%）	0.1～0.15	0.06	0.2	3	0.5	1.73
铸造车间的吊车（ε=25%）	0.15～0.25	0.09	0.3	3	0.5	1.73
自动连续装料的电阻炉设备	0.75～0.8	0.7	0.3	2	0.95	0.33
非自动连续装料的电阻炉设备	0.6～0.7	0.5	0.5	1	0.95	0.33
实验室用的小型电热设备（电阻炉、干燥箱等）	0.7	0.7	0	—	1.0	0
工频感应电炉（未带无功补偿设备）	0.8				0.35	2.68
高频感应电炉（未带无功补偿设备）	0.8				0.6	1.33
电弧熔炉	0.9				0.87	0.57
点焊机、缝焊机	0.35				0.6	1.33
对焊机、铆钉加热机	0.35				0.7	1.02
自动弧焊变压器	0.5				0.4	2.29
单头手动弧焊变压器	0.35				0.35	2.68
多头手动弧焊变压器	0.4				0.35	2.68
单头弧焊电动发电机组	0.35				0.6	1.33
多头弧焊电动发电机组	0.7				0.75	0.88
生产厂房及办公室、实验室照明	0.8～1				1.0	0
变电站、仓库照明	0.5～0.7				1.0	0
宿舍（生活区）照明	0.6～0.8				1.0	0

注　关于照明的 $\cos\varphi$ 系为白炽灯的数据，如为荧光灯取 $\cos\varphi=0.9$，如为高压汞灯或钠灯取 $\cos\varphi=0.5$。

按需要系数法确定三相用电设备组的计算负荷的计算公式如下：

（1）对 1～2 台用电设备 K_d 宜取 1；但对于电动机，由于其本身的容量较大，则可取

$$P_{30} = P_N / \eta_N$$

式中　P_N——电动机的额定容量；

　　　η_N——电动机的效率。

（2）单组用电设备组的计算负荷，包括有功计算负荷、无功计算负荷、视在计算负荷和计算电流，分别为

$$\left.\begin{aligned} P_{30} &= K_d P_e \\ Q_{30} &= P_{30} \tan\varphi \\ S_{30} &= \sqrt{P_{30}^2 + Q_{30}^2} \\ I_{30} &= \frac{S_{30}}{\sqrt{3}U_N} \end{aligned}\right\} \tag{2-12}$$

（3）多组用电设备组的计算负荷，应考虑到各用电设备组的最大负荷不一定同时出现，需计入各用电设备组的同时系数 K_Σ（见表 2-2），则各用电设备组总的有功计算负荷、无功计算负荷、视在计算负荷和计算电流分别为

$$\left.\begin{aligned} P_{30} &= K_\Sigma \sum P_{30i} \\ Q_{30} &= K_\Sigma \sum Q_{30i} \\ S_{30} &= \sqrt{P_{30}^2 + Q_{30}^2} \\ I_{30} &= \frac{S_{30}}{\sqrt{3}U_N} \end{aligned}\right\} \tag{2-13}$$

表 2-2   **同时系数 K_Σ**

应用范围		K_Σ
确定车间变电站低压线路最大负荷	冷加工车间	0.7～0.8
	热加工车间	0.7～0.9
	动力站	0.8～1.0
确定配电站母线的最大负荷	计算负荷小于 5000kW	0.9～1.0
	计算负荷为 5000～10000kW	0.85
	计算负荷大于 10000kW	0.8

式（2-13）中，P_{30i}、Q_{30i} 分别表示各用电设备组的有功和无功计算负荷。

用需要系数法来求计算负荷，比较适用于设备台数较多、总容量足够大、没有特大型用电设备的场合。因需要系数值与用电设备的类别和工作状态有关，所以计算时一定要正确判断，否则会造成错误。如机修车间的金属切削机床电动机属于小批生产的冷加工机床电动机，压缩机、拉丝机和锻造等应属于热加工机床，起重机、行车和电葫芦等都属于吊车。

2. 二项式法

在确定设备台数较少，而且容量悬殊的分支干线的计算负荷时，将采用二项式法。其基本公式是

$$P_{30} = bP_e + cP_x \tag{2-14}$$

式中　b、c——二项式系数，根据设备名称、类型、台数查表 2-1 选取；

　　　bP_e——用电设备组的平均负荷，其中 P_e 为用电设备组的设备总容量；

　　　cP_x——表示用电设备组中 x 台容量最大的设备投入运行时增加的附加负荷，其中 P_x
　　　　　　　为用电设备组中 x 台容量最大的设备总容量。

用二项式法进行负荷计算时，既要考虑用电设备组的设备总容量，又要考虑几台最大用电设备引起的大于平均负荷的附加负荷。二项式系数 b、c 和最大容量的设备台数 x 值及相应的 $\cos\varphi$、$\tan\varphi$ 值可查表 2-1。其余的计算负荷 Q_{30}、S_{30}、I_{30} 的计算与前述需要系数法的计算相同。

（1）对 1～2 台用电设备，可认为 $P_{30}=P_e$，即 $b=1$、$c=0$。

（2）用电设备组的有功计算负荷的求取应用式（2-14），其余的计算负荷与需要系数法的计算相同。

（3）多组用电设备组的计算负荷。同样要考虑各组用电设备的最大负荷不同时出现的因素，因此在确定总计算负荷时，只能在各组用电设备中取一组最大的附加负荷，再加上各组用电设备的平均负荷，即

$$P_{30} = \sum (bP_e)_i + (cP_x)_{\max}$$
$$Q_{30} = \sum (bP_e \tan\varphi)_i + (cP_x)_{\max} \tan\varphi_{\max} \tag{2-15}$$

式中　$(bP_e)_i$——各用电设备组的平均功率，其中 P_e 是各用电设备组的设备总容量；

$(cP_x)_{\max}$——附加负荷最大的一组设备的附加负荷；

$\tan\varphi_{\max}$——最大附加负荷设备组 $(cP_x)_{\max}$ 的 $\tan\varphi$。

【例 2-2】　某工厂机修车间的 380V 线路上，接有 20 台金属切削机床电动机（共 50kW，其中：2 台较大容量电动机 7.5kW，2 台 4kW，8 台 2.2kW）；另接 2 台通风机共 2.4kW；1 台容量为 2kW 电阻炉。试用需要系数法和二项式系数法确定此线路上的计算负荷。

解：（1）用需要系数法求解。

1）冷加工电动机：查表 2-1，取 $K_d=0.2$，$\cos\varphi=0.5$，$\tan\varphi=1.73$，故

$$P_{30(1)} = 0.2 \times 50 = 10 \text{ (kW)}$$
$$Q_{30(1)} = 10 \times 1.73 = 17.3 \text{ (kvar)}$$

2）通风机：查表 2-1，取 $K_d=0.8$，$\cos\varphi=0.8$，$\tan\varphi=0.75$，故

$$P_{30(2)} = 0.8 \times 2.4 = 1.92 \text{ (kW)}$$
$$Q_{30(2)} = 1.92 \times 0.75 = 1.44 \text{ (kvar)}$$

3）电阻炉：查表 2-1，取 $K_d=0.7$，$\cos\varphi=1.0$，$\tan\varphi=0$，故

$$P_{30(3)} = 0.7 \times 2 = 1.4 \text{ (kW)}$$
$$Q_{30(3)} = 0$$

因此，总的计算负荷为（同时系数查表 2-2 取 0.8）。

$$P_{30} = 0.8 \times (10 + 1.92 + 1.4) = 10.66 \text{ (kW)}$$
$$Q_{30} = 0.8 \times (17.3 + 1.44 + 0) = 15.0 \text{ (kvar)}$$
$$S_{30} = \sqrt{10.66^2 + 15^2} = 18.4 \text{ (kV·A)}$$
$$I_{30} = \frac{18.4}{\sqrt{3} \times 0.38} = 27.96 \text{ (A)}$$

（2）用二项式法来解。

求出各组的平均功率 bP_e 和附加负荷 cP_x。

1）金属切削机床电动机组：查表 2-1，取 $b=0.14$，$c=0.4$，$x=5$，$\cos\varphi=0.5$，$\tan\varphi=1.73$，则

$$bP_{e(1)} = 0.14 \times 50 = 7 \text{ (kW)}$$

$$cP_{x(1)} = 0.4 \times (7.5 \times 2 + 4 \times 2 + 2.2 \times 1) = 10.08\,(\text{kW})$$

2）通风机组：查表 2-1，取 $b = 0.65$，$c = 0.25$，$\cos\varphi = 0.8$，$\tan\varphi = 0.75$，则

$$bP_{e(2)} = 0.65 \times 2.4 = 1.56\,(\text{kW})$$
$$cP_{x(2)} = 0.25 \times 2.4 = 0.6\,(\text{kW})$$

3）电阻炉：查表 2-1，取 $b = 0.7$，$c = 0$，$\cos\varphi = 1$，$\tan\varphi = 0$，则

$$bP_{e(3)} = 0.7 \times 2 = 1.4\,(\text{kW})$$
$$cP_{x(3)} = 0$$

显然，三组用电设备中，第一组的附加负荷 $cP_{x(1)}$ 最大，故总计算负荷为

$$P_{30} = (7 + 1.56 + 1.4) + 10.08 = 20.04\,(\text{kW})$$
$$Q_{30} = (7 \times 1.73 + 1.56 \times 0.75 + 0) + 10.08 \times 1.73 = 30.72\,(\text{kvar})$$
$$S_{30} = \sqrt{20.04^2 + 30.72^2} = 36.68\,(\text{kV} \cdot \text{A})$$
$$I_{30} = \frac{36.68}{\sqrt{3} \times 0.38} = 55.73\,(\text{A})$$

由计算结果可知，二项式系数法计算结果比需要系数法计算结果大，更适用于容量悬殊的用电设备的负荷计算。

（三）全厂计算负荷的确定

确定全厂的计算负荷是选择工厂电源进线及有关电气设备的基本依据，是工厂供配电系统设计的重要组成部分，也是与电力部门签订用电协议的基本依据。

确定全厂计算负荷的方法很多，可根据不同的情况和要求采用不同的方法，一般有逐级计算法、需要系数法及按年产量或年产值估算法等。

1. 按逐级计算法确定全厂计算负荷

根据工厂的供配电系统图，在确定了各用电设备组的计算负荷后，要确定车间或全厂的计算负荷时，逐级向工厂电源方向计算，在经过变压器和较长线路时，应加上变压器和线路的损耗，最后求出全厂总的计算负荷，这种方法称为逐级计算法（在各级用电设备负荷计算中，可用需要系数法或二项式法来计算，其中需要系数法较常用）。

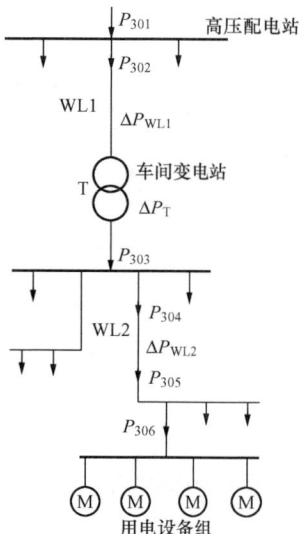

图 2-5 逐级推算法示意图

如图 2-5 所示，在确定全厂计算负荷时，应从用电末端开始，逐级向上推算至电源进线端。

P_{305} 为其所有出线上的计算负荷 P_{306} 等之和，乘上一个同时系数 K_{Σ}。

但 P_{304} 要考虑线路 WL2 损耗 ΔP_{WL2}，则 $P_{304} = P_{305} + \Delta P_{WL2}$。

P_{303} 应为变压器 T 低压母线所有出线的计算负荷 P_{304} 等之和，乘上一个同时系数 K_{Σ}。

P_{302} 还要考虑变压器损耗 ΔP_T 和线路 WL1 损耗 ΔP_{WL1}，则 $P_{302} = P_{303} + \Delta P_T + \Delta P_{WL1}$。

P_{301} 由 P_{302} 等所有高压配电线路计算负荷之和，乘上一个同时系数 K_{Σ}。

各级负荷的同时系数 K_{Σ} 的值可参照表 2-2。

对中小型工厂来说，厂内高低压配电线路一般不长，其功率损耗可忽略不计。

电力变压器的功率损耗，在一般的负荷计算中，可采用简化计算公式来近似计算。对低损耗的配电变压器可采用下列简化公式：

有功功率损耗 $\hspace{4cm} \Delta P_\mathrm{T} \approx 0.015 S_{30}$ $\hspace{3cm}$ (2-16)

无功功率损耗 $\hspace{4cm} \Delta Q_\mathrm{T} \approx 0.06 S_{30}$ $\hspace{3.2cm}$ (2-17)

2. 按需要系数法计算全厂计算负荷

将全厂用电设备的总容量 P_e（不含备用设备容量）乘上需要系数 K_d，即可得全厂总的有功计算负荷 P_{30}，因此确定工厂有功计算负荷的公式为

$$P_{30} = K_\mathrm{d} P_\mathrm{e} \qquad\qquad (2\text{-}18)$$

式中　K_d——全厂的需要系数值。

其他计算负荷 Q_{30}、S_{30}、I_{30} 方法如前所述。全厂负荷的需要系数值及功率因数见表2-3。

表 2-3　　各类工厂的全厂负荷需要系数、功率因数及年最大有功负荷利用小时参考值

工厂类别	需要系数	功率因数	年最大有功负荷利用小时	工厂类别	需要系数	功率因数	年最大有功负荷利用小时
汽轮机制造厂	0.38	0.88	5000	量具刃具制造厂	0.26	0.60	3800
锅炉制造厂	0.27	0.73	4500	电机制造厂	0.33	0.65	3000
柴油机制造厂	0.32	0.74	4500	石油机械制造厂	0.45	0.78	3500
重型机械制造厂	0.35	0.79	3700	电线电缆制造厂	0.35	0.73	3500
机床制造厂	0.20	0.65	3200	电器开关制造厂	0.35	0.75	3400
重型机床制造厂	0.32	0.71	3700	仪器仪表制造厂	0.37	0.81	3500
工具制造厂	0.34	0.65	3800	滚珠轴承制造厂	0.28	0.70	5800

3. 按年产量或产值估算全厂的计算负荷

将工厂年产量 A 或年产值 B 乘以单位产品耗电量 a 或单位产值耗电量 b，即得到工厂的全年耗电量 W_a，则有

$$W_\mathrm{a} = Aa = Bb \qquad\qquad (2\text{-}19)$$

其中，各类工厂的单位产品耗电量 a 或单位产值耗电量 b 可从有关设计手册中查取。

在求出工厂全年耗电量 W_a 后，求得工厂的有功计算负荷为

$$P_{30} = \frac{W_\mathrm{a}}{T_{\max}} \qquad\qquad (2\text{-}20)$$

式中　$T_{\max}$——工厂的年最大负荷利用小时数，可查表2-3。

其他计算负荷 Q_{30}、S_{30}、I_{30} 的计算与前述需要系数法的计算相同。

三、无功补偿后的工厂计算负荷

工厂中绝大多数用电设备，如感应电动机、电力变压器、电焊机以及交流接触器等，都要从电网吸收大量无功电流来产生交变磁场。功率因数 $\cos\varphi$ 是反映在有功功率一定的条件下，取用无功功率的多少；如果取用的无功功率越多，则功率因数越低。白炽灯、电阻电热器等设备负荷的功率因数接近于1，电动机、变压器、电抗器等功率因数均小于1。功率因数是衡量供配电系统是否经济运行的一个重要指标。

1. 工厂的功率因数分类和计算

工厂的实际功率因数是随着负荷和电源电压的变动而变动的，因此该值的计算也就有多种方法。

（1）瞬时功率因数。可由功率因数表（相位表）直接测量，也可用在同一时间测得的有

功功率表、电流表和电压表的读数按下式计算得到

$$\cos\varphi = \frac{P}{\sqrt{3}UI} \qquad (2\text{-}21)$$

式中　P——功率表测出的三相功率读数，kW；

　　　U——电压表测出的线电压的读数，kV；

　　　I——电流表测出的线电流读数，A。

瞬时功率因数只用来了解和分析工厂或设备在生产过程中无功功率的变化情况，以便采取相应补偿措施。

（2）平均功率因数。指在某一时间内功率因数的平均值，计算式为

$$\cos\varphi = \frac{W_p}{\sqrt{W_p^2 + W_q^2}} \qquad (2\text{-}22)$$

式中　W_p——某一时间内消耗的有功电能，可由有功电能表读出；

　　　W_q——某一时间内消耗的无功电能，可由无功电能表读出。

我国电业部门每月向容量较大的用户收取电费，规定所收取电费有一部分要按月平均功率因数的高低来调整。以此来鼓励用户设法提高功率因数，从而提高电力系统运行的经济性。

（3）最大负荷时的功率因数。指年最大负荷（即计算负荷）时的功率因数，计算公式为

$$\cos\varphi = \frac{P_{30}}{S_{30}} \qquad (2\text{-}23)$$

2. 无功功率补偿

一般情况下，由于工厂生产所需大量动力负荷都是感性负载，如感应电动机、电焊机、电弧炉等，使得功率因数较低，因此需采取措施来提高功率因数。

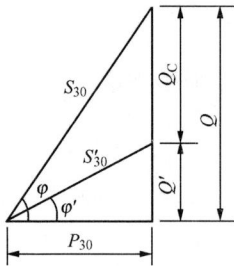

图 2-6 功率因数提高与无功功率、视在功率变化的关系

图 2-6 表示功率因数提高与无功功率、视在功率变化的关系。在负荷需用的有功功率固定不变的情况下，假设要使功率因数由 $\cos\varphi$ 提高到 $\cos\varphi'$ 时，无功功率 Q_{30} 和视在功率 S_{30} 将减少，使负荷电流 I_{30} 相应减少，这样就降低了供配电系统的电能损耗和电压损耗，同时还可以选用较小容量的电气设备和较小截面的电力线路，从而减小投资和节约有色金属。因此提高功率因数对整个工厂供配电系统大有好处。

要使功率因数由 $\cos\varphi$ 提高到 $\cos\varphi'$，通常需装设人工补偿装置。由图 2-6 可知，无功功率补偿容量应为

$$Q_C = P_{30}(\tan\varphi - \tan\varphi') \qquad (2\text{-}24)$$

式中　P_{30}——有功计算负荷；

　　　φ、φ'——补偿前后功率因数角；

　　　Q_C——无功补偿容量。

3. 无功功率补偿后工厂计算负荷的确定

工厂（或车间）装设了无功补偿装置总的容量 Q_C 后，就可根据所选补偿电容器单台容量 q_C 来确定电容器的个数，即

$$n = Q_C/q_C \qquad (2\text{-}25)$$

由式（2-25）计算所得的电容器的个数 n，对于单相电容器应取 $3n$，以便三相平均分配安装。

补偿后工厂的有功计算负荷不变，但电源向工厂提供的无功功率将减少。在确定补偿装置装设地点以前的计算负荷时，应扣除无功功率补偿容量。因此总的无功计算负荷为

$$Q'_{30} = Q_{30} - Q_C \tag{2-26}$$

补偿后总的视在计算负荷为

$$S'_{30} = \sqrt{P_{30}^2 + Q'^2_{30}} = \sqrt{P_{30}^2 + (Q_{30} - Q_C)^2} \tag{2-27}$$

第三节　尖峰电流的计算

尖峰电流 I_{pk} 是指单台或多台用电设备持续 $1\sim2$s 的短时最大负荷电流。它是由于电动机启动、电压波动等原因引起的，与计算电流不同，计算电流是指半小时最大电流，尖峰电流比计算电流大得多。

计算尖峰电流的目的是选择熔断器、整定低压断路器和继电保护装置来计算电压波动及检验电动机自启动条件等。

一、单台用电设备尖峰电流

单台用电设备的尖峰电流就是其启动电流，即

$$I_{pk} = I_{st} = K_{st} I_N \tag{2-28}$$

式中　　I_{st}——用电设备的启动电流；

　　　　I_N——用电设备的额定电流；

　　　　K_{st}——用电设备的启动电流倍数（一般笼型电动机为 $5\sim7$，绕线型电动机为 $2\sim3$，直流电动机为 $1.5\sim2$，电焊变压器为 $3\sim4$）。

二、多台用电设备尖峰电流

计算多台用电设备尖峰电流一般只考虑启动电流最大的一台设备正在启动、其余设备正常运行时的电流。其公式为

$$I_{pk} = K_{\Sigma} \sum_{i=1}^{n-1} I_{Ni} + I_{st.max} \tag{2-29}$$

或

$$I_{pk} = I_{30} + (I_{st} - I_N)_{max} \tag{2-30}$$

式中　　$I_{st.max}$——用电设备组中启动电流与额定电流之差最大的设备的启动电流；

　　$(I_{st} - I_N)_{max}$——用电设备组中启动电流与额定电流之差最大的设备的二者电流之差；

　　$\sum\limits_{i=1}^{n-1} I_{Ni}$——除启动电流与额定电流之差最大的设备外，其他 $n-1$ 台设备的额定电流之和；

　　　　K_{Σ}——$n-1$ 台设备的同时系数，其值按台数多少选取，一般为 $0.7\sim1$；

　　　　I_{30}——全部设备投入运行时线路的计算电流。

【例 2-3】　有一 380V 三相线路，供电给 3 台电动机。已知 $I_{N1}=5$A，$K_{st1}=5$，$I_{N2}=4$A，$K_{st2}=4$，$I_{N3}=10$A，$K_{st3}=3$。求该线路的尖峰电流。

解：由已给电动机参数可知，第 3 台电动机的启动电流与额定电流之差为最大，即

$$I_{st3} = K_{st3}I_{N3} = 3 \times 10 = 30 (A)$$

可见，最大启动电流是 I_{st3}，则 $I_{st.\,max} = 30A$，取 $K_{\Sigma} = 0.9$，因此该线路的尖峰电流为

$$I_{pk} = K_{\Sigma}(I_{N1} + I_{N2}) + I_{st.\,max} = 0.9 \times (5+4) + 30 = 38.1 (A)$$

第四节　工厂的电气照明负荷

工厂照明供电系统是工厂供电系统的一个组成部分。电气照明负荷是工厂电力负荷的一部分。由于不同工厂企业的生产性质不同，对照明条件的要求也各不相同，因此了解企业照明的特点、选择合适的光源及灯具、进行合理的照明设计，对提高企业的劳动生产率、降低成本、提高质量以及安全生产和保障职工健康具有十分重要的意义。

一、工厂常用电光源

（一）电光源

工厂常用的电光源按其发光原理可分为热辐射光源和气体放电光源两大类。热辐射光源是利用物体通电加热从而辐射发光的原理制成的光源，如白炽灯、卤钨灯。气体放电光源是利用气体放电时发光的原理所制成的光源，如荧光灯、高压汞灯等。

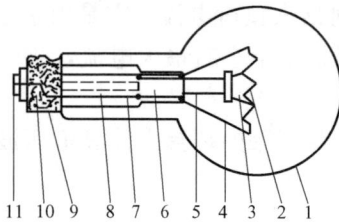

图 2-7　白炽灯结构

1—玻壳；2—灯丝（钨丝）；3—支架（钼线）；4—电极（镍丝）；5—玻璃芯柱；6—杜美丝（铜铁镍合金丝）；7—引入线（铜丝）；8—抽气管；9—灯头；10—封端胶泥；11—锡焊接触端

1. 白炽灯

白炽灯是靠钨丝通过电流加热到白炽灯状态从而引起热辐射发光。其结构简单（如图 2-7 所示）、价格低廉、显色性好、使用方便，因而得到广泛的应用。但其发光效率低（只有不到 10% 的电能转化为可见光），使用寿命短，耐震性能较差。

2. 卤钨灯

卤钨灯是在灯泡内含有一定比例卤化物的一种改进型白炽灯，其结构如图 2-8 所示。普通白炽灯在使用过程中，由于从灯丝蒸发出来的钨沉积在灯泡内壁上导致玻壳黑化，降低了透光性，使发光效率逐步下降，也减少了钨丝的使用寿命。卤钨灯是在灯泡内加入微量的卤化物（如碘化物或溴化物），使它在灯泡内形成卤钨的再循环过程，以防止钨沉积在玻壳上，降低灯丝的老化速度。卤钨灯的发光效率较白炽灯可提高 30%，使用寿命也大大提高，但它抗震性差，需水平安装，不允许采用人工冷却措施，且工作时管壁温度高（可达 600℃），不允许与易燃物靠近。但因其安装使用方便，无需点燃附件，所以主要用于需高照度的工作场所。

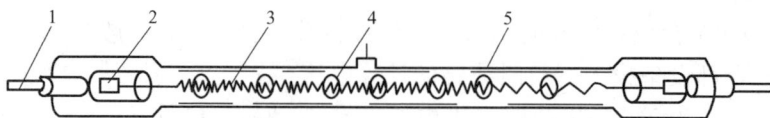

图 2-8　卤钨灯结构图

1—灯脚；2—钼箔；3—灯丝（钨丝）；4—支架；5—石英玻管（内充微量卤素）

3. 荧光灯（日光灯）

荧光灯是利用低压汞蒸气在外加电压下产生弧光放电，发出少许可见光和大量的紫外线，这些紫外线激发涂在灯管内壁的荧光粉而转化为可见光的原理。其结构如图2-9所示。荧光灯的发

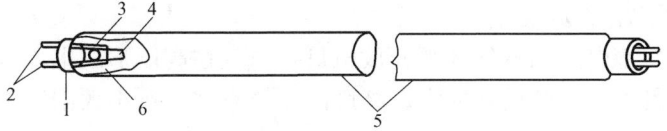

图 2-9　荧光灯结构

1—灯头；2—灯脚；3—玻璃芯柱；4—灯丝（钨丝，电极）；
5—玻管（内壁涂荧光粉，充惰性气体）；6—汞（少量）

光效率比白炽灯高，寿命比白炽灯长，但所需附件较多，不适宜安装在频繁启动的场合。

4. 高压汞灯

高压汞灯是低压荧光灯的改进产品，属于高气压的汞蒸气放电光源，其结构如图2-10所示。其发光效率与普通荧光灯差不多，使用寿命比较长，但其显色性差（发出蓝绿色的光，缺少红色成分，除照到绿色物体上外，其他多呈灰暗色），启动时间长，且对电压要求较高，不宜装在电压波动较大的线路上。

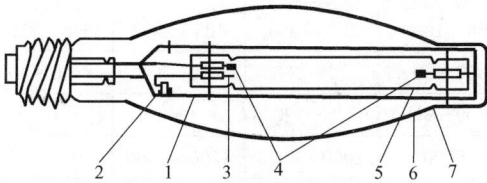

图 2-10　高压汞结构

1—支架及引线；2—启动电阻；3—启动电源；4—工作电源；
5—放电管；6—内部荧光覆涂层；7—外玻壳

5. 高压钠灯

高压钠灯是利用高压钠蒸气放电发光，光呈淡黄色，其光谱集中在人眼较为敏感的区间，它的发光效率是高压汞灯的2倍，使用寿命也比高压汞灯要长，透雾性好，但显色性差，对电压波动反应比较敏感。高压钠灯的结构如图2-11所示。高压钠灯常用于道路等室外照明。

6. 金属卤化物灯

金属卤化物灯是在高压汞灯基础上，为改善光色和光效而发展起来的一种新型光源。金属卤化物灯在高压汞灯内添加某些卤化物，靠金属卤化物的循环作用，不断向电弧提供相应的金属蒸气，金属原子被电弧激发而辐射该金属的特征光谱线。选择适当的金属并控制它们的比例，可制成各种光色的金属卤化物灯。金属卤化物灯的结构如图2-12所示。它具有光色好、光效高、使用寿命长等优点，是目前比较理想的光源。金属卤化物灯除可替代高压汞灯作室内和室外的照明之外，还可用于要求显色性较好的场所，如展示厅、美术馆等。

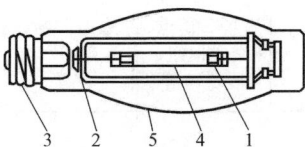

图 2-11　高压钠灯结构

1—主电极；2—消气剂；3—灯头；
4—半透明陶瓷放电管（内充钠、汞及
氙或氖氩混合气体）；5—外玻壳（内壁
涂荧光粉，内外壳间充氮）

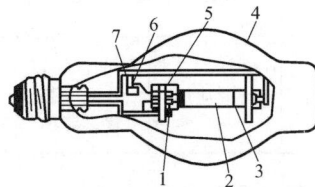

图 2-12　金属卤化物灯结构

1—主电极；2—放电管；3—保温罩；
4—石英玻管；5—消气剂；
6—触发极；7—限流电阻

7. 管形氙灯

氙灯是惰性气体弧光放电灯，氙气在高压下放电能产生很强的白光，类似太阳光，其显色性好，且灯的功率大、亮度高，故有"人造小太阳"之称，适宜于广场、车站、大型工地等大面积照明。

（二）常用电光源的特性

电光源的主要性能指标有光效、寿命、色温、显色指数、启动性能等，有时这些技术特性是相互矛盾的。所以在实际选用光源时，一般先考虑光效高、寿命长，其次再考虑显色指数、启动性能等次要指标。各种常用照明电光源的主要技术特性见表 2-4。

表 2-4　　　　　　　　　　　　常用照明电光源的主要技术特性比较

特性参数	白炽灯	卤钨灯	荧光灯	高压汞灯	高压钠灯	金属卤化物灯	管形氙灯
额定功率（W）	15～1000	500～2000	6～125	50～1000	35～1000	125～3500	1500～100000
发光效率（lm/W）	10～15	20～25	40～90	30～50	70～100	60～90	20～40
使用寿命（h）	1000	1000～15000	1500～5000	2500～6000	6000～12000	1000	1000
色温（K）	2400～2920	3000～3200	3000～6500	5500	2000～4000	4500～7000	5000～6000
一般显色指数（%）	97～99	95～99	75～90	30～50	20～25	65～90	95～97
启动稳定时间	瞬时	瞬时	1～3s	4～8min	4～8min	4～8min	瞬时
再启动时间间隔	瞬时	瞬时	瞬时	5～10min	10～15min	10～15min	瞬时
功率因数	1	1	0.33～0.52	0.44～0.67	0.44	0.4～0.6	0.4～0.9
电压波动			$\pm5\%U_N$	$\pm5\%U_N$	低于 5%自灭	$\pm5\%U_N$	$\pm5\%U_N$
频闪效应	无	无	有	有	有	有	有
表面亮度	大	大	小	较大	较大	大	大
电压变化对光通量的影响	大	大	较大	较大	大	较大	较大
环境温度变化对光通量的影响	小	小	大	较小	较小	较小	小
耐震性能	较差	差	较好	好	较好	好	好
需增装附件	无	无	镇流器启辉器	镇流器	镇流器	镇流器触发器	镇流器触发器
适用场所	广泛应用	厂前区、屋外配电装置、广场	广泛应用	广场、车站、道路、屋外配电装置等	广场、街道、交通枢纽、展览馆等	大型广场、体育场、商场等	广场、车站、大型屋外配电装置

（三）工厂常用电光源的选择

工厂所用电光源的类型，应根据被照场所的具体情况及对照明的要求来进行合理选择，以优先选用光效高、寿命长的光源为原则，同时考虑以下几点：

（1）对光显要求较高、开关频繁、需及时点燃或调光、需防止电磁干扰、不能有频闪效应等场所，宜采用白炽灯。如照度要求高时可采用卤钨灯。

（2）对于一般工作场所，且灯具悬挂高度在 4m 及以下，为节约电能宜采用荧光灯。

（3）对灯具悬挂高度在 4m 以上的场所，宜采用高压气体放电灯。有高挂条件且需大面积照明的场所，宜采用金属卤化物灯或管形氙灯。

（4）对道路、室外照明及显色性要求不高的场所，宜优先使用分辨率高、透雾性好、光效高且寿命长的高压钠灯。

（5）对采用一种光源不能满足光色或显色性要求时，可采用两种或多种光源的混合照明，以改善光色同时又提高发光效率。混合光源的选择主要根据使用场所对光源的亮度及色度等技术参数要求而定。如对光色要求不高的高大厂房选用荧光高压汞灯与普通高压钠灯的混光比较适宜。

二、工厂常用灯具的选择和布置

1. 工厂常用灯具的分类和选择

灯具的作用是固定光源，把电光源的光能分配到需要的方向，防止光源引起的眩光并保护电光源不受外力、潮湿及有害气体的影响。灯具结构不仅应便于制造、安装和维护，还要考虑美观。

照明灯具的种类很多，按辐射的光通量分布特性分有深照型、配照型、漫照型、广照型等；按结构特点分有开启型、封闭型、密封型、防爆型等。由于目前我国市场上的照明灯具规格繁多，尚无统一标准，且新光源不断出现，因此在具体选用时可参考相应的技术手册和产品说明书。工厂中常用的几种灯具的外形和符号如图 2-13 所示。

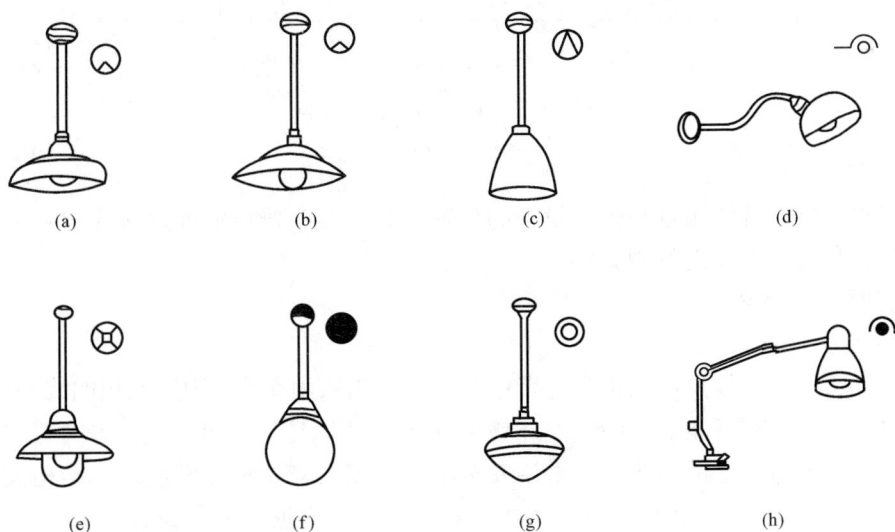

图 2-13　工厂中常用的几种灯具

（a）配照型工厂灯；（b）广照型工厂灯；（c）深照型工厂灯；（d）斜照型工厂灯；
（e）广照型防水防尘灯；（f）圆球形工厂灯；（g）双罩型工厂灯；（h）机床工厂灯

2. 室内灯具的布置

室内灯具的布置就是确定灯具在房间的空间位置，它对照明质量具有重要的影响。灯具的布置合理与否还影响到照明装置的安装功率和照明设施的耗费，以及照明装置维护检修的方便与安全。室内灯具的布置一般有均匀布置和选择布置两种方案，如图 2-14 所示。

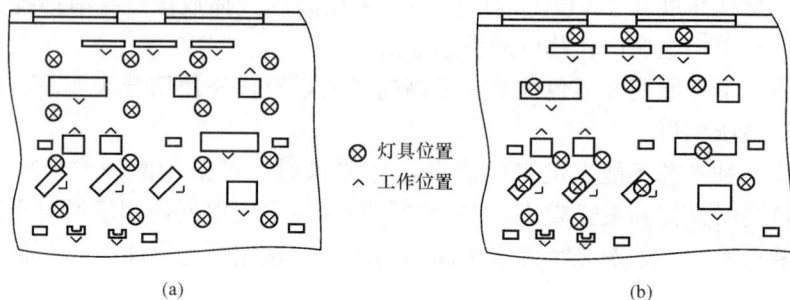

图 2-14　一般照明灯具的布置
（a）均匀布置；（b）选择布置

均匀布置是指灯具在整个受照房间内均匀分布，与生产设备的位置无关。均匀布置有矩形和菱形两种方式，如图 2-15 所示。通常在有局部照明的房间内，因矩形布置比较美观，其一般照明灯具多采用这种布置。

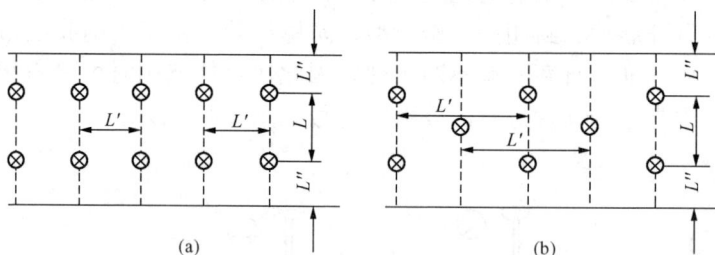

图 2-15　灯具的均匀布置方案
（a）矩形布置；（b）菱形布置

选择布置是指灯具的布置与生产设备的位置有关，大多按作业面对称布置，力求使作业面上获得最有利的光照并消除阴影。

三、照明供电系统

1. 照明电压的选择

照明电压的选择条件是：在正常环境中，一般照明采用交流 220V 三相四线制系统供电；在严重潮湿、高温及有可能漏电的危险环境中或者移动灯具等，可采用安全电压 36V 供电；在电缆隧道及其他地下坑道照明电压采用安全电压 36V，若安装高度或灯具结构满足安全要求时，可以采用交流 220V 供电；在由蓄电池供电时，可根据照明负荷容量大小、电源条件、使用要求等因素分别采用 36、24、12V 电源供电。

2. 照明系统的供电方式

照明系统按其功能可分为工作照明和事故照明两大类。

（1）工作照明的供电方式。在普通工作场所，照明负荷与动力负荷可由同一台变压器供电，但照明负荷供电应从变电站低压配电屏处单独引出，与动力负荷分开，如图 2-16 所示。若动力负荷引起的电压偏移或波动较大，影响照明质量时，照明也可由单独的变压器供电。

（2）事故照明的供电方式。在比较重要的工作场所或为疏散人员而设置的事故照明电源可考虑与工作照明合用一台变压器，事故照明也应与工作照明分开线路供电，如图 2-16 所示。此时事故照明必须有蓄电池之类的备用电源，以便母线出现故障时备用电源能自动（或手动）投入。

在重要工作场合的照明，可考虑由两台变压器交叉供电，如图 2-17 所示。

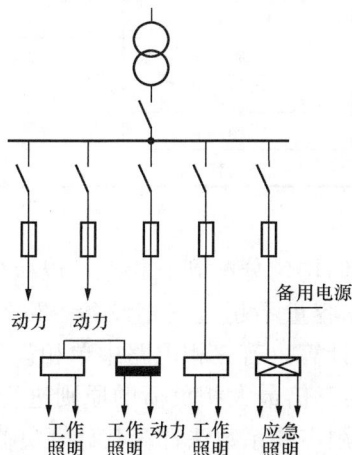

图 2-16 一台变压器的照明供电系统　　图 2-17 两台变压器交叉供电照明供电系统

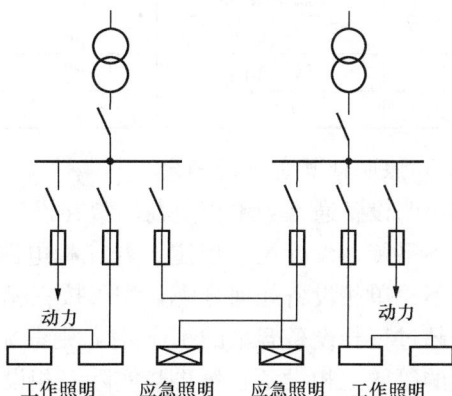

四、照明设备容量及照明计算负荷的确定

（一）照明设备容量的确定

1. 按照明设备铭牌确定设备容量

工厂常用的照明设备有白炽灯、碘钨灯、荧光灯、高压汞灯和金属卤化物灯等。照明设备属长期连续工作制设备，因像荧光灯等气体放电光源需要配置镇流器来启辉高压，所以照明设备容量通常按下列原则考虑：

（1）白炽灯、碘钨灯设备容量为灯泡上标出的额定功率。

（2）荧光灯的设备容量应为灯管额定功率的 1.2 倍。

（3）高压汞灯的设备容量应为灯泡额定功率的 1.1 倍。

（4）金属卤化物灯的设备容量在采用镇流器时应为灯泡额定功率的 1.1 倍，采用触发器启辉时设备容量为灯泡的额定功率。

（5）照明设备的总容量等于单个照明设备容量的代数和，即

$$P_e = \sum P_{ei} \tag{2-31}$$

2. 照明设备容量的估算

在工作场所性质和建筑面积已知的情况下，进行电气照明的初步设计时，可对工作场所的照明设备容量进行如下估算

$$P_e = P_o A \tag{2-32}$$

式中　P_e——受照空间的照明设备安装容量；

　　　P_o——比功率，根据工作场所水平作业面上的平均照度、受照面积和选用灯具等条件查找有关手册，一般车间比功率值可按表 2-5 选取；

　　　A——受照空间的水平总面积。

表 2-5 一般车间比功率值 P_0（以白炽灯计算）

序号	建筑名称	P_0（kW/m²）	序号	建筑名称	P_0（kW/m²）
1	金工车间	6	8	铸钢车间	8
2	装配车间	9	9	铸铁车间	8
3	工具修理车间	8	10	木工车间	11
4	金属结构车间	10	11	实验室	10
5	焊接车间	8	12	煤气站	7
6	锻工车间	7	13	气压站	5
7	热处理车间	8	14	办公楼	5

（二）照明计算负荷的确定

因照明设备通常为单相负荷，故在设计安装时应将它们均匀分配到三相上，以减少三相负荷的不平衡。设计规范规定：若三相电路中单相设备总容量不超过三相设备容量的15％时，则不论单相设备如何分配，均可按三相平衡负荷直接计算。若三相电路中单相设备不对称容量超过三相设备容量的15％时，则三相设备容量应按三倍最大相负荷的原则进行换算，换算后的等效三相设备容量再与实际三相设备容量相加，用需要系数法计算其计算负荷。

而车间的单相照明负荷通常都不会超过车间三相设备容量的15％，因此，可在确定了车间照明设备总容量后，按需要系数单独计算车间照明设备的计算负荷，照明设备组的需要系数及功率因数按表2-6选取，负荷计算的公式可见前述需要系数法。

表 2-6 照明设备组的需要系数及功率因数

光源类别	需要系数 K_d	功率因数 $\cos\varphi$				
		白炽灯	荧光灯	高压汞灯	高压钠灯	金属卤化物灯
生产车间办公室	0.8～1	1	0.9（0.55）	0.4～0.65	0.45	0.40～0.61
变（配）电站、仓库	0.5～0.7	1	0.9（0.55）	0.4～0.65	0.45	0.40～0.61
生活区宿舍	0.6～0.8	1	0.9（0.55）	0.4～0.65	0.45	0.40～0.61
室外	1	1	0.9（0.55）	0.4～0.65	0.45	0.40～0.61

第五节 短路及短路电流的计算

一、短路的有关概念

工厂供配电系统中要求正常不间断供电，以保证工厂生产和生活的正常进行。但由于各种原因难免会出现故障，使系统的正常运行遭到破坏。系统中最常见的故障是短路。所谓短路是指不同的相与相或者相与地之间发生的金属性非正常连接。

1. 短路的原因

短路的原因主要有以下几点：

（1）设备或装置存在隐患。如绝缘材料陈旧老化，绝缘机械损坏，设备本身质量不好或设计安装有误等。

（2）运行、维护不当。如操作人员违反操作规程，误带负荷拉隔离开关，导致三相弧光短路，或者操作人员技术水平低及管理不善等。

（3）自然灾害。如雷击，特大洪水、大风、冰雪等引起的线路断线、倒杆，鸟兽害（即鸟类及蛇鼠等小动物跨越在裸露的不同电位的导体之间，咬坏设备或导体的绝缘，而引起短路故障）。

2. 短路的种类

在三相系统中，短路种类有以下几种：

（1）三相短路。是指三相同时在一点短接，短路时电压和电流均保持对称，属于对称短路。此时三相中都流过很大的短路电流，短路点电压为零。如图 2-18（a）所示，三相短路用文字符号 $k^{(3)}$ 表示，三相短路电流写作 $I_k^{(3)}$。

（2）两相短路。是指两相同时在一点短接，电压和电流的对称性遭到破坏，属于不对称短路。此时只在被短接的两相中流过短路电流，如图 2-18（b）所示，用文字符号 $k^{(2)}$ 表示，两相短路电流写作 $I_k^{(2)}$。

（3）单相接地短路。是指中性点接地系统中任一相经大地与中性点或与中线之间的短接，电压和电流的对称性遭到破坏，属于不对称短路。此时只在故障相中流过短路电流，如图 2-18（c）所示，用文字符号 $k^{(1)}$ 表示，单相接地短路电流写作 $I_k^{(1)}$。

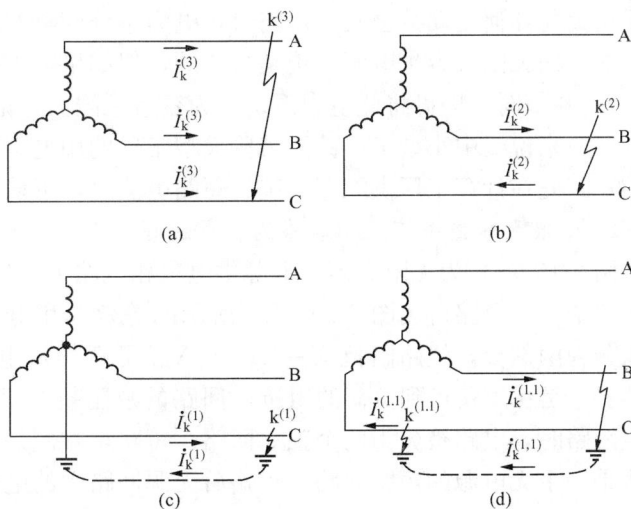

图 2-18 短路的种类

(a) 三相短路；(b) 两相短路；(c) 单相接地短路；(d) 两相接地短路

（4）两相接地短路。是指任意两相发生单相接地而产生短路，电压和电流的对称性遭到破坏，属于不对称短路。此时只在故障相中流过短路电流，如图 2-18（d）所示，都用文字符号 $k^{(1.1)}$ 表示，其短路电流则写作 $I_k^{(1.1)}$。

在电力系统中，发生单相接地短路的可能性最大，而发生三相短路的可能性最小，但通常三相短路电流最大，造成危害也最为严重。因而常以三相短路时短路电流热效应和电动力效应来校验电气设备。

3. 短路的危害

发生短路时，电路的阻抗比正常运行时电路的阻抗小得多，其短路电流比正常负荷电流大几十甚至几百倍。在大容量电力系统中，短路电流可高达几万甚至几十万安培，如此大的短路电流对电力系统将产生极大的危害。

（1）由于短路电流比正常运行电流大很多倍，当短路电流通过电气设备时，使电气设备发热，烧毁电气设备，并造成部分用户停电。

（2）由于短路使电力系统电压和频率下降，影响用户的正常生产。

（3）由于系统振荡、同期遭到破坏时，将引起系统解列，造成大面积停电。

由此可见，短路的后果是非常严重的，在供配电设计和运行中应采用有效措施消除可能引起短路故障的一切因素。同时为了减轻短路的严重后果和防止故障扩大，需要计算短路电流，以便能正确选择和校验各种电气设备（使电气设备具有足够的动稳定性和热稳定性，以保证在可能出现的最大短路电流时不致损坏），整定反应短路故障的继电保护装置及选择限制短路电流的电气设备（如电抗器）等。

二、无限大容量电源系统三相短路的概念

1. 无限大容量电源系统

无限大容量电源系统，是指其容量相对单个用户的用电设备容量大得多的电力系统，系统无论负荷如何变动甚至发生短路时，电力系统变电站馈电母线上的电压基本维持不变。实际上真正的无限大容量电源系统是没有的，但如果电力系统的容量大于所研究的用户用电设备容量 50 倍时，即可将此电力系统视为容量无限大，记作 $S=\infty$，电源的内阻抗 $Z=0$。

一般来说，中小型工厂甚至某些大型工厂的用电容量相对于现代大型电力系统来说是较小的，因此在计算工厂供配电系统的短路电流时，可认为电力系统是无限大容量的电源。

2. 无限大容量系统三相短路的物理过程

图 2-19（a）为无限大容量电源供电三相电路上发生三相短路的电路图。由于三相对称，因此这个三相电路可用图 2-19（b）所示的等效单相电路图来表示。从图上看，回路中阻抗可以分为两部分，线路阻抗 $Z=R_{WL}+jX_{WL}$ 可看作从电源到短路点的阻抗，负载阻抗 $Z'=R_L+jX_L$ 是从短路点到负荷的阻抗。回路的总阻抗为 $Z+Z'$。如图 2-19（b）所示，当 k 点发生短路时，电路被分为两个独立回路，短路点左侧是一个与电源相连的短路回路，短路点右侧是一个无电源的短路回路。短路后无源回路中的电流由原来的数值衰减到零。有源回路短路后，回路中阻抗突然大幅下降，而短路阻抗中存在电感，且感抗远大于电阻。根据电路理论，电感元件中电流是不能突变的，所以电路必然要经过一个暂态过程或称过渡过程。经推导计算可知在此过程中短路电流 I_k 由两部分组成，即

$$I_k = I_p + I_{np} \tag{2-33}$$

式中　I_p——短路电流周期分量；

　　　I_{np}——短路电流非周期分量。

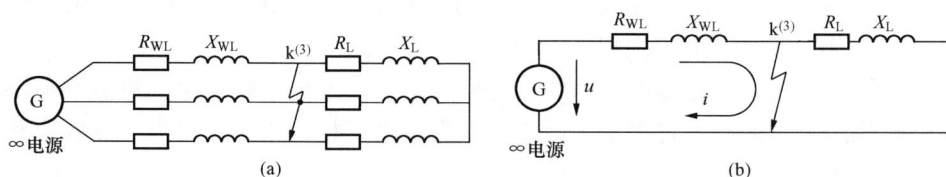

图 2-19　无限大容量系统中发生三相短路
（a）三相电路图；（b）等效单相电路图

从物理概念上讲，短路电流周期分量是因短路后电路阻抗突然减小很多倍，而按欧姆定律应突然增大很多倍的电流；短路电流非周期分量是因短路电路含有感抗，电路电流不可能突变，而按楞次定律感应产生的、用以维持短路初瞬间电流不致突变的一个反向衰减电流。此电流一般经 0.2s 左右衰减完毕后，短路电流达到稳定状态。图 2-20 为无限大容量系统发生三相短路前后电流、电压的变动曲线。

3. 有关短路的物理量

（1）短路电流周期分量 i_p。该分量是按欧姆定律由短路的电压和阻抗所决定的一个短路电流。在无限大容量系统中，由于电源电压不变，因此 i_p 是幅值恒定的正弦交流电流。

在系统正常运行中，电力系统可以看作感性系统，所以电流 i 滞后电压 u 一个相位角 φ，由图 2-20 所示，假设在电压瞬时值 $u=0$ 时发生短路，由于短路电路的感抗远大于电阻，因

此短路电路可近似看作一个
纯电感电路，$t=0$、$u=0$，
电流 i_p 则要突然增大到幅
值。这里 I'' 为短路后第一个
周期的短路电流周期分量 I_p
的有效值，称为短路次暂态
电流有效值。

（2）短路电流非周期分
量 i_{np}。该分量是在突然短路
时，短路电路中出现自感电
动势而产生的一个短路电

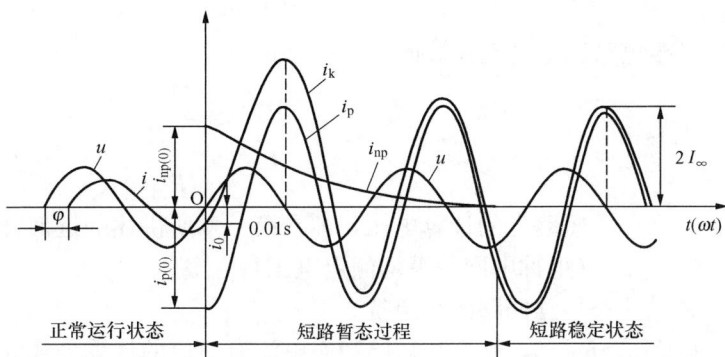

图 2-20 无限大容量系统发生三相短路前后电流、电压的变动曲线

流，正因为有这样一个电流 i_{np}，才使得短路前后的电流不致突变。非周期分量 i_{np} 是按负指
数函数衰减的，短路回路电阻越大，衰减得越快。

（3）短路全电流 i_k。任一瞬间的短路全电流（即短路电流瞬时值）i_k，为该瞬时短路电
流周期分量 i_p 和非周期分量 i_{np} 的叠加，如图 2-20 所示。

某一 t 时刻的短路全电流有效值 $I_{k(t)}$，是以 t 为中点的一个周期内的周期分量 i_p 有效值
$I_{p(t)}$ 和非周期分量 i_{np} 在 t 时刻的瞬时值 $i_{np(t)}$ 的均方根值，即

$$I_{k(t)} = \sqrt{I_{p(t)}^2 + i_{np(t)}^2} \tag{2-34}$$

（4）短路冲击电流 i_{sh}。短路冲击电流为短路全电流中的最大瞬时值。由图 2-20 所示短
路电流曲线可以看出，短路后经过半个周期（0.01s）时，短路全电流 I_k 达到最大值，此时
的电流即短路冲击电流，可计算为

$$i_{sh} \approx K_{sh}\sqrt{2}I'' \tag{2-35}$$

式中 K_{sh}——冲击系数。

计算证明 $K_{sh}=1\sim2$。短路全电流的最大有效值，是短路后第一个周期的短路全电流有
效值，通称短路冲击电流有效值，用 I_{sh} 表示。

在进行短路计算时，可按下列经验公式计算：

计算高压电路的短路时，一般可取 $K_{sh}=1.8$，因此

$$\left.\begin{array}{l} i_{sh} = 2.55I'' \\ I_{sh} = 1.51I'' \end{array}\right\} \tag{2-36}$$

计算低压电路的短路时，一般可取 $K_{sh}=1.3$，因此

$$\left.\begin{array}{l} i_{sh} = 1.84I'' \\ I_{sh} = 1.09I'' \end{array}\right\} \tag{2-37}$$

（5）短路稳态电流 I_∞。短路电流非周期分量 i_{np} 衰减完毕以后（一般经 0.1～0.2s）的短
路全电流称为短路稳态电流，用 I_∞ 表示。短路稳态电流 I_∞ 通常用来校验电器和线路中载流
部件的热稳定性。

在无限大容量系统中，三相短路电流周期分量有效值［用 $I_k^{(3)}$ 表示］在短路全过程中始
终是恒定不变的，因此，三相短路次暂态电流 $I''^{(3)}$ 和三相短路周期分量有效值 $I_k^{(3)}$ 及三相短
路稳态电流 $I_\infty^{(3)}$ 均相等，则有

$$I''^{(3)} = I_\infty^{(3)} = I_k^{(3)} \tag{2-38}$$

三相短路稳态电流有效值的计算公式为

$$I_\infty^{(3)} = \frac{U_k}{\sqrt{3}\,|Z_\Sigma|}$$

$$|Z_\Sigma| = \sqrt{R_\Sigma^2 + X_\Sigma^2}$$

式中　U_k——短路点的计算电压，即在第一章所讲述的近似计算中所用线路的平均额定电压（也称电网的平均额定电压）；

　　　$|Z_\Sigma|$——短路回路的总阻抗。

如 $X_\Sigma > R_\Sigma/3$，则三相短路稳态电流有效值的计算公式为

$$I_\infty^{(3)} = \frac{U_k}{\sqrt{3}\,X_\Sigma} \tag{2-39}$$

（6）短路容量 $S_k^{(3)}$。短路容量是电力系统中某一点发生三相短路时的短路功率。三相短路容量（单位为 MV·A）的计算公式是

$$S_k^{(3)} = \sqrt{3}\,U_k I_k^{(3)} \tag{2-40}$$

式中　U_k——电网的平均额定电压，kV；

　　　$I_k^{(3)}$——短路计算点的三相短路电流，kA。

三、短路电流的计算方法及目的

当电网中某处发生短路时，其中一部分阻抗被短接，网络阻抗发生变化，故在短路电流计算时，应对各电气设备的参数（电阻及电抗）先进行计算，再计算短路电流的数值。短路电流一般的计算过程是：首先绘出计算电路图，标明电路上各个元件参数，确定短路计算点，然后按所选择的短路计算点绘出等效电路图，在等效电路图上将被计算的短路电流所流经的主要元件表示出来，并计算出阻抗值；根据元件的连接方式，求出总的等效阻抗，最后计算短路电流和短路容量。

短路电流计算方法常用的有欧姆法和标幺制法。欧姆法，又称有名单位制法，因其短路计算中，电气设备元件的阻抗都采用有名单位"欧姆"（Ω）而得名。标幺制又称相对制，即相对单位制法，因其短路计算中的有关物理量采用标幺值（相对单位）而得名。对同一短路问题，两种方法的计算结果应该是相同的，但在高压网络中计算短路电流时采用标幺制法更为方便。

短路电流计算为正确地选择和校验电力系统中的电气设备，选定正确合理的主接线方式提供了主要依据；短路电流计算也为继电保护装置动作电流的整定，保护灵敏度的检验，以及熔断器选择性的配合提供必要的数据。与三相短路相比，两相及单相短路电流均较小，因此，在远离发电机的无限大容量系统中，短路电流校验一般只考虑三相短路。

一个已经定型的工厂供电系统，线路中的电气设备参数及型号均经过严格的选定。在进行维护或检修时，若需要更换元件应尽量选用原型号元件；如需更换新型号，则不可随意降低参数标准。

四、短路电流的效应

电力系统发生短路时，短路电流非常大。短路电流通过导体或电气设备，会产生很大的电动力和很高的温度，称为短路的电动力效应和热效应。电气设备和导体应能承受这两种效应的作用，满足动、热稳定的要求。

1. 短路电流的电动力效应

电流所引起的电动力效应使电器的载流部分受到机械应力。正常情况下，由电动力所引起的机械应力不大。但在短路故障时，因短路电流很大，此机械应力很大，特别是短路冲击电流 i_{sh} 所引起的电动力最大，可能使电器和载流部分遭受严重的破坏。所以必须计算短路电流产生的电动力大小，以便校验和选择电气设备。

如图 2-21 所示，两根平行敷设的导体中有电流 i_1 和 i_2（单位为 A）流过时，它们之间的电动力（单位为 N）可表示为

$$F = 2.04 i_1 i_2 \frac{l}{a} \times 10^{-7} \qquad (2\text{-}41)$$

图 2-21　两根平行导体的相互作用力

式中　　l——平行导体长度，m；

　　　　a——导体轴线距离，m。

作用力的方向是电流同向时相吸引，反相时相排斥。作用力沿长度 l 均匀分布，图 2-21 中所示 F 是作用于长度中点的合力。

式（2-41）适用于圆形和管形导体，也适用于当 $l \geqslant a$ 时的其他截面导体。短路电流越大则作用力越大，如果三相电路中发生两相短路，则两相冲击短路电流 $i_{sh}^{(2)}$ 产生的电动力（排斥力）为

$$F^{(2)} = 2.04 i_{sh}^{(2)2} \frac{l}{a} \times 10^{-7} \qquad (2\text{-}42)$$

三相短路时，假定三相导体平行布置在同一平面上，由于短路冲击电流只在一相中发生，中间 B 相将受到最大作用力，其值为

$$F^{(3)} = 1.76 i_{sh}^{(3)2} \frac{l}{a} \times 10^{-7} \qquad (2\text{-}43)$$

若要求电器的动稳定度是足够的，则是指在最大短路电动力作用下，电器的机械强度仍有裕度。比较式（2-42）和式（2-43），因为流到短路点的 $i_{sh}^{(2)} = \frac{\sqrt{3}}{2} i_{sh}^{(3)}$，可见三相短路时的短路电动力最大，因此校验电气设备动稳定性时应用三相短路电流。

（1）对于一般电器，通常制造厂提供电器产品的极限通过电流（动稳定电流）i_{max}，要求流过电器的最大三相短路冲击电流 $i_{sh}^{(3)}$ 不大于此值，即

$$i_{sh}^{(3)} \leqslant i_{max} \qquad (2\text{-}44)$$

（2）对于绝缘子，动稳定度校验条件是要求绝缘子的最大允许抗弯载荷大于计算载荷，即

$$F_{al} \geqslant F_c^{(3)} \qquad (2\text{-}45)$$

式中　　F_{al}——绝缘子的最大允许载荷；

　　　　$F_c^{(3)}$——最大计算载荷。

2. 短路电流的热效应

电力系统正常运行时，额定电流在导体中发热产生的热量一方面被导体吸收，并使导体温度升高，另一方面通过各种方式传入周围介质中。当产生的热量等于散失的热量时，导体达到热平衡状态。在电力系统中出现短路时，由于短路电流大、发热量大、时间短，热量来不及散入周围介质中去，这时可认为全部热量都用来升高导体温度。导体达到的最高温度 θ_m 与导体短路前的温度 θ、短路电流大小及通过短路电流的时间有关。

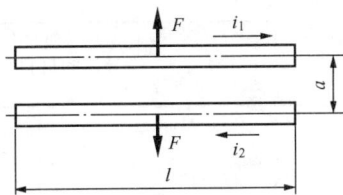

计算出导体最高温度 θ_m 后，将其与表 2-7 所规定的导体允许最高温度相比较，若 θ_m 不超过规定值，则认为满足热稳定要求。

表 2-7　　　　　常用导体和电缆的最高允许温度

导体的材料和种类		最高允许温度（℃）	
		正常时	短路时
硬导体	铜	70	300
	铜（镀锡）	85	200
	铝	70	200
油浸纸绝缘电缆	铜	70	300
	铜芯 10kV	60	250
	铝芯 10kV	60	200
交联聚乙烯绝缘电缆	铜芯	80	230
	铝芯	80	200

对成套电气设备，因导体材料及截面均已确定，故达到极限温度所需的热量只与电流及通过的时间有关。因此，设备可进行热稳定校验为

$$I_t^2 t \geqslant I_\infty^2 t_{ima} \tag{2-46}$$

式中　$I_t^2 t$——产品样本提供的产品热稳定参数；

　　　I_∞——短路稳态电流；

　　　t_{ima}——短路电流作用假想时间。

对导体和电缆，通常导体的热稳定最小截面 A_{min} 为

$$A_{min} = \frac{I_\infty}{C}\sqrt{t_{ima}} \tag{2-47}$$

式中　C——导体的热稳定系数。

如果导体和电缆的选择截面大于等于 A_{min}，则热稳定性合格。

习　题

2-1　电力负荷按其重要性分为哪几级？各级负荷对供电电源有什么要求？

2-2　工业企业用电设备按工作制分为哪几类？各有什么特点？

2-3　什么叫负荷曲线？有哪几种？与负荷曲线有关的物理量有哪些？

2-4　什么叫负荷持续率？它表征哪类设备的工作特性？

2-5　什么叫年最大负荷利用小时数？什么叫年最大负荷和年平均负荷？什么叫负荷系数？

2-6　什么叫计算负荷？为什么计算负荷通常采用半小时最大负荷？正确确定计算负荷有什么意义？

2-7　确定计算负荷的估算法、需要系数法和二项式法各有什么特点？各适用哪些场合？

2-8　在确定多组用电设备总的视在计算负荷和计算电流时，可否将各组的视在计算负荷和计算电流分别直接相加？为什么？应如何正确计算？

2-9　如何确定无功补偿容量？

2-10　什么叫尖峰电流？尖峰电流的计算有哪些用处？

2-11 某车间 380V 线路供电给下列设备：长期工作的设备有 7.5kW 的电动机 2 台，4kW 的电动机 3 台，3kW 的电动机 10 台；反复短时工作的设备有 42kV·A 的电焊机 1 台（额定暂载率为 60%，$\cos\varphi_N = 0.62$，$\eta_N = 0.85$），10t 的 39.6kW 吊车 1 台（额定暂载率为 40%，$\eta_N = 0.5$）。试确定它们的设备容量。

2-12 已知有一汽车拖拉机厂每年生产拖拉机 2400 台，汽车 1200 辆，试用估算法求该厂的计算负荷。

2-13 某厂金工车间的生产面积为 60m×32m，试用估算法估算该车间的平均负荷。

2-14 有一生产车间采用一台 10/0.4kV 变压器供电，低压负荷有生产用通风机 5 台共 60kW，点焊机（$\varepsilon = 65\%$）3 台共 10.5kW，有连锁的连续运输机械 8 台共 40kW，5.1kW 的行车（$\varepsilon = 15\%$）2 台。试确定该车间变电站低压侧的计算负荷。

2-15 某车间设有小批量生产冷加工机床电动机 40 台，总容量 152kW。其中：较大容量的电动机有 10kW 的 1 台、7kW 的 2 台、4.5kW 的 5 台、2.8kW 的 10 台；卫生用通风机 6 台共 6kW。试分别用需要系数法和二项式法求车间的计算负荷。

第三章　工　厂　供　配　电　站

工厂供配电站是工厂供配电系统的核心。本章首先简单介绍工厂供配电站的作用、类型和位置，然后分别介绍变压器的原理、结构；高低压开关电器的作用、结构原理和选择条件；工厂供配电站的电气主接线形式和简单的操作；最后介绍成套配电装置、组合电器及工厂供配电站的布置。

第一节　工厂供配电站的作用、类型和位置

一、工厂供配电站的作用

一般的工厂供电包括变电和配电两个部分，也就是工厂中既有变电站，又有配电站。工厂变电站、配电站是工厂供配电系统的核心，在工厂中占有特别重要的地位。工厂变电站的作用是从电力系统接受电能，经过变压器降压，然后按要求把电能分配到各车间供给各类用电设备。工厂配电站的作用是接受电能，然后按要求分配电能，两者所不同的是变电站中有配电变压器，而配电站中不设变压器。

二、工厂供配电站的类型

工厂供配电站从它在工厂供配电系统中的地位来说，可分为总降压变电站和车间变电站。一般中、小型工厂通常都是采用 10kV 配电网供电，不设总降压变电站，设高压配电室和车间变电站或者只设立车间变电站。有的小型工厂甚至采用公共低压电网供电，即 0.4kV 低压线路进线，在工厂中只设立低压配电室。

工厂的车间变电站按主变压器的安装地点分为车间附设式变电站（包括内附式，外附式）、车间内式变电站、露天式变电站、独立式变电站、箱式变电站等几种类型，如图 3-1 所示。

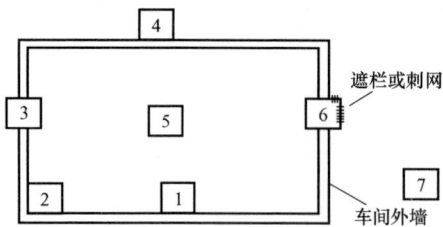

图 3-1　车间变电站的类型

1、2—内附式；3、4—外附式；5—车间内式；
6—露天（半露天）式；7—独立式

通常，独立式变电站的建筑费用高，一次性投资较大，适用大型工厂的总降压变电站及需要远离有危险或腐蚀性物质场所的变电站。中、小型工厂中一般不设独立变电站。箱式变电站是把高、低压设备（包括高低压开关电器、互感器、避雷器等）和变压器分间隔组合在一个箱体中，结构紧凑，占地少，美观，安装方便，安全可靠性高，运行维护工作量少，适宜于各类供电场所。车间附设式变电站在中、小型工厂中普遍采用。露天变电站比较简单、经济，通风散热好，只要周围环境条件正常都可以采用，在一些要求不高的小厂和生活小区中较为常见。

三、工厂供配电站的位置

选择工厂供配电站的位置应遵循以下的原则：

（1）尽量接近负荷中心，以缩短低压配电线路距离，减少有色金属消耗量，降低配电系

统的电压损耗、电能损耗，保证电压质量。

（2）尽量靠近电源侧，对总降压变电站和配电站要特别考虑这一点。

（3）进线、出线方便，特别是采用架空进出线时应着重考虑进出线条件。

（4）交通便利，方便设备运输。

（5）尽量不设在低洼积水场所及其下方。

（6）避开剧烈振动、高温场所，避开多尘、有腐蚀性气体的场所，避开有爆炸、火灾危险的场所。

（7）高压配电站应尽量与车间变电站或有大量高压用电设备的厂房合建。

（8）不妨碍工厂或车间的发展并留有扩建的余地。

第二节 电力变压器

电力系统中使用的变压器叫电力变压器，是供配电系统中非常重要的设备。

变压器是一种利用电磁感应原理，把输入的交流电压升高或降低为同一频率的交流输出电压的一种静止电器，以满足高压输电、低压供电的需要。

一、变压器的基本工作原理

1. 变压器的原理结构

图 3-2 为一台双绕组变压器的原理结构示意图。其中接交流电源的绕组称为一次绕组，与负载相接的绕组称为二次绕组。

2. 变压器的变压原理

如果将变压器的一次绕组接于电压为 u_1 的交流电源，二次绕组两端便输出交流电压 u_2。那么变压器是如何变压的呢？下面借助图 3-3 所示的变压器原理电路图进行分析。

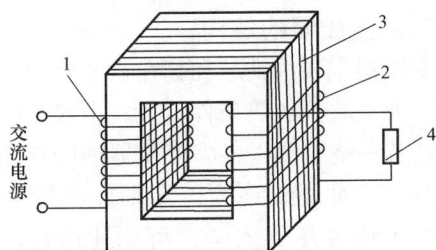

图 3-2 变压器的原理结构示意图
1——一次绕组；2——二次绕组；3——铁芯；4——负载

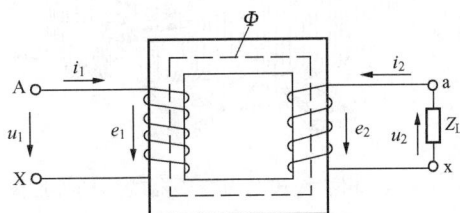

图 3-3 变压器的原理电路图

一次绕组外加交流电压 u_1，产生交流电流 i_1，变压器的一次磁动势 $i_1 N_1$ 在铁芯中建立交变磁通 Φ，其频率与电源电压频率相同。铁芯中的交变磁通同时交链一、二次绕组，根据电磁感应定律，一、二次绕组中分别产生感应电动势，则有

$$e_1 = -N_1 \frac{\mathrm{d}\Phi}{\mathrm{d}t} \tag{3-1}$$

$$e_2 = -N_2 \frac{\mathrm{d}\Phi}{\mathrm{d}t} \tag{3-2}$$

式中 $\dfrac{\mathrm{d}\Phi}{\mathrm{d}t}$——铁芯中磁通变化率；

N_1——一次绕组匝数；

N_2——二次绕组匝数。

由电磁感应定律可知，磁通 Φ 在一、二次绕组每一匝中的感应电动势是相等的，即一、二次的感应电动势与其绕组的匝数成正比。通常，变压器的 $N_1 \neq N_2$，故 $e_1 \neq e_2$。可以证明 $u_1 \approx e_1$，$u_2 \approx e_2$。因此，只要改变一、二次绕组的匝数比，就可达到改变输出电压的目的。若 $N_1 > N_2$，则为降压变压器；若 $N_1 < N_2$，则为升压变压器。

如果变压器二次绕组两端接上负载，则在电动势 e_2 的作用下，二次绕组中将通过电流 i_2，并向负载供电，实现了电能的传递。

变压器在传递电能的过程中，一、二次的电功率基本相等。当一、二次电压不等时，两侧电流势必不等，高压侧的电流小，低压侧的电流大，故变压器在变换电压的同时也改变了电流。

三相变压器与单相变压器原理相同。

二、变压器的分类

为了适应不同的使用目的和工作条件，变压器有许多种类。变压器按用途可分为电力变压器、仪用变压器、试验用变压器；按绕组数目不同，可分为单绕组（自耦）变压器、双绕组变压器、三绕组变压器和多绕组变压器；按电源相数不同，可分为单相变压器和三相变压器；按调压方式不同，分为无励磁调压变压器和有载调压变压器；根据冷却介质不同，分为干式变压器、油浸式变压器和充气式冷却变压器。

下面以供配电系统中应用较多的三相油浸电力变压器为例介绍其结构及组成。

三、变压器的结构

变压器主要由铁芯和套在铁芯上的绕组所组成。为了改善散热条件，大、中容量的变压器的铁芯和绕组浸入盛满变压器油的封闭油箱中，各绕组对外线路的连接则经绝缘套管引出。为了使变压器安全、可靠地运行，还设有储油柜、安全气道和气体继电器等附件。图 3-4 为三相油浸式电力变压器的结构外形图。

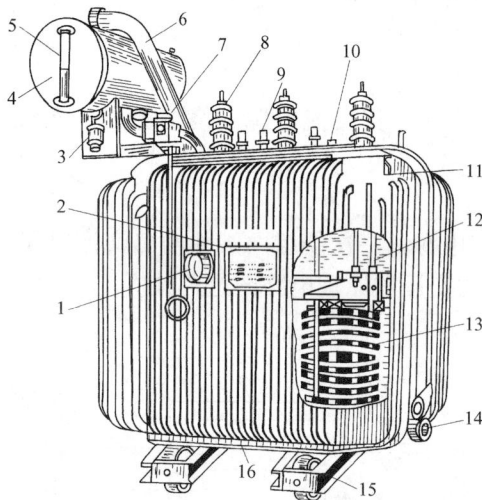

图 3-4　三相油浸式电力变压器的结构外形图
1—信号温度计；2—铭牌；3—吸湿器；4—油枕（储油柜）；
5—油标；6—防爆管；7—气体继电器；8—高压套管；
9—低压套管；10—分接开关；11—油箱；12—铁芯；
13—绕组及绝缘；14—放油阀；15—小车；
16—接地端子

1. 铁芯

铁芯是变压器的磁路部分，又作为它的机械骨架。铁芯由铁芯柱（有绕组的部分）和铁轭（联系两个铁芯柱的部分）两个部分组成。铁芯柱上套有绕组，如图 3-5 所示。为了提高导磁性能，减少磁滞损耗和涡流损耗，新型低损耗变压器的铁芯多采用 0.23～0.30mm（原为 0.35mm）厚的冷轧硅钢片叠成，片间涂绝缘漆（彼此绝缘）。

2. 绕组

绕组是变压器的电路部分。绕组是用包有绝缘层的铝导线或铜导线绕制而成，套在铁芯上。工厂供配电系统采用的降压变压器中，低压绕组放在里面，高压绕组放在低压绕组的外面，这样可减少一些绝缘层的厚度，如图 3-6 所示。

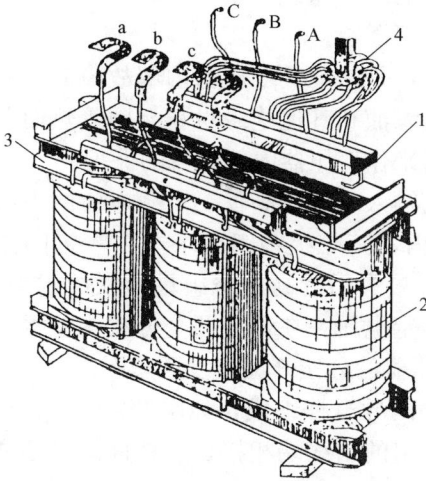

图 3-5 电力变压器内部结构
1—铁芯；2—绕组；3—夹件；4—分接开关

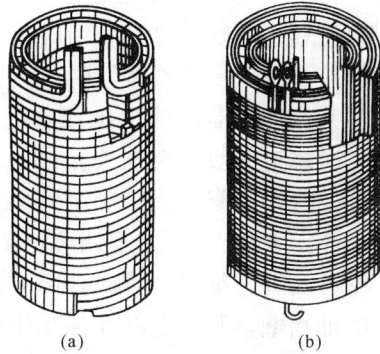

图 3-6 电力变压器绕组
（a）低压绕组；（b）高压绕组

在铁芯、高压绕组和低压绕组之间都套有绝缘筒，以加强绝缘。

3. 其他附件

电力变压器的其他附件有油箱、储油柜、安全气道、气体继电器、分接开关和绝缘套管等。其作用在于保证变压器安全、可靠地运行。

（1）油箱。油浸式变压器的外壳就是油箱。箱中有用来绝缘的变压器油，它保护铁芯和绕组不受外力及潮湿的浸蚀，并通过油的对流把铁芯和绕组产生的热量传递给箱壁。在箱壁的外侧装设有散热管，使箱内的热油上升至箱的上部，经散热管冷却后的油下降至箱的底部，构成自然循环，把热量散失到周围的空气中去。由于用散热管散热制造工艺复杂，国产电力变压器大多已采用波纹油箱结构。

（2）储油柜。储油柜又叫油枕，如图 3-7 所示。它是一个圆筒形的容器，装在油箱上，用管道与变压器的油箱接通，使油刚好充满到储油柜的一半，油面的升降被限制在储油柜中。这样可以使油箱内部和外界空气隔绝，避免潮气侵入。储油柜上部的空气通过存放变色硅胶等干燥剂的呼吸器和外界自由流通。储油柜底部有沉积器，用来沉积侵入储油柜中的水分和其他污物，以便排除。通过玻璃油位计，可以看到其中油面的高低。

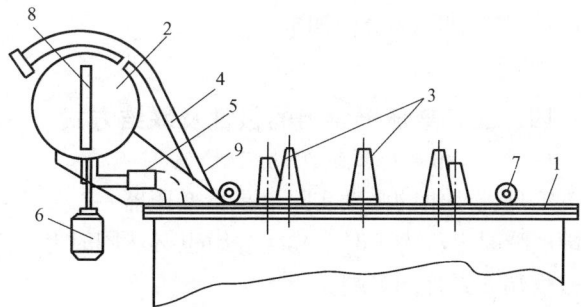

图 3-7 油箱的附件
1—油箱；2—储油柜；3—套管；4—安全气道；5—气体继电器；6—吸湿器；7—吊耳；8—油位计；9—联通管

（3）安全气道。安全气道又叫防爆管。它装在油箱顶盖上，用于保护设备，如图 3-7 所示。

安全气道是一个长钢筒，上端装有一定厚度的玻璃板或酚醛纸板（防爆膜）。当变压器内部发生严重故障而产生大量气体，而且油箱内部的压力超过一定气压时，油流和气体将冲破防爆膜向外喷出，从而避免油箱受到强大的压力而爆裂。

（4）气体继电器。气体继电器又称瓦斯继电器，是油浸式变压器内部故障的一种基本的保护装置。在变压器的油箱内发生短路故障时，绝缘油和其他绝缘材料会因受热而分解产生气体，因此可利用反映气体变化情况的气体继电器来作变压器内部故障的保护。

（5）分接开关。变压器运行时，其输出电压随输入电压的高低、负载电流的大小及其性质而变动。为使变压器的输出电压在允许的范围内，其一次绕组要求能在一定的范围内调节，因而一次绕组一般都有抽头，称为分接头。分接头靠近高压绕组星形联结的中性点处，每相有三个抽头，中间抽头叫额定分接头，对应额定电压。在其他两个分接头位置，可利用分接开关在额定电压±5％上下调节。图 3-8 是变压器的分接开关接线原理图。

（6）绝缘套管。绝缘套管由外部的瓷套与中心的导电杆组成，如图 3-9 所示。它穿过变压器上面的油箱壁，其导电杆在油箱中的一端与绕组的出线端相接，在外面的一端和外线路相接。

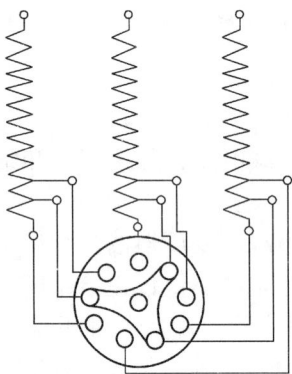

图 3-8　变压器的分接
开关接线原理图

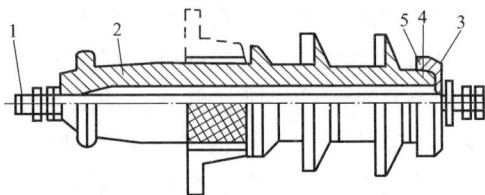

图 3-9　绝缘套管
1—导电杆；2—绝缘套管；3—金属盖；
4—黏性物；5—封闭垫圈

四、三相变压器绕组的极性及联结方式

（一）三相变压器绕组的极性

变压器绕组的极性实际上是指变压器一、二次绕组的相对极性。也就是说，当一次绕组某一端的瞬时电位为正时，二次绕组也必然同时有一个电位为正的对应端，这两个对应端就称为同极性端或者称同名端。

三相变压器的三个铁芯柱上分别套着三相一、二次绕组，如图 3-10（a）所示。

由于每一相一、二次绕组装在同一铁芯柱上，绕向又相同，如果在某一瞬间感应电动势在一次绕组的 A 端为正，二次绕组中感应电动势在 a 端必定为正；若 A 端为负时，a 端也为负，所以 A 端和 a 端为同极性端。同样，B 和 b 端 C 和 c 端也为同极性端，并标以符号"·"示之，以便识别。我国生产的变压器把一、二次绕组的某一端规定为首端。这样在图 3-10（a）中若规定 A、B、C 分别为三相一次绕组的首端，那么 a、b、c 分别为三相二次绕组的首端，X、Y、Z 和 x、y、z 则分别为三相一、二次绕组的末端。按照这个规定，每一相一、二次绕组中的感应电动势是同相的，当一次绕组联结成星形或三角形，再与三相电源相接，三个一次绕组的感应电动势就互差120°，三个二次绕组中的感应电动势也互差120°，如图3-10（b）所示。

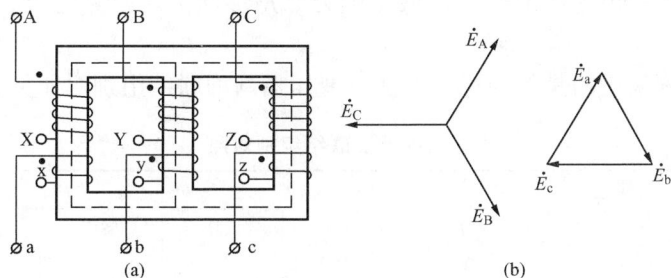

图 3-10　三相变压器的极性

（a）绕组结构；（b）相量图

（二）三相变压器绕组的联结方式与联结组别

1. 三相变压器绕组的联结方式

国产三相变压器的一、二次绕组通常采用下列三种联结方式。

（1）Yyn接线。各绕组极性、联结方法和始末端符号如图3-11所示。Y表示三相一次绕组联结成星形，yn表示三相二次绕组也联结成星形，同时从中性点引出一条线来接地。A、B、C是一次绕组的引出端，a、b、c、n是二次绕组的引出端。

（2）Yd接线。这种接线方式，各绕组的极性、联结方法和始末端符号如图3-12所示。

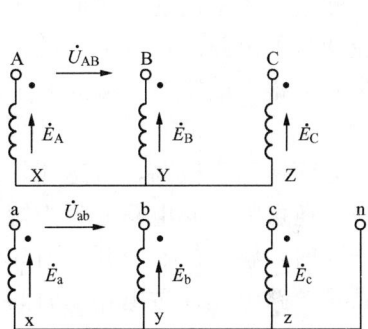

图 3-11　Yyn 接线图　　　　　图 3-12　Yd 接线图

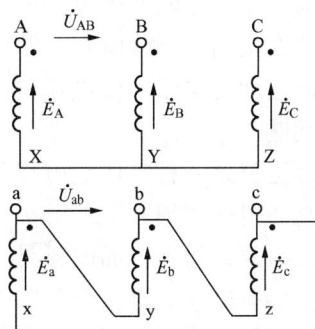

三相一次绕组联结成星形，二次绕组联结成三角形。A、B、C是一次绕组的引出端，a、b、c是二次绕组的引出端。

（3）YNd接线。这种接法和Y，d接法一样，只是从三相一次绕组星形联结的中性点引出一条线接地。

绕组接成三角形时，要特别注意绕组的极性不得接错。如果有一相绕组接错，在闭合的三相回路中三相总电动势就不等于零，而是2倍的相电动势。这样大的电动势在三相回路中会产生很大的电流，将会烧毁变压器。

2. 三相变压器的联结组别

变压器的联结组别表示了三相变压器高、低压侧电压（一般指线电压）之间的相位关系。由于变压器高、低压侧绕组联结方法不同，两侧电压的相位关系也不同。但不同联结组别其两侧电压之间的相位总是差 30°的倍数，可以用时钟表示法表示联结组别。如YNd11表示高压侧为中性点有引出的星形联结，低压侧为三角形联结，两侧电压相位差为 $11 \times 30° = 330°$ 的变压器。

现在的联结组别采用的是新的标注方法，变压器新旧联结组别对照见表 3-1。

表 3-1 变压器新旧联结组别对照

名称	旧标准			新标准		
	高压	中压	低压	高压	中压	低压
星形接法	Y	Y	Y	Y	y	y
中性点引出	Y_0	Y_0	Y_0	YN	yn	yn
三角形接法	△	△	△	D	d	d
曲折形接法	Z	Z	Z	Z	z	z
中性点引出	Z_0	Z_0	Z_0	ZN	Zn	Zn
组别数	用 1～12 前加横线			用 0～11		
接线标号间	用斜线					
举例	Y/Y_0-12			Yyn0		

第三节 工厂供配电站常用高、低压电器

一、开关电器

开关电器是接通、断开电路的电气设备。它是供配电系统中用的最多而又十分重要的设备。开关电器在接通、断开电路，特别是切除有电流通过的电路时，开关的动、静触头之间均会产生不同程度的电弧，而电弧对电气设备的安全有着很大的影响。因此开关电器中必须要解决电弧问题。

电弧实际上就是一种气体放电现象。它的特点一方面是温度极高，可达几千度甚至上万度，电弧的高温可能烧损开关的触头，烧毁电气设备，还可能引起电路的弧光短路，甚至引起火灾和爆炸事故。另一方面电弧是导电的，开关分断时，触头虽然分开，但如果电弧没有熄灭，电路中仍有电流流过。开关触头间的电弧延长了短路电流通过电路的时间，使短路电流危害的时间延长，这可能对电气设备造成更大的损坏。因此，本节先讨论开关电器中电弧的形成和熄灭问题。

电弧的形成就是气体由原来的绝缘状态变成导电状态，而电弧的熄灭则是将导电的气体再变成绝缘体，这都需要一个过程。那么下面先分析电弧的形成过程，然后再找出熄灭电弧的方法。

1. 电弧的形成过程

开关电器开断电路时，触头即将分开的瞬间，由于触头间压力和接触面积减小，接触电阻增大，从而电能损耗增大，在阴极表面出现炽热点。金属触头在高温作用下，将发射出自由电子，称为热发射。另一方面，在触头刚刚分离的瞬间，其距离很近，在外电压的作用下，触头间具有很高的电场强度 E（单位为 V/m），当 E 大于一定值时，金属触头表面的电子将从阴极被拉出，成为自由电子，称为强电场发射。在外加电场的作用下，自由电子向阳

极加速运动，在运动的过程中不断的积累能量。当积累的能量足够大时，与气体的中性分子碰撞，使中性分子变成自由电子和正离子，称为碰撞游离。新老自由电子在外加电场的作用下，仍要向阳极加速运动，还会再碰撞再游离，使触头间带电粒子不断增加。在外加电压作用下气隙被击穿，形成了电弧。

电弧形成后，由于电弧的温度极高，使分子的热运动加剧，分子间不断碰撞，产生游离，称为热游离。热游离使气隙中的带电质点不断的得以补充，维持电弧继续燃烧。

从电弧的形成过程可以看出，电弧的形成和维持都依赖于游离。那么游离的同时，同样存在着一个相反的过程，那就是去游离。去游离就是使带电质点不断消失的过程。它包括复合和扩散两个方面。复合是正负带电粒子相互中和成为中性分子的现象。扩散是弧道内带电质点逸出弧道，进入周围介质的现象。只要采取措施减少游离，加强去游离，电弧就会很快熄灭。

2. 熄灭电弧的常用方法

为了使开关电器能迅速地熄灭电弧而断开电路，常用的灭弧方法有：

（1）冷却灭弧法。降低电弧的温度，使离子运动速度减慢，这样不但会使热游离减弱，同时带电粒子的复合作用也会增强，有利于电弧的熄灭。复合的速度与电弧的温度有关，温度越低，复合作用就越强烈，电弧就越容易熄灭。

（2）速拉灭弧法。电弧的燃烧必须有一定的电弧电压来维持。如在开关触头断开时，加速触头分离，将电弧迅速拉长，提高了电弧燃烧所需要的电压，外加电压不足以维持电弧的燃烧，电弧就会熄灭。

（3）短弧灭弧法。用金属灭弧栅将长电弧切割成几个短电弧。当开关触头分离时，长电弧在电动力和磁场力的作用下迅速移入灭弧栅，长电弧即被金属栅片切割成一连串的短电弧。在直流电路中，由于每个短电弧都有一个阴极压降，因而提高了电弧燃烧所需的电压，使加在触头间的电压小于电弧燃烧所需要的电压，电弧熄灭。交流电路中，交流电流过零时，每个短电弧都有一个起始介质电强度，当其总和大于电源恢复电压时，电弧熄灭后不再复燃。

（4）狭缝灭弧法。利用狭缝窄沟灭弧是使电弧与固体介质接触，将电弧冷却，加强去游离。同时电弧在狭缝窄沟中燃烧，压力增大，特别是有产气材料时，使去游离作用更加强烈，有利于电弧的熄灭。

（5）气吹灭弧法。利用任何一种较冷的绝缘介质的气流来纵吹电弧（气流方向与弧柱平行）或横吹电弧（气流方向与弧柱垂直），纵吹可使电弧被冷的气体介质包围，横吹可将电弧拉长，增大其与弧外介质的接触面，加强冷却，从而达到熄灭电弧目的。

（6）真空灭弧法。真空具有较高的绝缘强度，如将开关触头置于真空容器中，电弧是在金属蒸气中形成的。当交流电流自然下降过零前后，这些金属蒸气便在真空中迅速飞散而熄灭电弧。

二、高压开关电器

工厂供配电站中常用的高压开关电器，主要包括有高压断路器、隔离开关、负荷开关。由于它们的结构不同，采用的灭弧方法不同，所起的作用也不同，在工作中不能互相代替。因此，必须了解它们的结构原理及工作性能，以便正确合理的使用。

（一）高压断路器

1. 高压断路器的用途和要求

（1）高压断路器的用途。高压断路器是高压开关电器中最重要的设备。它的作用有两方面：一是控制作用，即根据运行要求将部分电气设备或电力线路投入或退出运行；二是保护作用，当系统中发生短路故障时，在继电保护装置的作用下，断路器自动断开、切除故障部分，以保证系统中无故障部分继续运行。

（2）高压断路器的基本要求。断路器在供配电系统中承担着非常重要的任务，不仅应能接通或断开负荷电流，而且还应能断开短路电流。因此，断路器必须满足：

1）工作可靠。断路器应能在规定的运行条件下长期可靠地工作，并能正确地执行分、合闸的命令，顺利完成接通或断开电路的任务。

2）具有足够的开断能力。断路器断开短路电流时，触头间要产生能量很大的电弧。因此，断路器必须具有足够强的灭弧能力才能安全可靠地断开电路，并且还要有足够的热稳定性。

3）具有尽可能短的切断时间。在电路发生短路故障时，短路电流对电气设备和电力系统会造成很大危害，所以断路器应具有尽可能短的切断时间，以减少危害，并有利于电力系统的稳定。

4）具有自动重合闸性能。由于输电线路的短路故障大多数是临时性的，所以采用自动重合闸可以提高电力系统的稳定性和供电可靠性，即在发生短路故障时，继电保护动作使断路器分闸，切除故障电流，经无电流间隔时间后自动重合闸，恢复供电。如果故障仍然存在，断路器则立即跳闸，再次切除故障电流。这就要求断路器具有在短时间内接连切除故障电流的能力。

5）具有足够的机械强度和良好的动稳定性能。正常运行时，断路器应能承受自身重量、负载和各种操作力的作用。系统发生短路故障时，应能承受电动力的作用，以保证具有足够的动稳定。断路器还应能适应各种工作环境条件的影响，以保证在各种恶劣的气象条件下都能正常工作。

6）结构简单、价格低廉。在满足安全、可靠要求的同时，还应考虑经济上的合理性。这就要求断路器结构简单、体积小、质量轻、价格合理。

2. 高压断路器的分类及型号

（1）高压断路器的分类。高压断路器按安装地点可分为屋内式和屋外式两种；按所采用的灭弧介质可以分为油断路器、压缩空气断路器（现已很少使用）、真空断路器、六氟化硫断路器等。

（2）高压断路器的型号。断路器的类型很多，目前我国断路器的型号一般由文字符号和数字组成，如图3-13所示。

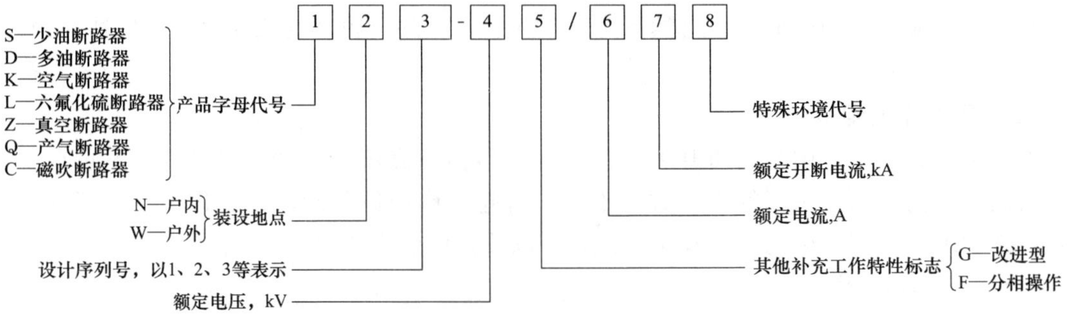

图 3-13　断路器型号

例如，LW8-35/2000 型断路器，指额定电压为 35kV、额定电流为 2000A、设计序列号为 8 的户外 SF_6 断路器。

3. 常用高压断路器的基本结构和工作原理

高压断路器的种类较多，但有些已经很少使用或淘汰，下面介绍供配电系统中常用的两种断路器：真空断路器和 SF_6 断路器。

（1）真空断路器。真空断路器利用真空度约为 $10^{-4}Pa$ 的高真空作为内绝缘和灭弧介质的断路器。真空度就是气体的绝对压力与大气压的差值，表示气体稀薄的程度。气体的绝对压力值越低，真空度就越高。当灭弧室内被抽成 $10^{-4}Pa$ 的高真空时，其绝缘强度要比绝缘油、0.3MPa 的大气压力下的 SF_6 和空气的绝缘强度高很多。真空间隙的气体稀薄，分子的自由行程较大，发生碰撞游离的概率很小。所以，真空击穿产生电弧是由触头蒸发出来的金属蒸气形成的。

真空断路器开断能力大，触头之间距离小，且无火灾危险。随着冶金等技术的不断进步，真空断路器制造水平的不断提高使真空断路器在 35kV 及以下电压等级中处于优势地位。

1）真空断路器的基本结构。真空断路器的总体结构除了采用真空灭弧室外，与油断路器相似。它由真空灭弧室、绝缘支撑、传动机构、操动机构、机座（框架）等组成。导电回路由导电夹、软连接、出线板通过灭弧室两端组成。

真空断路器的固定方式不受安装角度的限制，它可以水平安装，也可以垂直安装，还可以按任意角度安装。因此，真空断路器有多种总体结构形式。按真空灭弧室的布置方式可分为落地式和悬挂式两种基本形式，以及这两种方式相结合的综合式和接地箱式。

落地式真空断路器是将真空灭弧室安装在上方，用绝缘子支持，操动机构设置在底座的下方，上下两部分由传动机构通过绝缘杆连接起来。图 3-14 所示真空断路器为落地式的一种。

落地式结构的优点是：传动效率高，分合闸操作时直上直下，传动环节少，摩擦阻力小；稳定性好，操作时振动小；便于操作人员观察和更换灭弧室；产品系列性强，而且容易实现户内外产品的相互交换。落地式结构的缺点是：总体高度较高，操动机构检修不方便。

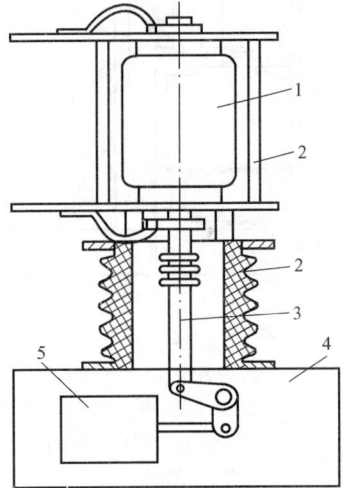

图 3-14　真空断路器基本组成部分示意图

1—开断装置；2—绝缘支撑；3—传动机构；4—基座；5—操动机构

悬挂式真空断路器是将真空灭弧室用绝缘子悬挂在底座框架的前方，而操动机构设置在后方（即框架内部），前后两部分用绝缘传动杆连接起来。图 3-15 所示为 ZN28-10 型真空断路器外形图。它采用悬挂式结构，装在一个手车上，主要由机架、真空灭弧室及传动系统组成。机架为钢板及角钢焊接而成，装有中间对接式纵向磁场真空灭弧室，主轴通过绝缘拉杆、小拐臂与真空灭弧室动导电杆连接，使断路器实现分合闸。各相支撑杆是用玻璃纤维压制而成绝缘性能好，机械强度高，各相灭弧室间不需另加相间隔板。悬挂式真空断路器与传统的少油断路器机构类似，宜用于手车式开关柜。由于其操动机构与高电压隔离，便于检修。悬挂式结构的缺点是总体深度尺寸大、用金属多、质量重，绝缘子承受弯曲力，操作时灭弧室振动大，传动效率不高。因此，这种结构一般只适用于中等电压以下的产品。

2）真空灭弧室。真空灭弧室是真空断路器中最重的部件，其结构如图 3-16 所示。真空灭弧室的外壳是由绝缘筒、两端的金属盖板和波纹管所组成的密封容器。灭弧室内有一对触头，静触头焊接在静导电杆上，动触头焊接在动导电杆上。动导电杆在中部与波纹管的一个断口焊在一起，波纹管的另一端口与动端盖的中孔焊接，动导电杆从中孔穿出外壳。由于波纹管可以在轴向上自由伸缩，故这种结构既能实现在灭弧室外带动动触头作分合运动，又能保证真空外壳密封性。

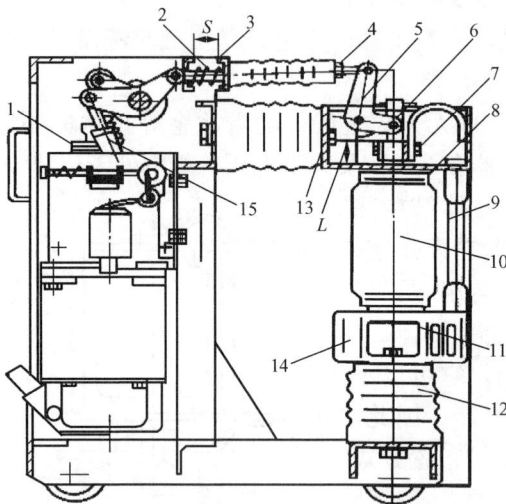

图 3-15 ZN28-10 型真空断路器外形图

1—开距调整垫片；2—触头压力弹簧；3—弹簧座；
4—接触行程调整螺栓；5—拐臂；6—导向板；
7—导电夹紧固螺栓；8—上支架；9—支撑杆；
10—真空灭弧室；11—真空灭弧室固定螺栓；
12—绝缘子；13—绝缘子固定螺杆；
14—下支架；15—输出杆；
L—行程；S—接触行程

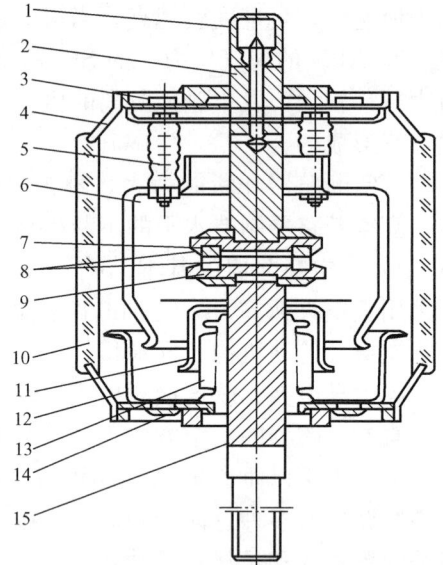

图 3-16 ZN-10 型真空灭弧室结构图

1—外保护帽；2—静导电杆；3—静端盖板；
4—可伐环；5—瓷柱；6—屏蔽筒；
7—静跑弧面；8—触头；9—动跑弧面；
10—玻壳；11—保护罩；12—屏蔽罩；
13—波纹管；14—动端盖板；15—动导电杆

由于大气压力的作用，灭弧室在无机械外力作用时，其动、静触头始终保持闭合位置，当外力使动导电杆向外运动时，触头才分离。

下面简要介绍灭弧室中的主要部件。

a. 外壳。外壳是真空灭弧室的密封容器，它不仅要容纳和支持灭弧室内的各种部件，而且当动、静触头在断开位置时起绝缘作用。因此，整个外壳通常由绝缘材料和金属组成。对外壳的要求首先是气密封要好，其次是要有一定的机械强度，还要有良好的绝缘性能。

b. 波纹管。波纹管既要保证灭弧室完全密封，又要在灭弧室外部操动时使触头作分合运动。常用的波纹管有液压成形和膜片焊接两种形式。所用材料以不锈钢为最好。波纹管的侧壁可在轴上伸缩，其允许伸缩量决定了灭弧室所能获得的触头最大开距。一般情况下，波纹管的疲劳寿命也决定了灭弧室的机械寿命。

c. 屏蔽罩。触头周围的屏蔽罩主要是用来吸附燃弧时触头上蒸发的金属蒸气，防止绝缘外壳因金属蒸气的污染而引起绝缘强度降低，同时，也有利于熄弧后弧隙介电强度的迅速恢复。波纹管外面设置屏蔽罩，可使波纹管免遭金属蒸气的烧损。

屏蔽罩的导热性能越好，其表面冷却电弧的能力也越好，因此，制造屏蔽罩常用材料为无氧铜、不锈钢和玻璃，铜是最常用的。

d. 触头。触头是真空灭弧室内最重要的元件，灭弧室的开断能力和电气寿命主要由触头状况来决定。目前真空灭弧室的触头系统，就接触方式而言，都是对接式的。根据触头开断时灭弧的基本原理的不同，可分为非磁吹触头和磁吹触头两大类。

非磁吹型圆柱状触头最简单，机械强度好，易加工，但开断电流较小，一般只适用于真空接触器和真空负荷开关中。

磁吹触头常用的有螺旋槽触头和杯状触头两种。螺旋槽触头在触头圆盘的中部有一突起的圆环，圆盘上开有三条螺旋槽，从圆环的外周一直延伸到触头的外缘，如图 3-17（b）所示。电弧在自身电流产生的磁场中受力，使电弧延螺旋槽旋转，加速电弧熄灭，同时也避免触头被烧伤。

杯状触头的形状似圆形厚壁杯子，杯壁上开有一系列斜槽，而且动、静触头的斜槽方向相反，如图 3-18 所示。当断路器分闸时，触头间产生电弧，由于触头的特殊结构，电弧电流产生横向磁场，对电弧进行横向吹弧，提高了灭弧能力。在相同触头直径下，杯状触头的开断能力比螺旋槽触头要大些，而且电气寿命也较长。

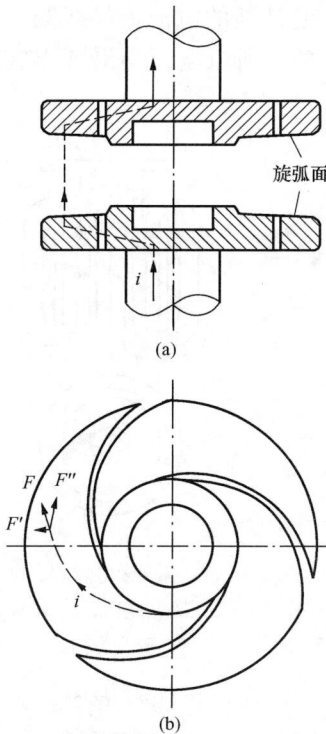

图 3-17　中接式螺旋槽触头工作原理
(a) 侧视图；(b) 俯视图

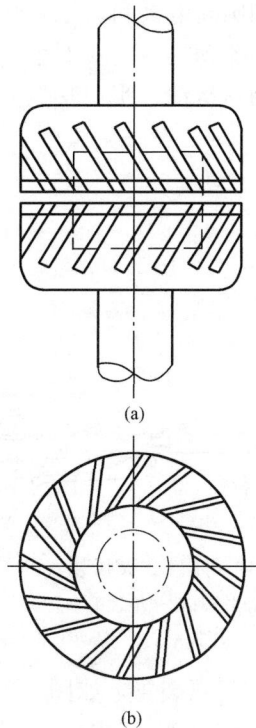

图 3-18　杯状触头
(a) 侧视图；(b) 俯视图

（2）SF_6 断路器。SF_6 断路器是采用六氟化硫（SF_6）气体作灭弧介质和绝缘介质的断路器。20 世纪 70 年代以来，SF_6 断路器逐渐取代了油断路器和空气断路器，逐渐占据高压断路器的主导地位，目前在 110kV 及以上系统中应用较多，在 10～35kV 系统中也有应用。

1）SF$_6$ 气体的特点。SF$_6$ 气体是一种无色、无嗅、无毒和不燃的惰性气体，是目前在高压电器中使用的最优良的灭弧介质和绝缘介质。在均匀电场下，SF$_6$ 气体的绝缘性能大约是空气的 3 倍，在 0.4MPa（约 4 个大气压）的压力下，SF$_6$ 气体的绝缘性能则与变压器油相当。

SF$_6$ 气体是电负性气体，即其分子和原子具有很强的吸附自由电子的能力，可以大量吸附弧隙中参与导电的自由电子，生成负离子。由于负离子的运动速度要比自由电子慢得多，因此很容易和正离子复合成中性的分子和原子，大大地加快了电流过零时的弧隙介质电强度的恢复。

2）SF$_6$ 断路器的灭弧装置。现在世界各国生产的 SF$_6$ 断路器，多采用压气式、旋弧式、自能式三种灭弧室结构。

a. 压气式灭弧装置，如图 3-19 所示。压气式灭弧装置中充有 SF$_6$ 气体，开断过程中，压气缸与动触头同时运动，压缩压气缸内的 SF$_6$ 气体而使缸内压力升高。触头分离后，喷口被打开，高压力的气体由喷口处向外排出，实现纵吹而将电弧熄灭。目前在 110kV 及以上的电压等级中广泛使用这种灭弧装置。

b. 旋弧式灭弧装置，如图 3-20 所示。旋弧式灭弧装置多用于 10～35kV SF$_6$ 断路器中。其中磁场由磁吹线圈 2 形成，线圈的一端和静触头相连，另一端和圆筒电极相连，圆筒电极内部设置一个向静触头凸出的圆环。当导电杆 4 和静触头 1 分开产生电弧后，电弧会很快转移到动触头和圆筒电极间，把磁吹线圈 2 接入电路，使被断的电流流经线圈。由于电弧电流是沿半径方向流动的，而线圈生成的磁场是轴线方向的，所以电弧会沿圆周旋转而与 SF$_6$ 气体介质发生相对运动，实现吹弧。

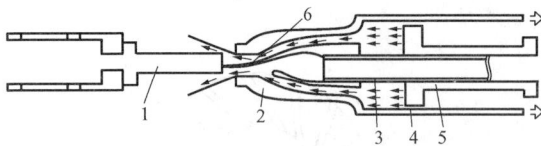

图 3-19　压气式灭弧装置的工作原理

1—静触头；2—绝缘喷口；3—动触头；

4—压气缸；5—活塞；6—电弧

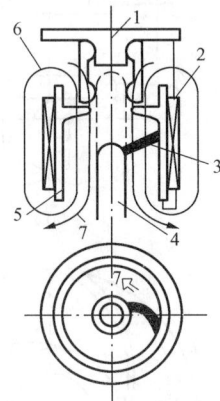

图 3-20　旋弧式灭弧装置的工作原理

1—静触头；2—磁吹线圈；3—电弧；4—导电杆；

5—圆筒电极；6—磁场方向；7—电弧转动方向

c. 自能式灭弧装置，如图 3-21 所示。自能式灭弧装置是正在发展中的新一代的灭弧装置，目前在 110～220kV 电压等级中使用。其灭弧室由主气室 3、辅助气室 6、气孔 4、气缸 5 和喷口 1 组成。当动静触头分开产生电弧后，被电弧加热的气体可通过气孔进入主气室，使主气室的压力升高，高压气体对喷口吹弧使电弧熄灭。如果开断的电流较小，电弧产生的热量较小，而使主气室的压力不够时，辅助气室气体将通过上部开启的阀门进入到主气室内起助吹作用，从而增强了开断小电流的吹弧能力。

3）户内 SF$_6$ 断路器结构，图 3-22 是 10kV 户内 SF$_6$ 断路器结构。这种类型的断路器采用先进的自能旋弧式灭弧原理，具有结构简单、开断能力强、寿命长等优点，基本做到在运行期内"无维修"。与真空和油断路器灭弧室相比，它在结构、安全性、耐过电压、使用寿命和价格方面都优越得多。

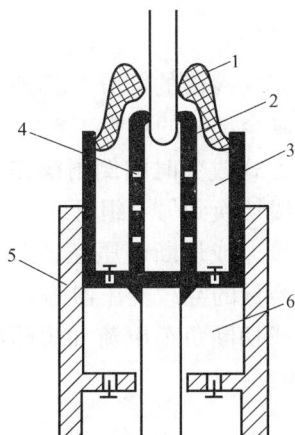

图 3-21　自能式灭弧装置的工作原理
1—喷口；2—动触头；3—主气室；
4—气孔；5—气缸；6—辅助气室

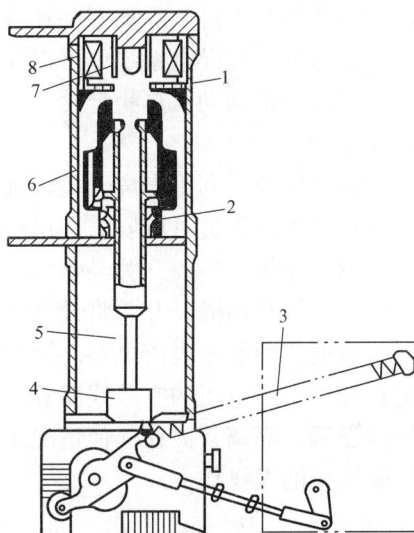

图 3-22　10kV 户内 SF$_6$ 断路器结构
1—环形电极；2—中间触头；3—分闸弹簧；
4—吸附剂；5—绝缘操作杆；6—动触头；
7—静触头；8—吹弧线圈

4. 高压断路器的操动机构

操动机构是带动高压断路器传动机构进行分闸、合闸并能维持在合闸状态的机构。

（1）操动机构的分类。根据断路器合闸时所用能量形式的不同，操动机构可分为手动、电磁、弹簧、液压、气动等种类。手动（CS 型）操动机构，用人力进行合闸；电磁（CD 型）操动机构用电磁铁合闸；弹簧（CT 型）操动机构，事先用人力或电动机使弹簧储能实现合闸；液压（CY 型）操动机构用高压油推动活塞实现合闸与分闸；气动（CQ 型）操动机构用压缩空气推动活塞实现合闸与分闸。

（2）操动机构的基本要求。

1）具有足够的操作功率。在操作合闸时，操动机构要输出足够的操作功率，以克服机械力和电动力，使断路器可靠合闸，并保证有足够的合闸速度。

2）具有维持合闸的装置。由于操动机构需要很大的合闸功率，所以操动机构是按短时间提供合闸能量来设计的。因此，操动机构中必须有维持合闸的装置。

3）具有尽可能快的分闸速度。操动机构应具备电动和手动分闸功能。当接到分闸命令后，断路器应尽可能快速分闸，并能满足灭弧性能的要求。

4）具有自由脱扣装置。所谓自由脱扣，是指在断路器合闸过程中如操动机构又接到分闸命令，则操动机构不应继续执行合闸命令而应立即分闸。实现这一功能的机构称为自由脱扣装置。

5）具有自动复位功能。断路器分闸后，操动机构应能自动地回复到准备合闸的位置。

6）具有工作可靠、结构简单、体积小、质量轻、操作方便、价格低廉等特点。

（二）隔离开关

隔离开关是高压电气装置中保证检修工作安全的开关电器。隔离开关其结构简单没有专用的灭弧装置，除了能接通和开断很小的电流外，不能用来接通和开断负荷电流，更不能用来接通和开断短路电流。隔离开关在分闸状态下，动静触头间应有明显可见的断口，绝缘可靠；关合状态下，其导电系统中可以通过正常的工作电流和故障下的短路电流。因此，隔离开关必须具备一定的动、热稳定性。

1. 隔离开关的作用

（1）隔离电源。利用隔离开关将高压电气装置中需要检修的部分与其他带电部分可靠地隔离，这样，工作人员可以安全地进行作业，不影响其余部分的正常工作。

（2）倒闸操作。隔离开关经常用来进行系统运行方式改变时的倒闸操作。例如，当主接线为双母线时，利用隔离开关将设备或线路从一组母线切换到另一组母线。

（3）接通或切断小电流电路。可以利用隔离开关接通或切断电压互感器、避雷器电路以及一定长度、一定电压的空载线路和一定电压、一定容量的空载变压器等。

特别强调，隔离开关在任何情况下，均不能接通或切断负荷电流和短路电流，实际中应避免可能发生的误操作。

2. 隔离开关的分类及型号

（1）隔离开关的分类。隔离开关按装设地点分为户内式和户外式；按绝缘支柱数目分为单柱式、双柱式和三柱式；按动触头运动方式分为水平旋转式、垂直旋转式、摆动式和插入式；按有无接地闸刀分为无接地闸刀、一侧有接地闸刀、两侧有接地闸刀；按操动机构分为手动式、电动式、气动式和液动式；按极数分为单极、双极、三极。

（2）隔离开关的型号。隔离开关型号一般用文字符号和数字组合表示。第 1 位代表产品名称，G—隔离开关；第 2 位代表安装场所，N—户内式，W—户外式；第 3 位代表设计序号，用数字表示；第 4 位代表额定电压（kV）；第 5 位代表其他标志，T—统一设计，G—改进型，D—带接地闸刀，K—快分型等；第 6 位代表额定电流（A）。

3. 隔离开关的操作原则

隔离开关都配有手动操动机构，操作时要先拔出定位销，分、合闸动作要果断、迅速，结束时注意不要用力过猛，操作完毕一定要用定位销锁住并目测其动触头位置是否符合要求。

不管合闸操作还是分闸操作，都应在不带负荷或负荷在隔离开关允许的操作范围之内时才可进行。为此，操作隔离开关之前，必须先检查与之串联的断路器，应确定其处于断开位置。

如果发生了带负荷切投隔离开关的误操作，则应冷静地避免可能发生的另一种反方向的误操作，即：当发现带负荷误合闸后，不得立即拉开；当发现带负荷误分闸后，不得再合上，除非刚拉开一点，发现有火花产生时，可立即合上。

4. 隔离开关的结构形式

（1）户内式隔离开关。户内式隔离开关的额定电压一般在 35kV 以下，图 3-23 为户内配电用隔离开关的结构。

隔离开关的三相共装在同一个底座上，操动机构通过连杆操动转轴完成分合闸操作。导电回路主要由闸刀（动触头）、静触头及接线端组成，静触头固定在支柱绝缘子上；闸刀由两片刀片做成，一端通过销轴固定在另一组支柱绝缘子的触头座上，合闸时两片刀片夹紧静触头。为了保证动、静触头间的接触压力，在闸刀与静触头接触处外侧装有弹簧。对额定电流较大的隔离开关，还普遍采用磁锁装置来加强动、静触头间通过短路电流时的接触压力。

磁锁装置的作用原理如图 3-24 所示，当短路电流沿并行的两片闸刀流向静触头时，电流产生的磁场，通过两钢片构成回路，使闸刀外侧的两片钢片受磁力作用互相靠拢，增加了闸刀对静触头的接触压力，从而保证触头通过短路电流时的动稳定性。

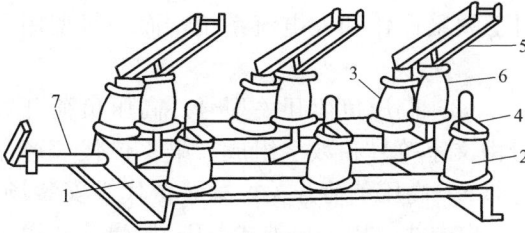

图 3-23 户内配电用隔离开关的结构
1—底座；2、3—支柱绝缘子；4—静触头；
5—闸刀；6—操作绝缘子；7—转轴

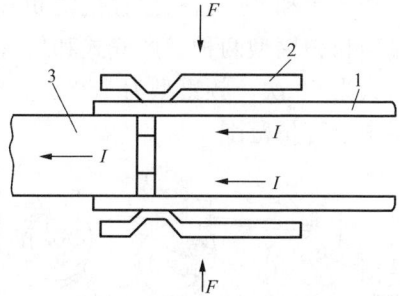

图 3-24 磁锁装置的作用原理图
1—并行闸刀片；2—钢片；3—静触头

隔离开关利用操动机构通过传动连杆使三相连动的转轴转动，再通过每相的拐臂带动操作绝缘子驱动各相闸刀作垂直旋转，从而达到分合闸操动的目的。

（2）户外隔离开关。户外隔离开关分为单柱式、双柱式和三柱式等。图 3-25 为 GW5-35D 型隔离开关外形图。它采用双柱式结构，制成单极形式，借助连杆构成三相连动。每极有两个棒式绝缘子，组成"V"形，装在同一个底座内的两个轴承座上。闸刀做成两段式，

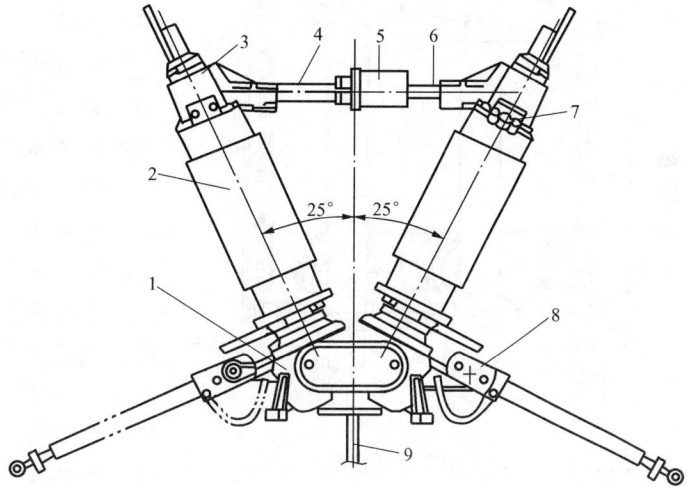

图 3-25 GW5-35D 型隔离开关外形图
1—底座；2—支柱绝缘子；3—触头座；4、6—主闸刀；
5—触头及防护罩；7—接地静触头；8—接地闸刀；9—主轴

分别固定在棒式绝缘子的顶端，可动触头成楔形连接。操动机构动作时，两个棒式绝缘子同速反向旋转 90°，使隔离开关断开或接通。

（三）高压负荷开关

1. 高压负荷开关用途

高压负荷开关是具有一定开断能力和关合能力的高压开关设备，其性能介于隔离开关和断路器之间。有的高压负荷开关与隔离开关一样有明显的断开点，不一样的是它有简单的灭弧装置和较快的分合闸速度，因而具有比隔离开关大得多的开断能力，通常用来开断和关合电路的负荷电流。但是它不能开断短路电流，这是负荷开关和断路器的主要区别。

虽然高压负荷开关不能用来开断短路电流，但如果将它和高压熔断器串联成一体，用负荷开关开断负荷电流，用高压熔断器作为过负荷和短路保护，在某些特定条件下可代替断路器工作。高压负荷开关因与熔断器配合保护变压器特性优良，不需要二次回路配合，因而被广泛应用。

2. 高压负荷开关分类及型号

(1) 高压负荷开关分类。高压负荷开关按照灭弧介质及作用原理可分为压气式、产气式、真空式和 SF_6 式（以往的油负荷开关和磁吹负荷开关已被淘汰）。按用途负荷开关分为一般型和频繁型两种。产气式和压气式为一般型，真空式和 SF_6 式为频繁型。一般型分合操作次数为 50 次，频繁型为 150 次。频繁型适用于频繁操作和大电流系统，而一般型用在变压器中小容量范围。

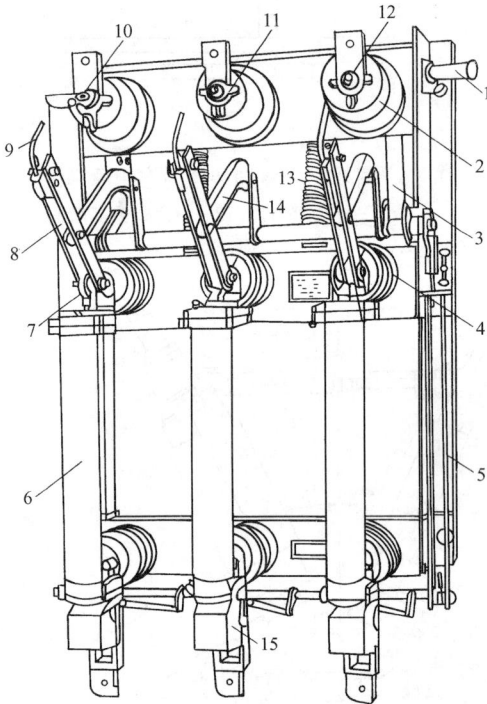

图 3-26　FN3-10RT 型高压负荷开关

1—主轴；2—上绝缘子兼气缸；3—连杆；4—下绝缘子；
5—框架；6—RN1 型高压熔断器；7—下触座；8—闸刀；
9—弧动触头；10—绝缘喷嘴（内有弧静触头）；
11—主静触头；12—上触座；13—断路弹簧；
14—绝缘拉杆；15—热脱扣器

(2) 高压负荷开关型号。高压负荷开关型号由文字符号和数字组成。第 1 位代表产品名称，F—高压负荷开关；第 2 位代表安装场所，N—户内式，W—户外式，B—防爆式；第 3 位代表设计序号用数字表示；第 4 位代表额定电压（kV）；第 5 位代表补充工作特性，G—改进型，R—带熔断器，T—统一设计，S—熔断器上装式。

3. 高压负荷开关的结构及工作原理

高压负荷开关的类型很多，这里着重介绍一种应用最多的户内压气式高压负荷开关。

(1) 结构。图 3-26 是 FN3-10RT 压气式高压负荷开关的外形结构。图中上半部为负荷开关本身，外形很像一般隔离开关，实际上它也就是在隔离开关的基础上加一个简单的灭弧装置。负荷开关上端的绝缘子就是一个简单的灭弧室，它不仅起支持绝缘子的作用，而且内部是一个气缸，装有由操动机构主轴传动的活塞，其作用类似打气筒。绝缘子上部装有绝缘喷嘴和静触头。图中下半部为高压熔断器。

(2) 工作原理。负荷开关分闸时，通过操动机构，使主轴转动 90°，在分闸储能弹簧迅速收缩复原的爆发力作用下，主轴转动完成非常快，主轴转动带动传动机构，使绝缘拉杆迅速向上（动触头分开方向）运动，使弧触头的静、动触头迅速分断，这是主轴分闸转动的联动动作的一部分，同时另一部分主轴转动使活塞连杆向上运动，使气缸内的空气被压缩，缸内压力增大，当弧触头分断产生电弧时，气缸内的压缩空气从喷口迅速喷出，电弧被迅速熄灭，使燃弧持续时间不超过 0.03s。当电路中出现过负荷或短路时由熔断器熔断，切断电路。

三、低压开关电器

工厂供配电中所用的低压开关电器主要有低压断路器（也叫自动空气开关）、接触器和闸刀开关，还有防止漏电造成人身伤害和引起火灾事故的漏电保护器。

（一）低压断路器

1. 低压断路器的作用

低压断路器是低压配电网中性能最完善的开关电器，又是重要的控制和保护电器。它不仅可以切断负荷电流，而且可以切断短路电流，并对电路起保护作用，即当电路有过负荷、短路或电压严重降低等情况时能自动分断电路。

低压断路器结构上着重提高灭弧能力，故不适用于频繁操作。常用在低压大功率电路中作为主控电器，如低压配电（变电）站的总开关、大负荷电路和大功率电动机的控制等。

低压断路器的灭弧介质一般是空气，近年来利用真空作灭弧介质的真空断路器也得到很大的发展。传统的交流低压断路器的灭弧过程是使电流过零、电弧自然熄灭后不再重燃。新型的限流断路器能在电路中的短路电流还未达到最大短路电流以前，将电弧电流减小，并强制熄灭，从而大大减轻了电路中各种电气设备及导体在短路电流流过时受到的危害。

2. 低压断路器分类及型号

（1）低压断路器的分类。低压断路器按电源种类分为交流和直流两种；按结构形式分为万能式（框架式）和装置式（封闭式或塑料外壳式）两种；按极数分为单极、双极、三极和四极式；按使用类别分为非选择型（A类）和选择型（B类）两类。对于非选择型，只要通过的电流达到或超过动作值，低压断路器就会断开电路，没有明确的选择性动作要求。对于选择型，即使是通过的电流已超过它的动作值，也会延时动作，等到串联在其负荷侧的另一短路保护电气设备不动作后它再动作，即有明确的选择性动作要求。

（2）低压断路器型号。低压断路器的型号由文字符号和数字组成。第1位代表产品名称，D—低压断路器；第2位代表结构类别，W—万能式，Z—装置式；第3位代表限流形式，X—限流型；第4位代表设计序号；第5位代表额定电流（A）；第6位代表额定电压（万能式）或极数（装置式）。

3. 低压断路器的原理

低压断路器的种类很多，构造也比较复杂，但都是由触头系统、灭弧系统、保护装置及传动机构等几部分组成，其工作原理基本是一样的。图3-27为三极式低压断路器的工作原理图。触头系统由传动机构的搭钩闭合而接通电源与负载，使电气设备正常运行。过电流线圈和负载电路串联，正常运行时，过电流线圈的磁力不足以使铁芯吸合；当因短路或其他故障使负载电流增大到某一数值时，过电流线圈使铁芯吸合，并带动杠杆把搭钩顶开，从而打开触头分断电路。欠电压线圈和负载电路并联，正常运行时，欠电压线圈的磁力使铁芯吸合，保持断路器在合闸状态。如由于某种原因使电压降低，欠电压线圈吸力减小，衔铁被弹簧拉开，同样带动杠杆把搭钩打开，使电路分断。另外，还装有热继电器作为过负荷保护。

图3-27中所示为合闸状态，此时触头1与锁键2连在一起，锁键与搭钩3锁住，维持合闸位置，此时弹簧6处于拉长状态。搭钩3可以绕转轴4转动。如果搭钩3向上被杠杆5顶开，即锁键与搭钩脱扣，则触头1在弹簧6作用下迅速跳开，脱扣动作由各种脱扣器来完成。这些脱扣器有以下几种。

（1）过电流脱扣器7：当电流超过某一规定值时使断路器自动跳开。

（2）失电压（欠电压）脱扣器8：当电压低于某一值时使断路器迅速跳开。

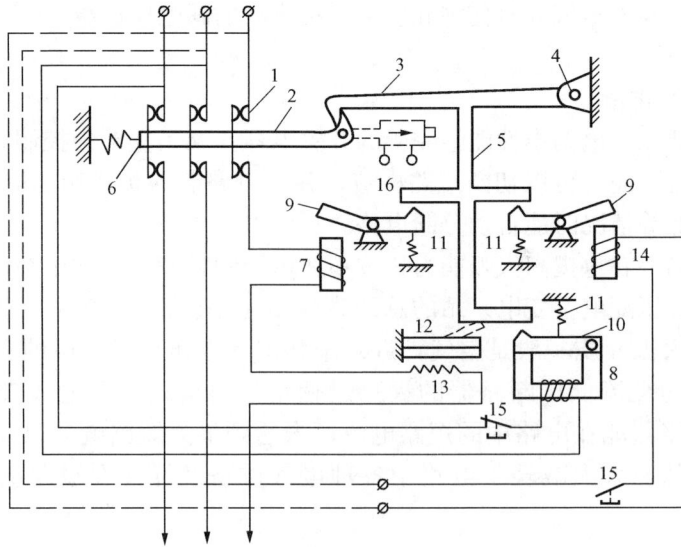

图 3-27   三极式低压断路器原理图

1—触头；2—锁键；3—搭钩（代表自由脱扣机构）；4—转轴；5—杠杆；

6—弹簧；7—过电流脱扣器；8—欠电压脱扣器；9、10—衔铁；11—弹簧；

12—热脱扣器双金属片；13—加热电阻丝；14—分励脱扣器（远距离切除）；

15—按钮；16—合闸电磁铁（DW 型可装，DZ 型无）

（3）热脱扣器 12：主要用于过负荷保护，它是双金属片结构。由于两金属片膨胀系数不同，过载电流通过发热时，金属片弯曲，使断路器分闸。

（4）分励脱扣器 14：供远距离控制使断路器分闸。

需要说明，不是任何低压断路器都全部装设有这些脱扣器。在使用时，应根据需要在订货时向制造厂提出所选用的脱扣器种类。

4.常用的低压断路器

（1）万能式断路器。万能式低压断路器一般都有一个框架结构的底座，因此也被称作框架式断路器。断路器所有的组件，如触头系统和脱扣器等部件均经绝缘后安装在底座中，便于制造、拆卸和安装。这种断路器具有可维修的特点，且可装设较多的附件，也有较多的结构变化。

万能式断路器因为有良好的触头系统和灭弧室，极限断流能力较强。大容量的接触触头都采用双档或三档触头。为提高触头的动、热稳定性，触头导电回路布置成具有电动力补偿的作用。断路器的灭弧室多为去离子栅或复式灭弧室，在去离子栅上增设灭弧栅，以降低电弧飞溅距离。断路器的额定电流在 200～600A 时，一般具有电磁传动机构。断路器额定电流在 1000A 以上者，一般具有电动机传动操动机构，并都兼有操作手柄。

图 3-28 为 DW10 型框架式低压万能式断路器的结构。

（2）塑料外壳式断路器。塑料外壳式低压断路器的所有元件组装在绝缘的塑料外壳内，减小了外界对断路器的影响。断路器的接线端子从断路器的背面引出，在断路器的正面不可能触及带电部分，使用起来很安全，且体积较小。

塑料外壳式断路器触头系统采用简单的单档触头与去离子栅灭弧室。断路器的过电流脱扣器多采用热双金属片和电磁脱扣器串联，以达到两段保护特性，可用作电动机保护。大容量断路器的操动机构采用储能闭合式，而 50A 以下的操作方式多为手动，有扳动式和按钮式两种。大容量的断路器可加装失电压脱扣器、分励脱扣器和电动机传动操动机构。塑壳式低压断路器额定电流比万能式断路器小，因此使用十分广泛，各类工矿企业的动力和照明线路中都有应用。

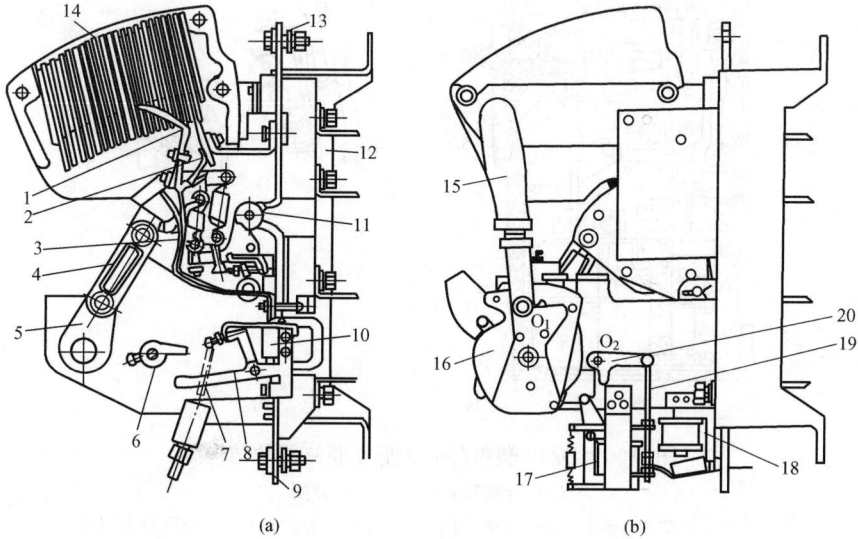

图 3-28　DW10 型框架式低压万能式断路器结构图

（a）触头及灭弧系统；（b）侧视图

1—灭弧触头；2—辅助灭弧触头；3—软连片；4—绝缘连杆；5—驱动柄；6—脱扣用凸轮；
7—整定过电流脱扣器用弹簧；8—过电流脱扣器打击杆；9—下导电板；10—过电流脱扣器；
11—主触头；12—框架；13—上导电板；14—灭弧室；15—操作手柄；16—操动机构；
17—失压脱扣器；18—分励脱扣器；19—拉杆；20—脱扣用杠杆

以往常用的塑料外壳式断路器有 DZ10、DZ5 系列。图 3-29 和图 3-30 为 DZ10 塑料外壳式断路器的外形和结构（现已逐步在淘汰）。

现阶段常见的塑料外壳式低压断路器为 DZ20 系列，其额定电流最高可到 1250A，一般用在配电线路中，而额定电流 200A 和 400A 的断路器可用于保护电动机。图 3-31 所示为 DZ20 系列塑料外壳式断路器的外形图。

（二）接触器

1. 接触器用途、分类及型号

（1）接触器用途。接触器是一种用来频繁地接通或切断负载主电路，能够实现远距离控制的开关电器。接触器的应用非常广泛，统计资料表明，电力系统总售电量的一半以上是通过它分配到各种用电设备上去的。由于接触器功能较多，且每小时可带电操作 1200 次，甚至还能短时接通与分断超过数倍额定电流的过载电流；又具有使用安全、维修方便、价格低廉等优点，故随着生产过程自动化的进一步发展，它的应用将更加广泛。

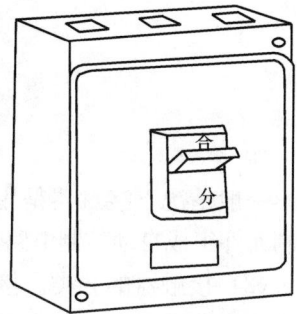

图 3-29　DZ10 塑料外壳式
低压断路器的外形图

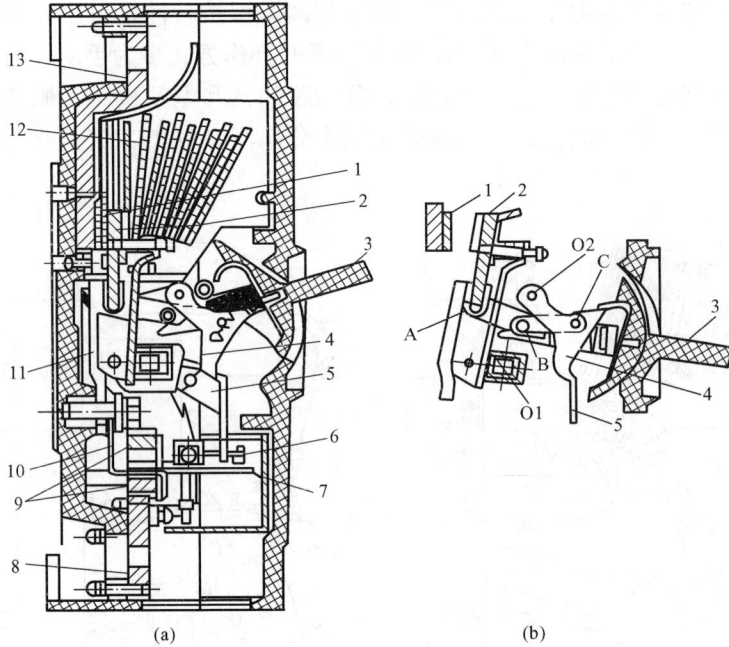

图 3-30　DZ10 塑料外壳式低压断路器的结构图

（a）合闸装置；（b）手动分闸

1—静触头；2—动触头；3—操作手柄；4、5、6—脱扣机构；7—热双金属片；

8—下导电板；9—电磁脱扣器的铁芯和衔铁；10—导电板；

11—软连接；12—灭弧罩；13—上导电板

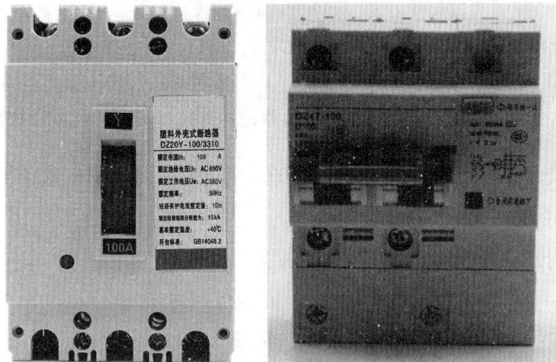

图 3-31　DZ20 系列塑料外壳式断路器外形图

　　一般情况下接触器是用按钮操作的，在自动控制系统中也可用继电器、限位开关或其他控制元件组成自动控制电路以实现控制。接触器除前述功能外，还具有失压或欠压保护作用。

　　（2）接触器的分类。接触器按所控制的电流种类分为交流和直流两种；按操作方式分为电磁式、气动式和电磁—气动式；按灭弧介质分为空气式（有灭弧室或隔弧板）、油浸式、真空式等。通常使用的是空气电磁式接触器。

　　（3）接触器的型号。接触器的型号由文字符号和数字组成。第 1 位代表产品名称，C—接触器；第 2 位代表工作特性，J—交流，Z—直流，P—中频；第 3 位代表设计序号；第 4 位代表主触头额定电流（A）；第 5 位代表主触头数。

2. 接触器结构与动作原理

无论是交流还是直流接触器，它们主要由电磁机构、触头系统和灭弧装置等组成。图 3-32 是 CJ 系列交流接触器外形和结构，交流接触器的触头与电磁机构之间的关系如图 3-33 所示。其中电磁机构主要包括线圈、铁芯和衔铁。接触器的电磁铁线圈串接于控制电路中，当线圈通电后会产生电磁吸力，使动铁芯（或称衔铁）吸合，进而带动动触头与静触头闭合，接通主电路。若线圈断电后，电磁吸力便消失，在复位弹簧作用下动铁芯将释放，从而带动动触头与静触头分离，切断主电路。

为了自动控制的需要，接触器除了接通和开断主电路用的主触头外，还有为了实现自动控制而接在控制回路中的辅助触点，如图 3-33 所示。辅助触点通过联动机构与主触头联动。一个接触器通常有几对辅助触点，辅助触点有动断触点和动合触点，动合触点与主触头状态一致，动断触点则相反。它们分属于不同的电路，主触头接在主电路中，辅助触点接在控制回路或其他辅助电路中。

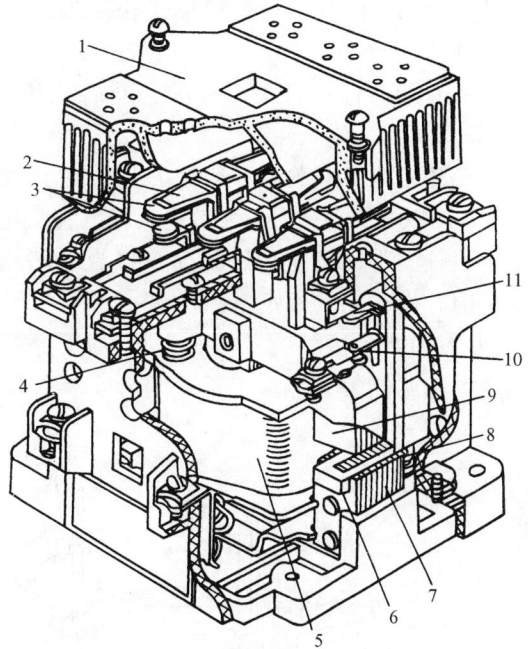

图 3-32　CJ 系列交流接触器外形和结构
1—灭弧罩；2—触头压力弹簧片；3—主触头；4—反作用弹簧；5—线圈；6—短路环；7—静铁芯；8—缓冲弹簧；9—动铁芯；10—辅助动合触点；11—辅助动断触点

（三）刀开关

刀开关是最普通的一种低压开关电器，通常用来接通和切断 500V 以下的交直流电路，且主要靠在空气中拉长电弧或利用金属灭弧栅将电弧截为短弧的原理来灭弧。

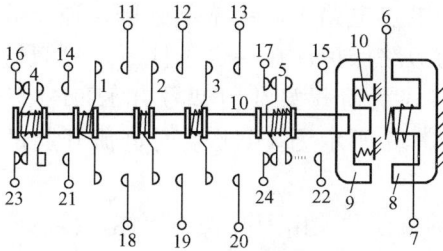

图 3-33　交流接触器的触头与电磁机构
1～3—主触头；4、5—辅助触点；6、7—线圈；8—铁芯；9—衔铁；10—弹簧；
11～24—触头的接线柱

1. 刀开关的分类及型号

（1）刀开关的分类。刀开关按结构分为单极、双极和三极三种；按操作方法分为中间手柄、旁边手柄和杠杆操作三种；按用途分为单投和双投两种；按灭弧机构分为带灭弧罩和不带灭弧罩两种。没有灭弧罩的闸刀开关，不能断开大的负荷电流，一般只用于隔离电源；带有灭弧罩的闸刀开关，可用来切断额定电流。在开断电路时，刀片与触头间产生的电弧因磁力作用而被拉入钢栅片的灭弧罩内，切成若干短弧而迅速熄灭。

（2）刀开关的型号。刀开关型号由文字符号和数字组成。第 1 位代表产品名称，H—刀开关；第 2 位代表工作特性，D—单投式，S—双投式，R—刀熔式，H—封闭式，K—开启式，X—旋转式；第 3 位代表设计序号，表示不同产品的操作方式，HD、（HS）、HR 等不同系列的操作方式代号不尽相同，可查设备手册；第 4 位代表主触头额定电流（A）；第 5 位代表极数；第 6 位代表灭弧罩形式和接线方式，可查设备手册。

2. 常用刀开关

常用刀开关有开启式刀开关、开启式负荷开关、刀熔开关、封闭式负荷开关和组合刀开关。

（1）开启式刀开关。开启式刀开关主要有 HD 系列、HS 系列单投和双投刀开关，适用于 380V 及以下交流电压、440V 及以下直流电压、额定电流低于 1500A 的成套配电装置中，常用于不频繁手动接通、分断交、直流电路或作为隔离开关。图 3-34（a）为 HD13 型刀开关的结构。由于它的额定电流大于 600A，所以每一极有两个矩形截面的接触支座（固定触头），刀刃为两个接触条（动触头），与支座接触的部分压成半圆形突部，使之形成线接触，在固定触头两侧装有弹簧卡子，用来安装灭弧罩。灭弧罩的外形如图 3-34（b）所示。

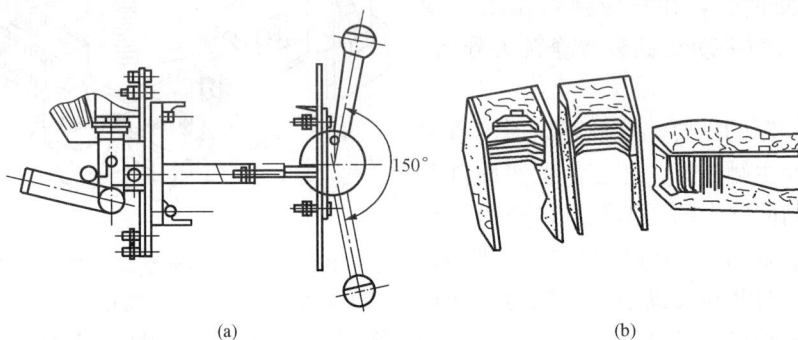

图 3-34　HD13 型闸门开关
（a）外形图；（b）灭弧罩

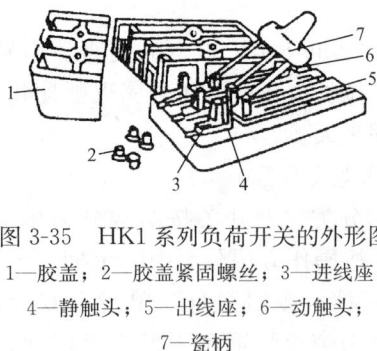

图 3-35　HK1 系列负荷开关的外形图
1—胶盖；2—胶盖紧固螺丝；3—进线座；
4—静触头；5—出线座；6—动触头；
7—瓷柄

（2）开启式负荷开关。开启式负荷开关常称为瓷底胶盖开关；可在额定电压交流 220、380V，额定电流 15～60A 的照明与电热电路中，用于不频繁接通、分断负荷电流以及作为短路保护，在一定条件下也可起过负荷保护作用。开启式负荷开关常用型号有 HK1、HK2（改进型）型。图 3-35 所示为 HK1 系列负荷开关的外形图。

图 3-35 所示的负荷开关由刀开关、熔体、接线座胶盖及底板等组成，其全部导电件装在一块底板上，上部用绝缘外壳罩住，胶盖采用标准螺钉与底板固定，使负荷开关在合闸状态时，操作者不会触及导电体。

（3）刀熔开关。刀熔开关是一种由低压刀开关与熔断器组合而成的熔断器式刀开关。常见的 HR3 系列刀熔开关是将 HD 或 HS 型刀开关的闸刀换以 RT0 型具有刀形触头的熔断器熔管组成。

刀熔开关具有刀开关和熔断器的双重功能。采用这种组合开关电器，可以简化配电装置结构，经济实用，所以越来越广泛地应用在低压配电屏上。

图 3-36 是 HR3 系列刀熔开关的结构外形。它是用具有高分断能力的 RT0 系列有填料式熔断器作触刀、成两断口带灭弧室的刀开关，可以通过杠杆操作，也可侧面直接操作，极

限分断能力达 50kA。在正常供电情况下接通和切断电源由刀开关承担，当线路发生过负荷或短路时，由熔断器切断故障电流。每次故障分断后，此种开关需要更换熔断器再继续使用。

（4）封闭式负荷开关。封闭式负荷开关又称铁壳负荷开关或铁壳开关。常见的 HH 系列封闭式开关，是由带灭弧装置的刀开关和熔断器组合而成，外装封闭式铁壳，采用侧面手柄操作，能快速接通和分断。为了安全，有的还装有机械连锁，保证箱盖打开时开关不能闭合，且开关闭合时箱盖不能打开。这种开关适

图 3-36　HR3 系列刀熔开关的结构示意图
1—RTO 型熔断器；2—触头；3—连杆；
4—操作手柄；5—低压配电屏板面

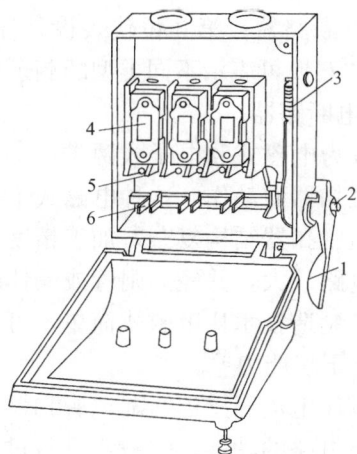

合在交流额定电压为 220、380V（有的也可用于直流额定电压 440V）、额定电流为 60～400A，不频繁地手动接通、分断线路中，尤其适合于安装在较高级的抽出式低压成套装置中，在一定条件下也可起过负荷保护作用。图 3-37 是 HH3 型铁壳负荷开关的结构。

（5）组合开关。组合开关又称转换开关，我国统一设计的 HZ10 系列适用于交流 380V 及以下，直流 220V 及以下的电气线路中，可用作不频繁地接通与分断电路，换接电源或负载，测量三相电压，调节并联、串联以及控制小型异步电动机正反转。在结构上它由若干个动触头和静触头（刀片）组成，并分别装于数层绝缘件内。动触头装在方轴上，随方轴旋转而变更通断位置。操动机构采用扭簧储能，使开关快速闭合及分断，与手柄旋转速度无关。图 3-38 为 HZ10 系列组合开关的结构。

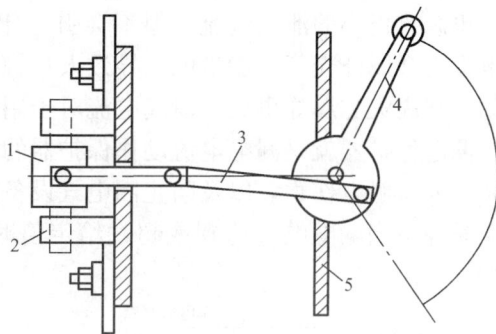

图 3-37　HH3 型铁壳负荷开关的结构
1—手柄；2—转轴；3—速断弹簧；
4—速断体；5—夹座；6—闸刀

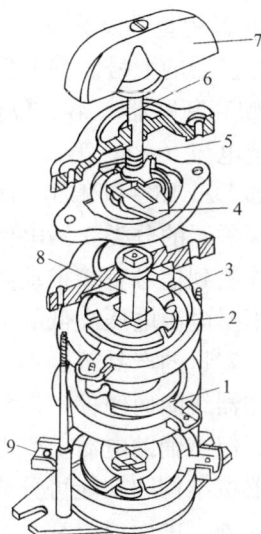

图 3-38　HZ10 系列组合开关结构
1—静触片；2—动触片；3—绝缘垫板；4—凸轮；
5—弹簧；6—转轴；7—手柄；8—绝缘杆；9—接线柱

（四）漏电保护器

1. 漏电保护器的工作原理

配电线路和供用电设备的绝缘都不是绝对可靠的。即使是绝缘完好的电器，在正常运行

时，也总有极小的泄漏电流，但不会引起什么危害。可当绝缘损坏时，泄漏电流就会增大，用电设备金属外壳就可能带电，导致人身触电事故。在有易燃易爆物品的场所，泄漏电流很容易引起火灾和爆炸事故。泄漏电流对于用电设备也可称为漏电电流。

漏电保护器就是漏电电流动作保护器的简称，是低压断路器的一个重要分支。它主要用来防止人身触电伤亡，以及防止因电气设备或线路漏电而引起的火灾事故。漏电保护器是在规定条件下当漏电电流达到或超过给定值时，能自动断开电路的一种机械开关电器或组合电器。

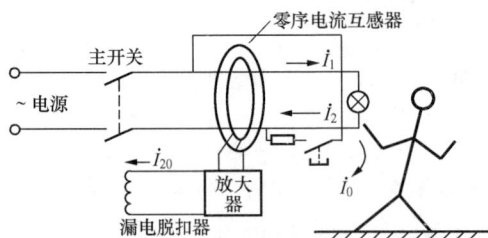

图 3-39　漏电保护器的动作原理

目前生产的漏电保护器多为电流动作型，现以图 3-39 为例说明单相漏电保护器的工作原理。在电气设备正常运行时，两条线路中的电流相量和为零（$i_1 + i_2 = 0$），电流互感器二次侧没有电流，漏电保护器不动作。

当线路或电气设备绝缘损坏而发生漏电造成接地故障，或者人触及漏电设备外壳时，有漏电电流通过接地装置或人体，经过大地流回电源。此时流过电流互感器的电流相量和不为零（$i_1 + i_2 \neq 0$），而为电流 i_0，则此电流称漏电电流。i_0 通过高灵敏的零序电流互感器，在其二次回路感应出电压信号，经电子放大器放大。当漏电电流达到或超过给定值时，漏电脱扣器便立即动作、切断电源，从而起到了漏电保护作用。

漏电保护器是在低压断路器内增设一套漏电保护元件而成的，故它除了具有漏电保护功能外，还具有低压断路器的相关功能。

2. 漏电保护器的型号及分类

（1）漏电保护器的型号。漏电保护器的型号由文字符号和数字组成。第 1 位代表产品名称，DZ—低压塑壳断路器；第 2 位代表工作特性，L—漏电断路器；第 3 位代表设计序号；第 4 位代表额定电流（A）；第 5 位代表极数。第 2 和第 3 位互换可表示不同类型的剩余电流动作保护器，如 DZL18～DZL20 为漏电开关，DZ25L 为漏电断路器。

（2）漏电保护器的分类。漏电保护器按脱扣器的不同分为电磁式和电子式两类：①电磁式：由互感器检测到信号直接推动高灵敏度的释放式漏电脱扣器而动作。这种电磁式不需要辅助电源，故不受电源电压高低的影响，抗干扰能力强，但脱扣器结构复杂，加工精度要求高，所以制成大容量的产品较困难。②电子式：通过电子电路放大，并经晶闸管或晶体管开关接通漏电脱扣器线圈而使保护器动作。电子式灵敏度高，制造技术比电磁式简单，可以制成大容量产品。但需辅助电源，受电源电压波动影响大，抗干扰能力差。

漏电保护器按结构和功能可分成四类：①漏电开关由零序电流互感器、漏电脱扣器和主开关组装在绝缘外壳中而成。它具有漏电保护及手动通、断电路的功能，一般不具备过负荷及短路保护能力。②漏电断路器具有漏电保护及过负荷保护功能。如 DZ15L 是在 DZ15 断路器的基础上加装漏电保护器而成，DZ25L 是在 DZ25 系列断路器的基础上加装漏电保护而成。③漏电继电器由零序电流互感器和执行继电器组成。它只具备检测和判断功能，由继电器控制断路器分闸或通过信号元件发出声光信号。④漏电保护插头或插座是漏电保护器的派生产品，由漏电保护开关与插头或插座组合而成，适于用作各种手持式或移动电气设备和家用电器的末端保护，可提高触电保护效果。

四、高低压电气设备的选择

（一）高压电气设备的选择

正确合理的选择电气设备，是保证安全、可靠、经济运行的前提。因此，在选择电气设备时应根据实际工作特点，遵照有关设计规范的规定，按照电气设备选择的条件进行选择，在满足供配电要求的情况下，力争做到技术先进、经济合理。

高压电气设备选择与校验的一般条件有：①按正常工作条件包括电压、电流、频率、开断电流等选择；②按环境条件如温度、湿度、海拔等选择；③按短路条件校验其动、热稳定性。

由于各种高压电气设备具有不同的性能特点，选择与校验条件不尽相同，高压电气设备的选择与校验项目见表 3-2。

表 3-2　　　　　　　　　　高压电气设备的选择与校验项目

电气设备名称	额定电压	额定电流	开断能力	短路电流校验		环境条件	其他
				动稳定	热稳定		
断路器	√	√	√	○	○	○	操作性能
负荷开关	√	√	√	○	○	○	操作性能
隔离开关	√	√		○	○	○	操作性能
熔断器	√	√	√			○	上、下级间配合
电流互感器	√	√		○	○	○	
电压互感器	√					○	二次负荷、准确等级
支柱绝缘子	√			○		○	二次负荷、准确等级
穿墙套管	√	√		○	○	○	
母线		√		○	○		
电缆	√	√			○	○	

注　表中"√"为选择项目，"○"为校验项目。

（1）按正常工作条件选择额定电压和额定电流。

1）额定电压。所选电气设备的最高允许工作电压不得低于装设回路的最高运行电压。一般电气设备的最高允许工作电压：当额定电压在 220kV 及以下时为 $1.15U_N$，当额定电压为 $330\sim500kV$ 时为 $1.1U_N$；而实际电网运行时的最高运行电压，一般不超过电网额定电压的 1.1 倍。因此，一般可按电气设备的额定电压 U_N 不低于装设地点的电网额定电压 U_{NW} 的条件选择，即

$$U_N \geqslant U_{NW} \tag{3-3}$$

2）额定电流。所选电气设备的额定电流 I_N 应不小于装设回路正常工作时的最大负荷电流 I_{max}，即

$$I_N \geqslant I_{max} \tag{3-4}$$

我国目前生产的设备，设计时取周围环境温度 40℃作为计算值，若实际使用时环境温度（当地最热月的平均最高温度）θ_0 不是 40℃，则电气设备的额定电流应修正为

$$I_{Ne} = KI_{N40} = I_{N40}\sqrt{\frac{\theta_{max}-\theta_0}{\theta_{max}-40}} \tag{3-5}$$

式中　K——温度修正系数；

$\theta_{\max}$、θ_0——电气设备允许最高温度与实际环境温度。

（2）按环境条件和装置地点选择电气设备的型式。

选择电气设备时，应按当地环境条件校核，如温度、风速、湿度、污秽、海拔、地震烈度等。由于户外条件比户内差，故在制造上把设备分成户内型与户外型两种形式。当户外装置处于特别恶劣的环境中（如煤矿、化学工厂等），就需要采用特殊绝缘构造的加强型或高一级电压的设备。为了适应各种不同的工作环境，电气设备制造有普通型、防爆型、湿热型、高原型、防污型、封闭型等多种类型。根据施工安装、运行操作的要求或维护检修的要求，电气设备又有不同的型式可供选择。

（3）按短路情况校验电气设备的动稳定和热稳定。

1）电气设备的动稳定性校验。

① 断路器、负荷开关、隔离开关等设备的动稳定性，应满足电器的极限通过电流（动稳定电流）峰值和有效值不小于通过电气设备的三相短路冲击电流幅值和有效值的要求，即

$$i_{\max} \geqslant i_{sh} \tag{3-6}$$
$$I_{\max} \geqslant I_{sh} \tag{3-7}$$

式中　$i_{\max}$、$I_{\max}$——分别为电器的极限通过电流（动稳定电流）峰值和有效值，可从产品目录和有关手册查得；

　　　i_{sh}、I_{sh}——通过电气设备的三相短路冲击电流和三相短路冲击电流有效值。

② 电流互感器的动稳定性应满足

$$\sqrt{2}k_d I_{N1} \geqslant i_{sh} \tag{3-8}$$

式中　k_d——制造厂提供的电流互感器的动稳定倍数；

　　　I_{N1}——电流互感器一次侧的额定电流。

2）电气设备的热稳定性校验。

① 断路器、负荷开关、隔离开关等设备的热稳定性应满足短路电流热效应 Q_d 不大于电气设备在 t 时间内的允许热效应的要求，即

$$I_r^2 t \geqslant Q_d \tag{3-9}$$

式中　I_r^2——电气设备在 t 时间内的允许的热稳定电流；

　　　Q_d——短路电流热效应。

短路电流热效应近似等于周期分量热效应与非周期分量热效应之和，即

$$Q_k = Q_z + Q_{fz} \tag{3-10}$$

周期分量热效应 Q_z 计算为

$$Q_z = \frac{I''^2 + 10I_{z\frac{t}{2}}^2 + I_{zt}^2}{12} \cdot t \tag{3-11}$$

式中　Q_z——短路周期分量热效应，$kA^2 \cdot s$；

　　　I''——次暂态短路电流，kA；

　　　$I_{z\frac{t}{2}}$——时间为 $\frac{t}{2}$ 时短路电流周期分量有效值，kA；

　　　I_{zt}——时间为 t 时短路电流周期分量有效值，kA。

非周期分量热效应 Q_{fz} 计算为

$$Q_{fz} = \frac{Ta}{\omega}(1 - e^{-\frac{2\omega t}{T_a}})I''^2 = TI''^2 \tag{3-12}$$

式中　Q_{fz}——非周期分量热效应，$kA^2 \cdot s$；

　　　T——非周期分量等效时间，s。

为简化计算，T 可查手册非周期分量等效时间表。变电所各级电压母线及出线取 0.05s。

② 电流互感器的热稳定性应满足下式的要求，即

$$(K_r I_{NI})^2 t \geqslant Q_k \tag{3-13}$$

式中　K_r、I_{NI}——由生产厂给出的电流互感器的 1s 热稳定倍数及一次侧额定电流；

　　　Q_k——短路电流热效应。

（4）按三相短路电流（或短路容量）校验开关电器的开断能力。

在选择高压断路器、负荷开关、高压熔断器时，要校验其开断能力。

负荷开关开断电流的能力大致是其额定电流的 1～4 倍。

断路器的额定开断电流不应小于实际开断瞬间的短路电流周期分量有效值，即

$$I_{NOFF} \geqslant I_{ZI} \tag{3-14}$$

式中　I_{NOFF}——断路器的额定开断电流；

　　　I_{ZI}——断路器所在电路中实际开断瞬间的短路电流周期分量有效值。

由于熔断器的切断特性不同，故选择时所用的短路电流计算值也不同。对无限流作用的高压熔断器，可采用 I_{sh} 进行校验，应满足要求如下

$$I_{NOFF \cdot FU} \geqslant I_{sh} \tag{3-15}$$

式中　$I_{NOFF \cdot FU}$——所选熔断器的额定开断电流；

　　　I_{sh}——熔断器安装处的冲击电流有效值。

对有限流作用的高压熔断器，在电流达最大值之前电路已经切断，因此，可采用 I'' 进行校验，即

$$I_{NOFF} \geqslant I'' \tag{3-16}$$

式中　I''——熔断器安装处 $t=0$ 时的次暂态短路电流。

对无穷大容量系统 $I'' = I_\infty$。

必须指出，在进行短路电流动、热稳定性校验时，所用的短路电流值必须是流经该电气设备最大的短路电流，即最大运行方式的短路电流值。

（二）高压电气设备选择的其他有关项目

1. 电流互感器准确度级及二次容量的校验

电流互感器的选择除了应满足额定电流、额定电压、短路的热、动稳定校验条件外，还应选择合适的准确度级，并对二次容量进行校验。

（1）准确度级。按用途的不同需选用不同准确度级电流互感器。在实验室进行精确测量多选用 0.1 级或 0.2 级的电流互感器；在工程上用于连接功率表或电能表、并以此计量收取电费的，应选用 0.5 级的电流互感器；在运行中只作监视或估算电量用的，可选 1、3 级电流互感器；供辨别被测值是否存在或大致估算的仪表所用的电流互感器及供一般保护装置用的电流互感器，可选用准确度级 5 级或 5P、10P 级；用于差动保护的电流互感器应选用 0.5（或 D）级；如果一只电流互感器既要供给仪表又要供给保护装置，可以选择具有两个铁芯，不同准确度级的电流互感器。

（2）二次容量或二次负载的校验。在电流互感器的技术参数中，均给出某一准确度级所允许接入的二次额定负载 Z_{N2} 或二次额定容量 S_{N2}，为使电流互感器测量误差不超过某一准确度级的允许范围，其二次回路中所接实际负载 Z_2 或所消耗的实际容量 S_2 就不能超过该准确度级下的额定负载 Z_{N2} 或额定容量 S_{N2}，即

$$Z_{N2} \geqslant Z_2 \approx \sum R_m + R_{wi} + R_{tou} \tag{3-17}$$

或

$$S_{N2} \geqslant S_2 \approx \sum S_m + I_2^2 R_{wi} + I_2^2 R_{tou} \tag{3-18}$$

式中　$\sum R_m$、$\sum S_m$——分别为电流互感器二次回路中所接仪表内阻的总和与仪表所消耗容量的总和；

R_{wi}——电流互感器二次连接导线的电阻；

R_{tou}——电流互感器二次连线的接触电阻，一般取为 0.05Ω。

仪表消耗的容量与其内阻的关系为 $S_m = I_N^2 R_m$，两者均可由产品样本或手册中查得。按规程要求连接导线应采用截面积不小于 $1.5mm^2$ 的铜线，实际工作中常取截面积 $2.5mm^2$ 的铜线。当截面选定之后，即可计算出连接导线的电阻 R_{wi}。但必须指出：只用一只电流互感器时，电阻的计算长度应取连接长度的 2 倍；如用三只电流互感器接成完全星形接线时，由于中线电流近于零，则只取连接长度为电阻的计算长度；若用两只电流互感器接成不完全星形接线时，其二次公用线中的电流为两相电流的向量和，其值与相电流相等，但相位差为 $60°$，故应取连接长度的 $\sqrt{3}$ 倍为电阻的计算长度。

2. 电压互感器额定电压、型式、准确度级选择及二次容量的校验

（1）额定电压。电压互感器一次绕组线间额定电压不应低于电网的额定电压，电压互感器二次绕组线间额定电压通常为 $100V$，要和所接用的仪表或继电器相适应。

（2）装置类型、型式。电压互感器应根据安装地点和使用条件选择相应的类型和型式。如果在小接地电流系统作绝缘监察用，对 $6\sim10kV$ 则宜选择单相浇注式三绕组的 JDZJ 型电压互感器，接成两个星形和一个开口三角形接线，如图 3-68（d）所示，其变比为 $6\sim10/\sqrt{3}：0.1/\sqrt{3}：0.1/3$。对 $35kV$ 以上的则宜选取单相油浸式三绕组的 JDX6-35 型和 JCC 型串级式电压互感器。如果只作一般测量用也可以选取两只单相的接成 Vv 接线。

（3）准确度级。和电流互感器一样，供功率测量、电能测量以及功率方向保护用的电压互感器应选择 0.5 级或 1 级的；只供估计被测值的仪表和一般电压继电器，选用 3 级电压互感器为宜。

（4）二次容量的校验。为保证互感器的误差不超出准确度级所允许的误差，电压互感器二次侧所接仪表和继电器的总负荷 S_2，不应超过所要求准确级下的额定容量 S_{N2}，即

$$S_{N2} \geqslant S_2 \tag{3-19}$$

$$S_2 = \sqrt{(\sum P)^2 + (\sum Q)^2}$$

式中　S_2——各仪表和继电器所消耗容量的总和。

计算电压互感器的各相负荷时，需注意互感器与负荷的连接方式。当互感器与负荷接线方式不一致时，每相负荷的计算公式可参考表 3-3。

表 3-3	电压互感器二次绕组负荷计算公式		
接线及相量图	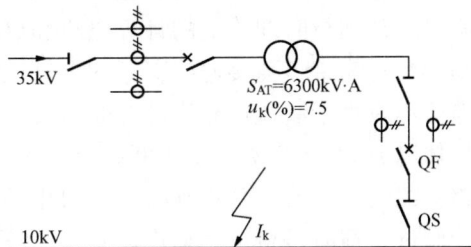		
A	$P_A = [S_{ab}\cos(\varphi_{ab}-30°)]/\sqrt{3}$ $Q_A = [S_{ab}\sin(\varphi_{ab}-30°)]/\sqrt{3}$	AB	$P_{AB} = \sqrt{3}S\cos(\varphi+30°)$ $Q_{AB} = \sqrt{3}S\sin(\varphi+30°)$
B	$P_B = [S_{ab}\cos(\varphi_{ab}+30°)+S_{bc}\cos(\varphi_{bc}-30°)]/\sqrt{3}$ $Q_B = [S_{ab}\sin(\varphi_{bc}+30°)+S_{bc}\sin(\varphi_{bc}-30°)]/\sqrt{3}$	BC	$P_{BC} = \sqrt{3}S\cos(\varphi-30°)$ $Q_{BC} = \sqrt{3}S\sin(\varphi-30°)$
C	$P_C = [S_{bc}\cos(\varphi_{bc}+30°)]/\sqrt{3}$ $Q_C = [S_{bc}\sin(\varphi_{bc}+30°)]/\sqrt{3}$		

如果各仪表和继电器的功率因数相近，或为了简化计算，也可将各仪表和继电器的视在功率直接相加，得出大于 S_2 的近似值，它若不超过 S_{N2}，则实际值更能满足式（3-19）的要求。

3. 高压熔断器额定电流的选择及灵敏度校验

高压熔断器额定电流的选择又包括熔管额定电流的选择及熔体额定电流的选择，选择后还要进行灵敏度的校验，另外还要注意前后级熔断器之间的选择性配合。

【例 3-1】　图 3-40 所示为某 35/10kV 总降压变电站主接线简图，一台主变压器的容量为 6300kV·A，其短路电压百分值为 $u_k\% = 7.5$，变电站由无限大容量系统供电，10kV 母线上短路电流为 $I'' = 18.8$kA。作用于高压断路器的定时限保护装置的动作时限为 $t_p = 1.4$s，瞬时动作的保护装置的动作时限为 0.05s，拟采用高速动作的高压断路器，其固有开断时间为 0.05s，灭弧时间为 0.05s，断路时间则为 $t_{OFF} = 0.05+0.05 = 0.1$s。试选择高压断路器 QF 与隔离开关 QS。

图 3-40　例 3-1 图

解：通过所选断路器的工作电流为

$$I_w = \frac{6300}{\sqrt{3}U_N} = \frac{6300}{\sqrt{3}\times10.5} = 346(\text{A})$$

短路电流冲击值为

$$i_{sh} = 2.55I'' = 2.55\times18.8 = 48(\text{kA})$$

短路电流存在时间

$$t_i = t_p + t_{OFF} = 1.4+0.1 = 1.5(\text{s})$$

短路电流热效应

$$Q_k = I^2t_i = 18.8^2\times1.5 = 530(\text{kA}^2\cdot\text{s})$$

根据上述计算数据结合具体情况和选择条件，由产品样本或手册选择户内 SN10-10Ⅰ-600 型的高压断路器和 GN6-10T/600 型的隔离开关，经短路稳定性校验均合格。将计算数据和其额定数据列于表 3-4 中，并选取 CD10 与 CS6-1T 型操动机构。

表 3-4　　　　　　选用 SN10-10 I -600 型高压断路路和 GN6-10-600 型隔离开关数据表

计算数据	SN10-10 I -600 型高压断路器	GN6-10T/600 型隔离开关
安装网路的额定电压 10kV	$U_N = 10kV$	$U_N = 10kV$
通过电器的工作电流 $I_w = 346A$	$I_N = 600A$	$I_N = 600A$
短路电流 $I'' = I_\infty = 18.8kA$	$I_{NOFF} = 20.2kA$	——
短路电流冲击值 $i_{sh} = 48kA$	$i_{max} = 52kA$	$i_{max} = 52kA$
热校验计算值 $I_\infty^2 t_1 = 18.8^2 \times 1.5 = 530kA^2 \cdot s$	$I_t^2 t = 20.2^2 \times 4 = 1632kA^2 \cdot s$	$I_t^2 t = 20^2 \times 5 = 2000kA^2 \cdot s$

（三）低压电气设备的选择

低压电气设备的选择和高压电气设备的选择一样，除应满足电气设备使用环境条件要求外，也应按正常工作条件选择，根据情况按短路故障条件进行校验。

1. 按使用环境条件选择

按环境特征（如干燥、潮湿、特别潮湿、灰尘、化学腐蚀、高温、火灾危险、爆炸危险、室外）选择设备类型（如开启式、保护式、防尘式、密封式、隔爆型等）。

2. 按正常工作条件选择

（1）电气设备的额定电压应不低于所在电网的额定电压。电气设备的额定频率应符合所在电网的额定频率。

（2）电气设备的额定电流应不小于所在回路的计算电流。如熔断器熔体电流的选择应同时满足正常运行时线路上的计算电流和启动时产生的尖峰电流两个条件。

（3）对需带负荷接通或断开的电气设备，应校验其接通、开断能力。如刀开关断开的负荷电流不应大于制造厂允许的开断电流。低压熔断器选择时，要求上一级熔体电流应比下一级熔体电流大 2～4 级。低压断路器其瞬时（短延时）动作过电流脱扣器的整定电流应大于线路上的尖峰电流，其长延时动作过电流脱扣器的整定电流应大于线路的计算电流，同时，应校验过负荷时是否可靠动作。

（4）某些电气设备还应按有关的专门要求选择，如互感器还应符合准确等级的要求等。

3. 按短路工作条件校验

（1）可能通过短路电流的电气设备，应满足短路条件下的动稳定和热稳定要求。

（2）要断开短路电流的电气设备，应满足短路条件下的分断条件（对熔断器、低压断路器的脱扣器尚需按短路电流校验其灵敏度）。

低压电气设备选择校验项目见表 3-5。关于低压电流互感器、电压互感器等的选择校验项目，与相应的高压设备相同。

表 3-5　　　　　　　　　　低压电器设备的选择校验项目

电气设备名称	电压（V）	电流（A）	断流能力（kA）	短路电流校验	
				动稳定	热稳定
低压熔断器	校验	校验	校验	不校验	不校验
低压刀开关				一般可不校验	
低压负荷开关					
低压断路器					

五、熔断器

熔断器是最简单和最早使用的一种保护电器。它串联在电路中，当电路发生短路或过负荷时，熔体熔断，切断故障电路，使其他电气设备免遭损坏，并维持电力系统其余部分的正常工作。

熔断器主要由金属熔件（熔体）、支持熔件的触头及外壳、灭弧装置和绝缘底座等部分组成。

熔断器的优点是：结构简单，体积小，布置紧凑，使用方便，动作直接，不需要继电保护和二次回路相配合，而且价格低。熔断器的缺点是：每次熔断后必须停电更换熔件才能再次使用，增加了停电时间；保护特性不稳定，可靠性低；保护选择性不易配合。但由于它价格低廉、简单实用，特别是随着熔断器制造技术的不断提高，熔断器的开断能力、保护特性等都有所提高。所以，熔断器不仅在低压电路中得到了广泛应用，而且在 35kV 及以下的小容量高压电路，特别是供电可靠性要求不是很高的配电线路中也得到了广泛应用。

（一）熔断器的技术特性

1. 熔体的材料及特性

熔断器是利用电路中电流增大到一定值时，熔体发热温度达到熔点而熔断，使电路自动断开的原理而制成的。因此，熔体是熔断器的主要部件，要求熔体材料应具备熔点低、导电性能好、不易氧化和易于加工等特点。一般选用铅、铅锡合金、锌、铜、银等金属材料。

铅锡合金、铅和锌的熔点低，分别为 200、327℃ 和 420℃，但电阻率较大，使得熔体的截面较大，熔断时产生的金属蒸气多，不利于灭弧。因此，这类材料仅用于 500V 及以下的熔断器。铜、银材料的熔体熔点较高，分别为 1080℃ 和 960℃，但铜、银材料的电阻率较低，所制成的熔体截面可较小，有利于电弧的熄灭。但这些材料的缺点是在小而持续时间长的过负荷时，熔体不易熔断，结果会使熔断器损坏。克服此缺点的最简便方法是在铜或银熔体的表面焊上小锡球或小铅球，当过负荷熔体发热到锡或铅的熔点时，锡或铅的小球先熔化、渗入铜或银的内部形成合金，使熔体电阻增大，发热加剧，同时熔点降低，首先在焊有小锡球或小铅球处熔断，形成电弧，电弧的高温使熔件沿全长熔断。这种方法称为冶金效应法，也称金属熔剂法。因此，铜作为理想的熔体材料，广泛地应用于高压和低压熔断器中。银因价格较高只是用在高压小电流的熔断器中。

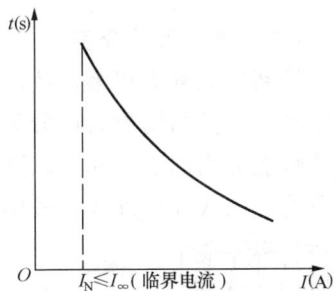

图 3-41　熔断器的安秒特性
I_∞—熔断器临界电流；
I_N—熔断器额定电流

2. 熔断器的保护特性

熔断器的熔断时间 t 与熔断器通过的电流 I 大小有关，图 3-41 绘出了熔断器熔断时间 t 与熔断电流 I 之间的关系曲线，称为熔断器的安秒特性，也称熔断器的保护特性曲线。由图 3-41 曲线可见，熔断电流 I_∞ 的熔断时间在理论上是无限大的，称为最小熔化电流或称临界电流，即通过熔体的电流小于临界值就不会熔断。所以选择熔体的额定电流 I_N 应小于 I_∞，通常取 I_∞ 与 I_N 的比值为 1.5～2，称作熔化系数。该系数反映熔断器在过载时的不同保护特性，例如要使熔断器能保护小过载电流，熔化系数就应低些；为了避免电动机启动时的短时过电流使熔体熔化，熔化系数就应高些。

3. 熔断器的过电流选择比

熔断器的保护特性曲线由制造厂试验作出。对不同额定电流的熔体应分别作出保护特性曲线，图 3-42 所示为额定电流不同的 2 个熔体 1 和 2 的保护特性曲线。熔体 1 的额定电流小于熔体 2 的额定电流，熔体 1 的截面也小于熔体 2。同一电流通过不同额定电流的熔体时，额定电流小的熔体先熔断。如图 3-42 中，通过短路电流 I_{f1} 时，$t_1 < t_2$，熔体 1 熔断时间短，先熔断。

若在配电干线与支线中都以熔断器作为保护电器，当支线发生过负荷或短路时，有过电流通过两级熔断器时，则下一级熔断器 FU1 应熔断，上一级熔断器 FU2 不应熔断，这就是动作的选择性，如图 3-43 所示。如果上一级熔断器熔断，即为非选择性熔断。当发生非选择性熔断时，必将扩大停电范围，造成不应有的损失。为了保证上、下几级熔断器的选择性，规定上下级熔断器的额定电流比为过电流选择比。不同的熔断器选择比不同，通常为 1.6 : 1 和 2 : 1。在图 3-43 中，若配置选择比为 1.6 : 1 的熔断体，设支线中 FU1 的熔体额定电流为 100A，则干线中 FU2 的熔体额定电流必须为 160A 及以上才能保证动作的选择性。当上、下两级熔体的额定电流比超过选择比时，则选择性更有保证。过电流选择比的数值越小，对电路来说动作越协调，而对熔断器的制造要求越高。

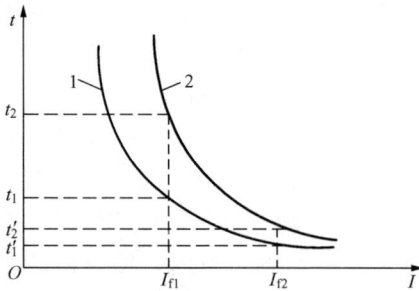

图 3-42　熔断器的保护特性曲线

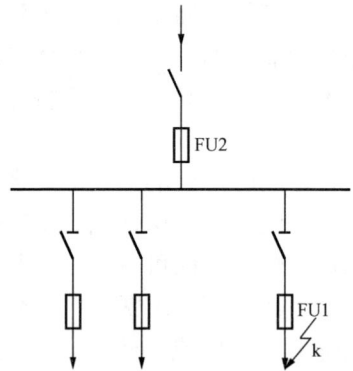

图 3-43　熔断器动作选择示意图

（二）熔断器的分类

熔断器的种类很多，按电压等级可分为高压和低压两类；按有无填料可分为有填料式和无填料式；按结构形式可分为螺旋式、插入式、管式以及开敞式、半封闭式和封闭式等；按动作性能分为固定式和自动跌开式；按工作特性分为有限流作用和无限流作用；按使用环境可分为户内式和户外式；按熔体的更换情况可分为易拆换式和不易拆换式等。

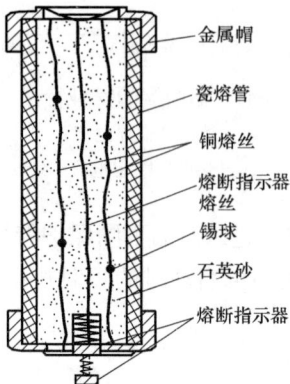

图 3-44　有填料式高压熔断器的熔管结构

1. 高压熔断器

（1）高压熔断器的型号。高压熔断器的型号由文字符号和数字组成。第 1 位代表产品名称，如 R—熔断器；第 2 位代表安装场所，如 N—户内式，W—户外式；第 3 位代表设计序号用数字表示；第 4 位代表额定电压（kV）；第 5 位代表补充工作特性，如 G—改进型，Z—直流专用，GY—高原型；第 6 位代表额定电流（A）。

（2）常用高压熔断器。

1）有填料式高压熔断器。有填料式高压熔断器由熔管、高压绝缘子、支持触座、底板等组成。熔管结构如图 3-44 所示，管身为瓷管，管内填充石英砂灭弧，熔体为多根并联的焊有锡球的紫铜丝。焊锡球使得熔断器能在较小的过载电流下熔断。多根熔丝并联可将粗弧分细加速灭弧。此类熔断器灭弧能力很强，具有限流作用。产品系列有 RN1、RN2 和 RW10 等。

RN1 用于线路和配电变压器的过负荷和短路保护，RN2 用于电压互感器的过负荷和短路保护，其外形如图 3-45 所示。RN1、RN2 的区别是：RN1 有熔断指示；RN2 没有熔断指示，它是靠电压互感器二次的仪表指示消失来反映熔断器熔断的。

RW10 户外式熔断器，0.5A 的用于电压互感器的过负荷和短路保护，2～10A 的用于线路和配电变压器的过负荷和短路保护。RW10-35 型高压限流熔断器如图 3-46 所示，它是用相应的 RN 系列熔管装入户外式瓷套管中，再用户外支柱绝缘子在中部作 T 形支撑而成，熔体更换方便。

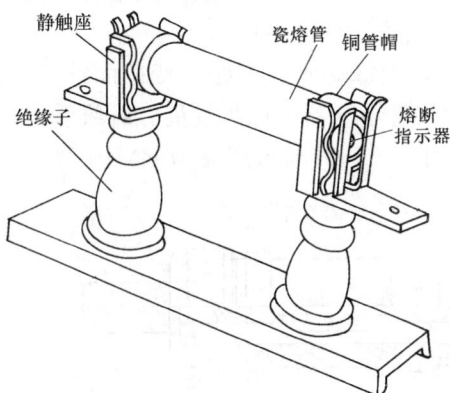

图 3-45 RN1、RN2 高压熔断器

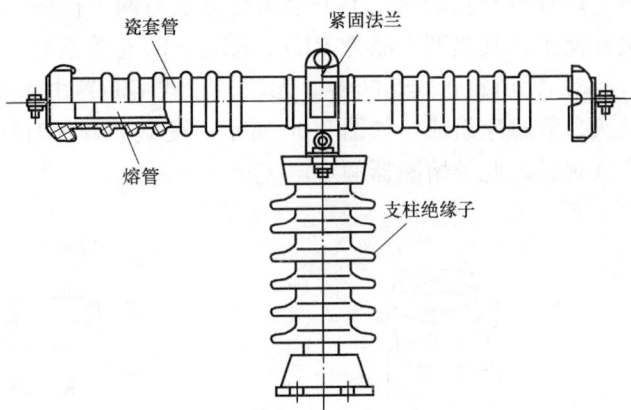

图 3-46 RW10-35 高压限流熔断器

2）跌落式高压熔断器。跌落式高压熔断器由瓷质绝缘支柱、熔管、上下触头等组成，如图 3-47 所示。熔管外层为酚醛纸管或环氧玻璃布管，内层为钢化纸管或虫胶桑皮纸管等固体产气材料。熔体为铜、银或银铜合金丝。上动触头借熔丝拉力拉紧后推入上静触头锁紧，熔丝一旦熔断，上触头失去拉力而松动，熔管在自重作用下回转跌落，形成明显的分断间隙。此类熔断器没有限流作用，但可兼作隔离开关使用。产品有 RW5、RW7、RW9 等系列，可用于户外 35kV 及以下线路和配电变压器作短路保护，杆上安装，用绝缘钩棒操作。

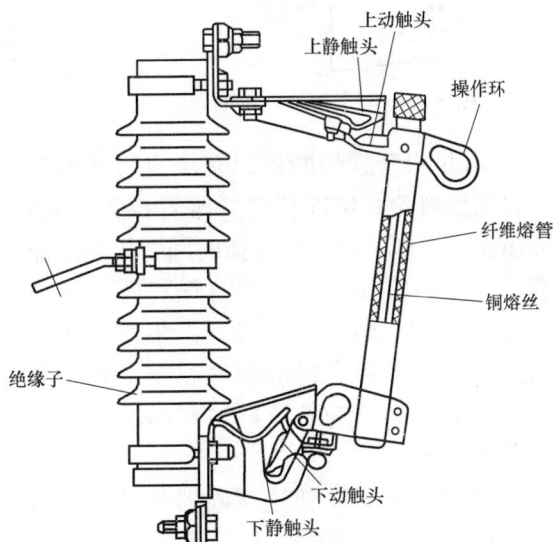

图 3-47 RW4-10 跌落式熔断器

2. 低压熔断器

（1）熔断器的型号。低压熔断器的型号由文字符号和数字组成。第 1 位代表产品名称，如 R—熔断器；第 2 位代表工作特性，如 M—无填料密闭管式，T—有填料密闭管式，L—螺旋式，S—快速式，C—瓷插式；第 3 位代表设计序号用数字表示；第 4 位代表额定电流（A）。

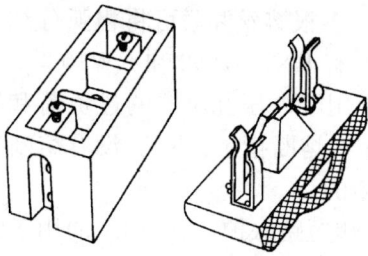

图 3-48　RC1A 插入式熔断器

（2）常用的低压熔断器。

1）插入式熔断器。插入式熔断器由瓷盖、瓷座、触头、熔体组成，如图 3-48 所示。熔体装于瓷盖上，瓷座有灭弧室冷却灭弧。1～15A 用铅丝作熔体，20～100A 用铜丝作熔体。这种熔断器结构简单，价格便宜，更换熔体方便，但分断能力不强，用于 380/220V 电路。其典型产品为 RC1A-5～RCIA-100。

2）螺旋式熔断器。螺旋式熔断器由瓷帽、瓷套、瓷座、瓷熔管组成，如图 3-49 所示。熔管内装有铜熔丝和灭弧石英砂，熔管一端有熔断指示器。熔管装于瓷套内，上下金属套分别与两个接线端子接通，分断能力较强，但熔管只能一次性使用。其典型产品为 RL1、RL5、RL6 等系列，额定电流为 15～200A。

3）无填料管式熔断器。无填料管式熔断器由钢纸纤维绝缘熔管、铜帽、变截面锌熔片、触头、静触座组成，如图 3-50 所示。变截面锌片有利于改善熔断器的保护性能，纤维管可以产气灭弧。此类熔断器额定电流可达 1000A，但灭弧时间较长。其典型产品为 RM10 型。

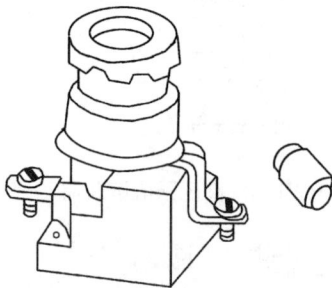

图 3-49　RL1 螺旋式熔断器

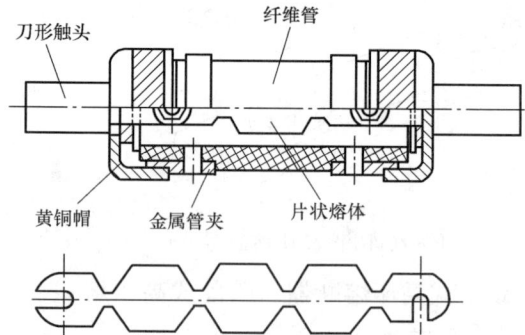

图 3-50　RM10 无填料管式熔断器

4）有填料管式熔断器。有填料管式熔断器是将无填料管式熔断器的纤维管换为瓷管，内部填充石英砂，可缩短灭弧时间，提高限流能力，如 RT12、RT15 系列有填料管式熔断器。使用历史较久的 RTO 型熔断器则采用外方内圆的瓷熔管和带锡桥的网状铜熔体，如图 3-51 所示，内填充石英砂，利用冶金效应加速熔体熔化。

5）快速熔断器。快速熔断器从结构上讲属有填料封闭式熔断器。其产品系列为 RS，结构如图 3-52 所示。可制成有填料管式结构，也可制成螺旋式结构。熔体材料为银或铝，石英砂灭弧。快速熔断器具有陡峭的保护特性，

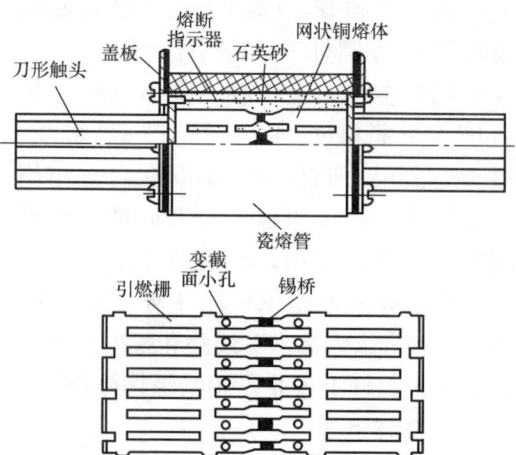

图 3-51　RTO 有填料管式熔断器熔管与网状熔体

限流能力很强，如 RSO 型熔断器通过 6 倍额定电流时，熔断时间在 20ms 以下，可用于硅元件和晶闸管保护。

6）自复式熔断器。上述各种低压熔断器有一个共同的缺点，就是熔体只能一次性使用。RZ1 型自复式熔断器采用金属钠作熔体，在常温下钠的电阻很小，允许通过正常工作电流，短路时产生的高温使钠迅速气化，气态钠电阻很高，从而限制了短路电流。当故障消除后，温度下降，气态钠又凝固为固态钠，恢

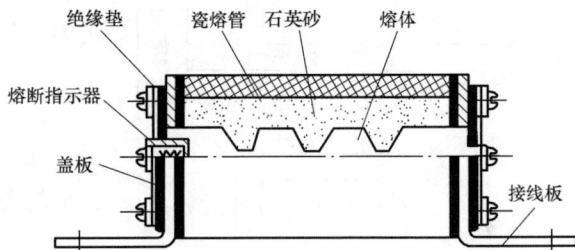

图 3-52　RS 快速熔断器

复正常通电。这种熔断器不必更换熔体，可以重复使用。它只能限制故障电流而不能切断故障电流，结构如图 3-53 所示。

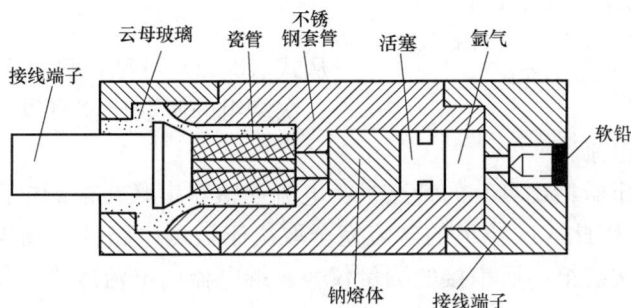

图 3-53　RZ1 自复式熔断器

六、互感器

互感器是电力系统中一次系统和二次系统之间的联络元件。互感器包括电流互感器和电压互感器两种，分别用于向测量仪表、继电器的电流线圈和电压线圈供电，正确反映一次系统的正常运行和故障情况。测量仪表的准确性和继电保护动作的可靠性，在很大程度上与互感器的性能有关。

互感器是一种特殊变压器，电流互感器（TA）用在各种电压的交流装置中，电压互感器（TV）用于 380V 及以上的交流装置中。

互感器的主要作用有：

（1）互感器可将一次回路的高电压和大电流变为二次回路标准的低电压和小电流。通常电压互感器额定二次电压为 100V（或 $100/\sqrt{3}$V），电流互感器额定二次电流为 5A（或 1A），使测量仪表和继电保护装置标准化、小型化，结构轻巧、价格便宜，便于屏内安装。

（2）互感器使一次设备和二次设备实施电气隔离。互感器二次侧接地，从而保证了二次设备和人身安全。

（一）电流互感器

1. 电流互感器的接线及基本工作原理

（1）电流互感器的原理接线。一次绕组串联在一次电路中，而二次绕组与二次负荷的电流线圈串联，接线如图 3-54 所示。

（2）电流互感器的基本工作原理。电流互感器的工作原理和变压器相似，利用电磁感应原理。由图 3-54 可知电流互感器的磁动势平衡方程，即

$$\dot{I}_1 N_1 + \dot{I}_2 N_2 = \dot{I}_0 N_1 \tag{3-20}$$

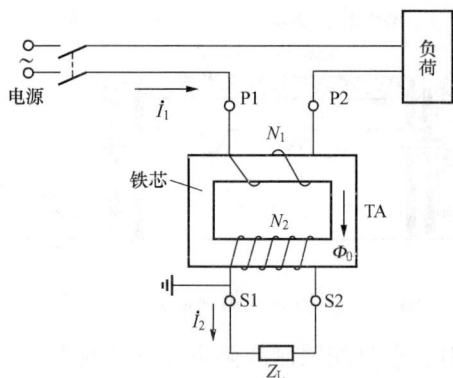

图 3-54　电流互感器原理接线图

I_1—一次电流；I_2—二次电流；N_1—一次绕组；

N_2—二次绕组；Z_L—二次负荷

式中　$\dot{I}_1$、$\dot{I}_2$、$\dot{I}_0$——一、二次电流和励磁电流的相量，A；

N_1、N_2——一、二次绕组匝数。

如果忽略很小的励磁电流，且只考虑以额定值表示的电流数值关系，则可得出

$$I_{1N}N_1 = I_{2N}N_2 \tag{3-21}$$

式中　I_{1N}，I_{2N}——一、二次绕组额定电流，A。

电流互感器一、二次侧额定电流之比，称为电流互感器的额定电流比，用 K_i 表示为

$$K_i = \frac{I_{1N}}{I_{2N}} \approx \frac{I_1}{I_2} \approx \frac{N_2}{N_1} \tag{3-22}$$

从式（3-22）可见，只要适当配置电流互感器一、二次绕组的匝数比就可以将不同的一次额定电流变换成标准的二次电流。

电流互感器与变压器相比具有的特点是：电流互感器串联在被测电路中，一次绕组匝数很少（一匝或几匝），因此一次绕组的电流完全取决于被测电路的负荷电流，而与二次电流无关。电流互感器二次绕组中所串接的测量仪表、继电器的电流线圈（即二次负荷）阻抗很小，所以在正常运行中，电流互感器是在接近短路的状态下工作的。

2. 电流互感器的准确级

电流互感器应能准确地将一次电流变换为二次电流，保证测量精确和装置的正确动作，因此电流互感器必须保证一定的准确度。准确级就是根据测量时误差的大小而划分的。准确级指在规定的二次负荷变化范围内，一次电流为额定值时的最大电流误差。测量用电流互感器的准确级有 0.1、0.2、0.5、1、3 级和 5 级，误差限值规定见表 3-6。

表 3-6　　　　　　　　　测量用电流互感器的误差限值

准确级	一次电流为额定一次电流的百分数（%）	误 差 限 值		保证误差的二次负荷范围
		电流误差±（%）	相位差±（′）	
0.1	5	0.4	15	(0.25~1.0) S_{2N}
	20	0.2	8	
	100~120	0.1	5	
0.2	5	0.75	30	
	20	0.35	15	
	100~120	0.2	10	
0.5	5	1.5	60	
	20	0.75	45	
	100~120	0.5	30	
1	5	3.5	120	
	20	1.5	90	
	100~120	1.0	60	
3	50	3		(0.5~1.0) S_{2N}
	120	3		
5	50	5		
	120	5		

保护用电流互感器规定有 5P 和 10P 两种准确级，其误差限值见表 3-7。

表 3-7　　　　　　　　　　　　稳态保护用电流互感器的误差限值

准确级	额定一次电流下的误差		额定准确限值一次电流下的复合误差（%）	保证误差的二次负荷范围 $\cos\varphi=0.8$（滞后）
	电流误差±（%）	相位差±（′）		
5P	1	60	5	S_{2N}
10P	3		10	S_{2N}

3. 电流互感器的分类及型号

（1）电流互感器的分类。电流互感器按安装地点分有户内式和户外式，35kV 及以上则多制成户外式。电流互感器按用途分为测量用和保护用两种；按一次绕组匝数分为单匝式和多匝式两种；按绝缘介质分为油浸式、浇注绝缘、一般干式绝缘、瓷绝缘和气体绝缘以及电容式（其中，油浸式电流互感器用油作绝缘，多用于户外产品；浇注式电流互感器是利用环氧树脂作绝缘浇注成型，适用于 35kV 及以下户内使用；一般干式绝缘电流互感器包括有塑料外壳的和无塑料外壳的、由普通绝缘材料包扎、经浸漆处理的电流互感器，适用于低压户内使用；瓷绝缘电流互感器的主绝缘由瓷件构成，这种绝缘结构已被浇注绝缘所取代；气体绝缘的电流互感器内部充有特殊气体，如六氟化硫气体作为绝缘的电流互感器，多用于高压产品；电容式电流互感器多用于 110kV 及以上户外）；按整体结构和安装方法分为穿墙式、母线式、套管式（装入式）和支柱式等（其中穿墙式装在墙壁或金属结构的筒中，可代替穿墙套管；母线式利用母线作为一次绕组，安装时将母线穿入电流互感器瓷套管的内腔；套管式是将电流互感器装入 35kV 及以上的变压器或多油断路器的瓷套管中；支持式是将电流互感器安装在平台或支柱上）。

（2）电流互感器的型号。电流互感器的型号由文字符号和数字组成。第 1 位代表产品名称，L—电流互感器；第 2 位代表一次绕组的线圈形式或安装形式或绝缘形式或其他形式，其中 A—穿墙式，B—支持式，D—单匝式，F—多匝式，J—接地保护，M—母线式，Q—线圈式，R—装入式，Y—低压式，Z—支柱式；第 3 位代表绝缘形式或结构形式或其他形式，其中 Z—浇注绝缘，C—瓷绝缘，J—树脂浇铸，K—塑料外壳，L—电缆型，W—户外式，M—母线式，G—改进式，Q—加强型，S—手车柜用，D—差动保护用，X—小体积柜用；第 4 位代表结构形式或用途，其中 Q—加强式，L—铝线圈，B—保护用，J—加大容量，D—差动保护用；第 5 位代表结构形式或用途，其中 Q—加强型，L—铝线圈，D(B 或 C)—差动保护用。第 6 位代表设计序号；第 7 位代表额定电压（kV）；第 8 位代表额定电流（kA）。特殊条件下，电流互感器派生代号加注在其全型号后其字母含义如下：TH—湿热带用，TA—干热带用，G—高原用，H—船用，F—化学防腐用，ZH—组合电器用，GY—高原用，W—防污型。

4. 电流互感器的结构

（1）电流互感器的结构原理。按原线圈匝数，电流互感器分为单匝式和多匝式。单匝式电流互感器由实心圆柱或管形截面的载流导体，或直接用载流母线作为其一次绕组，将一次绕组穿过绕有二次绕组的环形铁芯所构成，如图 3-55（a）所示。这种电流互感器的主要优点是结构简单，尺寸较小，价格便宜。其主要缺点是被测电流很小时，由于一次磁势较小，测量的准确度很低。通常，单匝式电流互感器的一次额定电流在 150～250A 以上。一次额定电流超过 600～1000A 的电流互感器都制成单匝式。多匝式电流互感器的一次绕组由穿过绕有二次绕组的环形铁芯的多匝线圈构成，如图 3-55（b）、（c）所示。

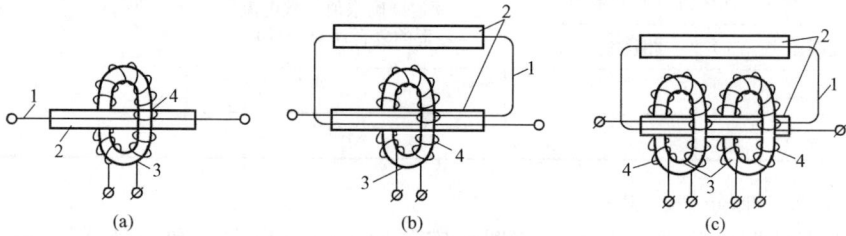

图 3-55　电流互感器的结构原理

(a) 单匝式；(b) 多匝式；(c) 具有两个铁芯的多匝式

1——一次绕组；2——绝缘；3——铁芯；4—二次绕组

这种多匝式电流互感器，由于一次绕组匝数较多，所以即使一次额定电流很小也能获得较高的准确度。其缺点是当高电压加于电流互感器或当大的短路电流通过时，其一次绕组的线匝之间可能承受很高的过电压。图 3-55（c）为两个铁芯的多匝式电流互感器，每个铁芯都有自己单独的二次绕组，而一次绕组为两个铁芯所共用。由于其中任一铁芯的二次绕组的负荷变化时，一次电流值并不改变，所以，不会影响另一个铁芯的二次绕组。因此，多个铁芯的电流互感器，每个铁芯可制成不同的准确度等级，可供不同要求的二次回路使用。一般对 35kV 及以上电压的电流互感器，多采用此种结构。

（2）电流互感器的结构实例。图 3-56 所示的是 LDC-10 型电流互感器的外形结构。它是单匝穿墙式瓷绝缘户内用 10kV、100A 电流互感器。

图 3-57 所示的是 LMC-10 型电流互感器的外形结构。它是单匝穿墙式瓷绝缘户内用 10kV、3000A 母线式电流互感器。

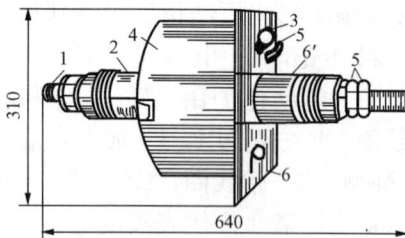

图 3-56　LDC-10 型电流互感器
的外形结构

1——一次绕组；2—瓷套管；3—法兰盘；4—封闭外壳；
5—螺帽；6、6′—一、二次绕组接线板

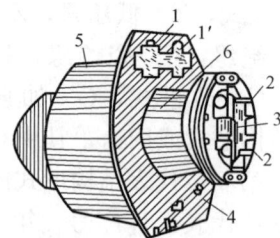

图 3-57　LMC-10 型母线式电流互
感器的外形结构

1、1′—二次接线板；2—母线支撑板；3—引入母线的孔；
4—法兰盘；5—封闭外壳；6—绝缘套管

图 3-58 所示为 LFC-10 型电流互感器的外形结构。它是具有两个铁芯的多匝式瓷绝缘户内用 10kV 电流互感器。

图 3-59 所示为 LQJ-10 型电流互感器的外形结构。它是 10kV 户内用电流互感器，具有两个铁芯、两个二次绕组。

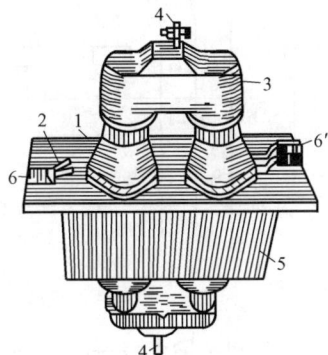

图 3-58 LFC-10 型电流互感器
的外形结构

1—瓷套管；2—法兰盘；3—铸铁接线盒；
4—一次绕组接线板；5—封闭外壳；
6、6'—二次绕组接线端

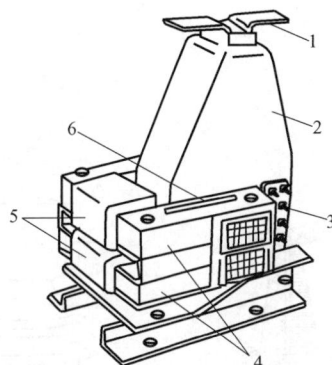

图 3-59 LQJ-10 型电流互感器
的外形结构

1——次绕组接线板；2——次绕组，环氧浇注；
3—二次接线端；4—铁芯；5—二次绕组；
6—警告牌（"二次绕组不得开路"字样）

图 3-60 所示为 LCW-110 型电流互感器外形及绕组结构。它是多匝油浸瓷绝缘支柱式
"8"字形绕组的 110kV 户外电流互感器。

5. 电流互感器的接线方式

电流互感器的二次侧接测量仪表、继电器及各种自动装置的电流线圈。用于测量仪表回路的电流互感器接线，应视测量仪表回路的具体要求及电流互感器的配置情况确定；用于继电保护的电流互感器接线，则应按保护所要求的有关故障类型及保护灵敏系数的条件来确定；当测量仪表与保护装置共用同一组电流互感器时，应分别接不同的二次绕组，受条件限制需共用一个二次绕组时，保护装置应接在测量仪表之前，以避免校验测量仪表时影响保护装置工作。图 3-61 所示为电流互感器在三相电路中最常用的四种接线。

（1）一相式接线。电流线圈通过的电流，反映一次电路对应相的电流。这种接线通常用于负荷平衡的三相电路，如低压动力线路中，供测量电流或接过负荷保护装置之用。

（2）两相 V 形接线。这种接线（电流互感器接在 A、C 两相上）也称为两相不完全星形接线。在继电保护装置中，这种接线称为两相两继电器接线或两相的相电流接线。在中性点不接地的三相三线制线路中（如 6～10kV 高压线路中），广泛用于测量三相电流、电能及作为过电流继电保护。由图 3-62 的相量图可知，两相 V 形接线的公共线上电流为 $\dot{I}_a + \dot{I}_c = -\dot{I}_b$，反映的是未接电流互感器那一相的相电流。

（3）两相电流差接线。这种接线也称为两相交叉接线。由图 3-63 的相量图可知，二次侧公共线上电流为 $\dot{I}_a - \dot{I}_c$，其量值为相电流的 $\sqrt{3}$ 倍。这种接线适用于中性点不接地的三相三线制线路中（如 6～10kV 高压线路中）供过电流继电保护之用，也称为两相一继电器接线。

（4）三相星形接线。这种接线中的三个电流线圈正好反映各相的电流，广泛用在一般负荷不平衡的三相四线制系统中，也用在负荷可能不平衡的三相三线制系统中，用于三相电流、电能的测量及作为过电流继电保护。

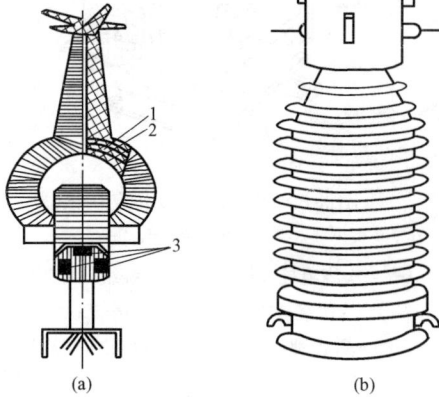

图 3-60　LCW-110 型支柱绝缘电流互感
器外形及绕组结构

（a）绕组结构图；（b）外形图

1—一次绕组；2—一次绕组绝缘；3—二次绕组及铁芯

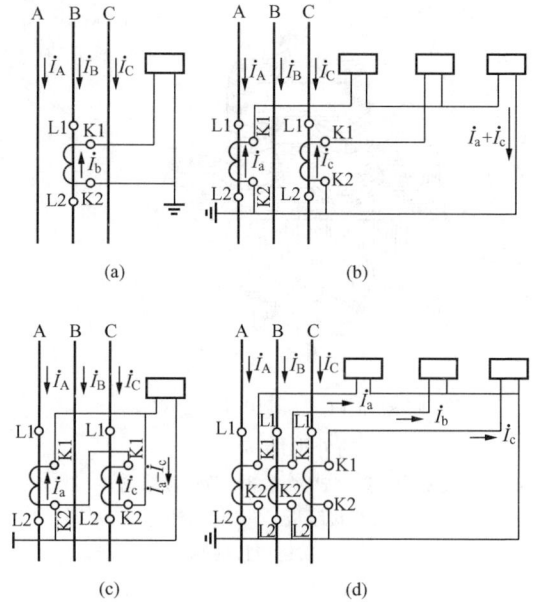

图 3-61　电流互感器的接线方案

（a）一相式；（b）两相 V 形；

（c）两相电流差；（d）三相星形

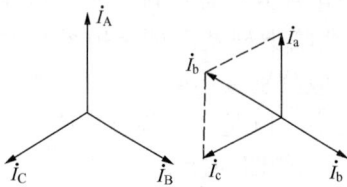

图 3-62　两相 V 形接线电流互感器的
一、二次侧电流相量图

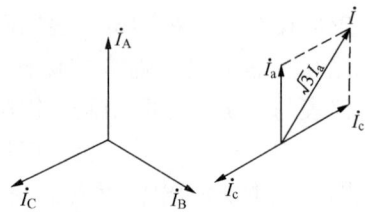

图 3-63　两相电流差接线电流互感器的
一、二次侧电流相量图

6. 使用注意事项

（1）电流互感器在正常工作中二次侧不准开路，否则会在开路的两端产生高电压，危及人身安全或使电流互感器发热烧毁。

因为电流互感器在正常工作中，一次绕组和二次绕组中的磁动势是相互平衡的，即 $\dot{I}_0 N_1 = \dot{I}_1 N_1 + \dot{I}_2 N_2$，其励磁磁势 $\dot{I}_0 W_1$ 很小，因此，在二次侧感应产生的电动势也很小，一般不超几十伏。但是，当二次侧开路时，因 $\dot{I}_2 = 0$，则 $\dot{I}_2 N_2$ 也等于零，这时 $\dot{I}_1 N_1$ 全部变为励磁磁动势，它比正常运行时的合成励磁磁动势 $\dot{I}_0 N_1$ 大许多倍，从而引起铁芯严重饱和，使磁通的波形畸变为平顶波。

由于二次绕组中感应电动势与磁通的变化率 $\dfrac{\mathrm{d}\Phi}{\mathrm{d}t}$ 成正比，因此在磁通过零时，二次绕组中产生很高的尖顶波电动势，其峰值可达几千伏甚至上万伏，这对工作人员和二次回路中设备的安全都有很大的威胁。同时，由于铁芯磁感应强度剧增，将使铁芯过热，将损坏线圈的绝缘。

为了防止二次侧开路，规定电流互感器二次侧不准装熔断器。在运行中，若需拆除仪表或继电器时，则必须先用导线或短路压板将二次回路短接，以防开路。

（2）电流互感器二次侧有一端必须接地，目的是为了防止其一、二次绕组绝缘击穿时一次侧的高压电流窜入二次侧，危及人身和设备的安全。

（3）注意电流互感器一、二次绕组接线端子上的极性。

我国的互感器绕组端子采用同名端（或同极性端）标记。一次绕组端子标以 L1、L2，二次绕组端子标以 K1、K2。L1 和 K1 为同名端，L2 和 K2 也为同名端。在使用时一定要注意端子的极性，否则将造成功率型仪表测量错误或继电保护装置不正确动作。

（二）电压互感器

1. 电压互感器的接线及工作特点

（1）电压互感器的原理接线。一次绕组并联在一次电路中，而二次绕组与测量仪表或继电器电压线圈并联，接线如图 3-64 所示。

（2）电压互感器的工作原理及特点。电压互感器的工作原理与变压器相同，电压互感器的一次绕组与二次绕组的额定电压之比称为电压互感器的额定电压比，用 K_u 表示，即

$$K_u = \frac{U_{1N}}{U_{2N}} = \frac{N_1}{N} \approx \frac{U_1}{U_2} \qquad (3\text{-}23)$$

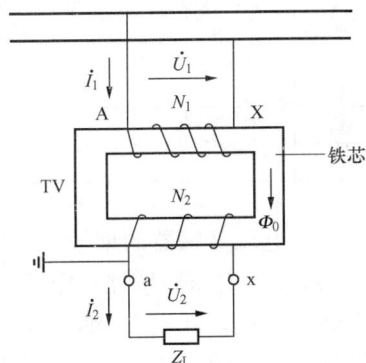

图 3-64　电压互感器原理接线图
I_1——一次电流；I_2—二次电流；
N_1——一次绕组；N_2—二次绕组；
Z_L—二次负荷

通过适当配置电压互感器一、二次绕组的匝数，可以将不同的一次电压变换成较低的标准二次电压值。

电压互感器主要特点：一次绕组匝数较多，并联在被测电路中，不受互感器二次侧负荷的影响，并且在大多数情况下，其负荷是恒定的。二次绕组匝数较少，所接的测量仪表或继电器电压线圈的阻抗都很大。因此电压互感器的二次绕组电流很小，即容量很小，通常只有几十到几百伏安，所以，电压互感器正常运行时接近于空载运行。

2. 电压互感器的准确级

电压互感器应能准确地将一次电压变换为二次电压，才能保证测量精确和保护装置正确的动作，因此电压互感器必须保证一定的准确度。电压互感器的准确级就是指在规定的一次电压和二次负荷变化范围内、负荷的功率因数为额定值时电压误差的最大值。测量用电压互感器的准确级有 0.1、0.2、0.5、1 级和 3 级；保护用电压互感器的准确级规定有 3P 和 6P 两种。各电压互感器的准确级和误差限值见表 3-8。

3. 电压互感器的分类及型号

（1）电压互感器的分类。电压互感器按装置种类分为户内式和户外式，35kV 以上多为户外式。按相数分为单相和三相电压互感器（35kV 以上不制造三相式）。按绕组数分可分为双绕组、三绕组或四绕组（将二次绕组分开是为了满足测量和保护的不同需要，即一个专门用于接测量仪表、一个专门用于接继电保护时可用三绕组电压互感器；为满足用户需要，一些新型的四绕组电压互感器已得到应用）。按绝缘介质分为油绝缘（多在 35kV 及以上电压使

用）、浇注绝缘（多在 10kV 及以下电压采用）、一般干式绝缘（多在 380V 电压采用）、气体绝缘（多用于高压产品）。按结构原理分为电磁式和电容式。电磁式又可分为单级式和串级式。在我国 35kV 及以下电压均用单级式，电压 63kV 及以上时采用串级式；在电压为 110～220kV 范围内串级式和电容式都有采用。

表 3-8　　　　　　　　　　　　　电压互感器的准确级和误差限值

准确级	一次电压变化范围	误 差 限 值		频率、功率因数及二次负荷范围
		电压误差±（％）	相位差±（′）	
0.1	(0.8～1.2) U_{1N}	0.1	5	(0.25～1.0) S_{2N} $\cos\varphi_2=0.8$ $f=f_N$
0.2		0.2	10	
0.5		0.5	20	
1		1.0	40	
3		3.0	不规定	
3P	(0.05～K) U_{1N}	3.0	120	
6P		6.0	240	

（2）电压互感器的型号。电压互感器的型号由文字符号和数字组成。第 1 位代表产品名称，J 或 Y—电压互感器；第 2 位代表相数，其中 D—单相，S—三相，C—串级式；第 3 位代表绝缘形式，其中 J—油浸式，G—干式，C—瓷绝缘，Z—浇铸式，R—电容式；第 5 位代表设计序号；第 6 位代表额定电压（kV）。

4. 电压互感器的结构实例

图 3-65 是 JDJ—10 型油浸自冷式单相电压互感器的外形结构图。它的铁芯和绕组浸在充有变压器油的油箱内，绕组的引出线通过固定在箱盖上的瓷套管引出，用于户内配电装置。

图 3-66 是 JDZJ-10 型电压互感器的外形结构图，它是单相三绕组、环氧树脂浇注绝缘的户内电压互感器。三个这种电压互感器接成 YNyn⊿ 接线，在小接地电流的系统中用作电压、电能测量及单相接地保护（绝缘监察）。

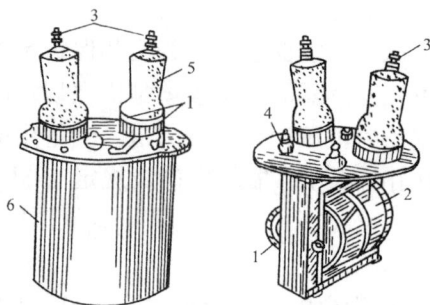

图 3-65　JDJ-10 型油浸自冷式单相电压互感器
1—铁芯；2—一次绕组；3—一次绕组引出端；
4—二次绕组引出端；5—套管绝缘子；6—外壳

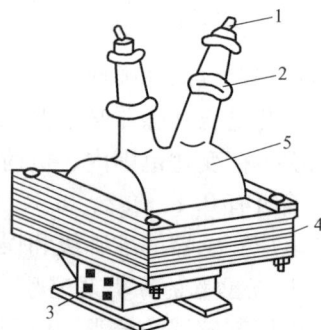

图 3-66　JDZJ-10 型电压互感器
1——一次接线端；2—高压绝缘套管；3—二次接线端；
4—铁芯；5——一、二次绕组，环氧树脂浇注

图 3-67 所示为 JCC1-110 型串级式电压互感器。它是 110kV 单相串级式电压互感器，电压为 110kV 及以上的电压互感器普遍采用串级式结构。串级式电压互感器的缺点是准确度较低，其误差随着串级元件数目的增多而增多。我国生产的 JCC1 型电压互感器的准确度级为 1 级和 3 级。

5. 电压互感器的接线

在三相系统中需要测量的电压有线电压、相对地电压和单相接地时出现的零序电压。为了测量这些电压，电压互感器有几种不同的接线方式，常用接线方式如图 3-68 所示。

（1）一台单相电压互感器的接线。如图 3-68（a）所示，在三相电路中，接一台单相电压互感器，这种接线一次绕组接相间电压上，所以二次侧只能得到相应的相间电压。

电压互感器一次侧 A、X 端接电源加熔断器保护，二次侧 a、x 接电压表或继电器，加装熔断器保护，二次侧绕组 x 端接地。

（2）两台单相电压互感器 Vv 形接线。两台单相电压互感器接成 Vv 形接线又称为不完全星形接线，如图 3-68（b）所示，接线方式适用于中性点非直接接地系统测量三相线电压。

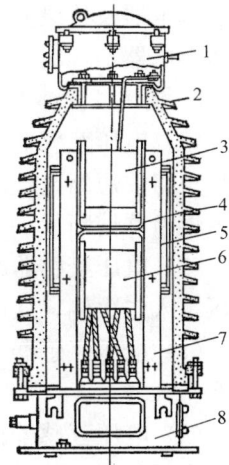

图 3-67 JCC1-110 型串级式电压互感器
1—储油柜；2—瓷外壳；
3—上柱绕组；4—隔板；
5—铁芯；6—下柱绕组；
7—支撑绝缘板；8—底垫

这种接线方式的优点是接线简单经济，用两台电压互感器可以测量三相电压，但用此种接线只能得到线电压，不能测量相对地电压，所以它也不能作为绝缘监察和接地保护。

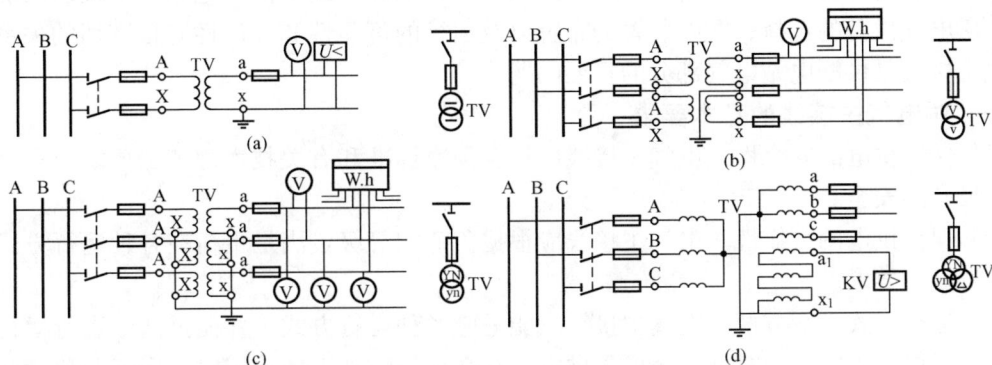

图 3-68 电压互感器的接线方式
（a）一个单相电压互感器；（b）两相单相接成 Vv 形；（c）三个单相接成 YNyn 形；
（d）三个单相三绕组或一个三相五心柱三绕组电压互感器接成 YNyn△（开口三角）形

（3）三台单相电压互感器 YNyn 形接线。如图 3-68（c）所示，采用三台单相电压互感器，一次绕组中性点接地可以满足仪表和电压继电器取用线电压和相电压的要求，也可用于绝缘监察的电压表。

（4）三相五柱式电压互感器或三台单相三绕组电压互感器 YNyn△接线。如图 3-68（d）所示，这种接线方式在 10kV 中性点不接地电力系统中应用广泛，它能测量线电压、相电压、一相接地时的零序电压。两套二次绕组中，yn 接线的二次绕组称为基本二次绕组，用来接仪表、继电器及绝缘监察电压表。开口三角形的绕组称为二次辅助绕组，用来接绝缘监察用的电压继电器。

6. 使用注意事项

（1）电压互感器的二次侧在正常工作时不允许短路。因为二次绕组匝数少、阻抗小，如发生短路，短路电流将很大，足以烧坏互感器。因此，低压侧电路要串接熔断器作短路保护。熔断器熔断后，二次仪表指示消失，继电保护可能误动作。

（2）电压互感器的铁芯和二次绕组的一端必须可靠接地，防止高压绕组绝缘被损坏时高电压窜入二次侧，从而危及人身和设备的安全。

（3）电压互感器在连接时，与电流互感器一样也应该注意其一、二次绕组接线端子上的极性。

（4）电压互感器的准确度等级与其使用的额定容量有关，如 JDG-0.5 型电压互感器的最大容量为 200V·A，输出不超过 25V·A 时准确度等级为 0.5 级，输出 40V·A 以下为 1 级，输出 100V·A 以下为 3 级。这是因为输出电流越大电压误差越大的缘故。为了保证所接仪表的测量准确度等级，电压互感器的准确度等级比所接仪表的准确度等级要高两级。

第四节　工厂供配电站的电气主接线

供配电站的电气主接线（又称一次接线）是由各种开关电器、电力变压器、母线、电缆（或架空线）、电容器等一次设备依一定次序相连，接受和分配电能的电路。主接线的确定对变配电所电气设备的选择、配电装置的布置以及运行的可靠性和经济性有很密切的关系。所以电气主接线是供配电站电气部分的重要问题。

一、对电气主接线的基本要求

（1）保证供电的安全性。电气主接线应符合国家标准和有关技术规范的要求，充分保证人身和设备的安全。

（2）保证供电的可靠性。电气主接线应根据负荷的等级，满足负荷在各种运行方式下对供电连续性的要求。

（3）运行方式灵活方便。电气主接线应能适应各种运行方式，并能灵活地进行运行方式的转换，以保证正常运行时能安全可靠供电，在系统故障和设备检修时，保证非故障和非检修回路继续供电。

（4）具有一定的经济性。确定电气主接线必须综合考虑技术和经济两方面的问题，在保证供电安全、可靠、灵活、方便的前提下，尽量减少设备投资与运行费用。

（5）具有发展和扩建的可能性。确定主接线时应留有发展余地，要考虑最终接线的实现以及在场地和施工等方面的可行性。

二、电气主接线的基本接线形式

工厂供配电站电气主接线的基本形式主要有单母线、双母线、桥形接线、线路—变压器单元接线。下面分别介绍这几种接线的形式及特点和基本操作。

主接线图常用的图形符号和文字符号见表 3-9。

表 3-9　　　　　　　　　　常用的电气设备图形符号和文字符号

电气设备名称	文字符号	图形符号	电气设备名称	文字符号	图形符号
刀开关	QK		母线	W	
			导线、线路		
断路器（自动开关）	QF		三相导线		
隔离开关	QS		端子	X	○
负荷开关	QL		电缆及其终端头		
熔断器	FU		交流发电机	G	
熔断器式开关	S		交流电动机	M	
阀式避雷器	F		单相变压器	T	
三相变压器	T		电压互感器	TV	
三相变压器	T		三绕组变压器	T	
电流互感器（具有一个二次绕组）	TA		三绕组电压互感器	TV	
电流互感器（具有两个铁芯和两个二次绕组）	TA		电抗器	L	
			电容器	C	

（一）单母线不分段接线

在主接线中，单母线不分段的接线方式，如图 3-69 所示。电源引入线和引出线都通过断路器和隔离开关接到同一母线上，断路器作为操作负荷电流或切断故障电流之用，隔离开关作为检修时隔离电源之用。靠近母线侧的隔离开关，称为母线隔离开关。靠近出线侧的隔离开关，称为线路隔离开关。如果线路对侧没有其他的电源，线路隔离开关可以不装。现以线路 WL1 停送电为例说明断路器和隔离开关的操作顺序。WL1 停电：①断开断路器 QF；②拉开出线侧隔离开关 QS2；③拉开母线侧隔离开关 QS1。WL1 送电：①合母线侧隔离开关 QS1；②合出线侧隔离开关 QS2；③合断路器 QF。从上面的操作可以看到隔

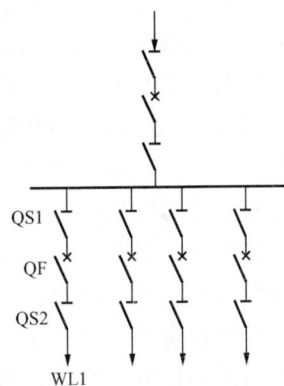

图 3-69　单母线不分段接线

离开关必须在断路器断开的情况下才可以操作。

单母线不分段接线方式的优点是接线简单、使用设备少、投资省。其缺点是可靠性和灵活性差。当对母线或母线隔离开关进行检修时，全部用户都将停电；任意回路的断路器检修时，该回路必须停电。因此，这种接线只能用于Ⅲ级负荷或部分Ⅱ级负荷。

（二）单母线分段接线

单母线分段接线是为克服单母线不分段接线方式可靠性和灵活性差的缺点而产生的，适用于具有两路电源进线的Ⅱ级负荷用户，每段母线接一路电源进线。两段母线之间有两种联络方式：一种是用隔离开关联络（也称为用隔离开关分段），另一种是用断路器联络（分段），如图 3-70 所示。

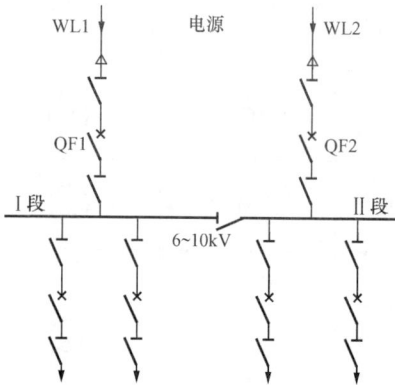

图 3-70　单母线分段接线

（1）用隔离开关分段的单母线接线在正常的情况下，分段隔离开关打开，两路电源进线及两段母线分别运行。当一路电源线（如 WL1）故障检修时，打开 QF1，经过倒闸操作，就可由电源线 WL2 对两段母线供电，只要每一路电源线的容量足够，就可对全部负荷供电。

当一段母线故障检修时，只影响故障段母线所带的负荷，对另一段母线所带的负荷可照常供电。

（2）用断路器分段的单母线接线在正常的情况下，两路电源、两段母线并列运行。当一路电源线故障时或一段母线故障时，分段断路器和有关的断路器会自动断开，切除故障段，使非故障段继续运行，提高了供电的可靠性。

但是，不论用隔离开关分段还是用断路器分段，当某段母线故障时都避免不了使接在该段母线的用户停电。

另外，在检修单母线分段接线引出线断路器时，该引出线的用户必须停电。

根据以上分析，单母线分段接线可用于允许短期停电的Ⅱ级负荷。

（三）双母线接线

为了提高供电系统的可靠性，在大型的Ⅰ类负荷的工厂总变电站（也称为工厂总降压变电站）的 35～110kV 接线中，常采用双母线接线，如图 3-71 所示。在双母线接线中，任一电源进线和引出线都有一台断路器和两组母线隔离开关。另外，两组母线之间装有母线联络断路器 QF$_L$。正常运行时，一组母线运行，另一组母线备用，各回路与运行的母线连接的母线隔离开关闭合，与备用母线连接的母线隔离开关打开。母线联络断路器打开，但其两边的两组隔离开关闭合。

双母线主接线提高了供电系统的可靠性和灵活性。当需要检修母线时，可轮流进行，经过"倒闸操作"进行转移负荷，将负荷接于母线Ⅱ，可检修

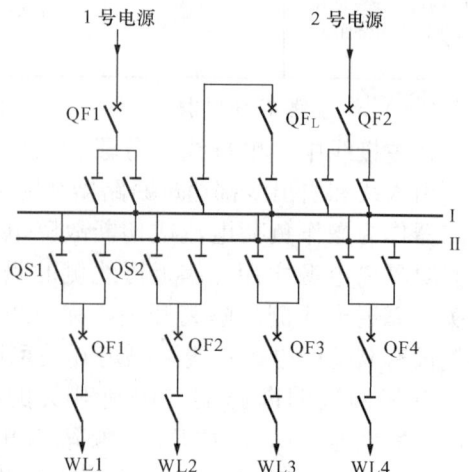

图 3-71　不分段的双母线接线

母线Ⅰ；反之亦然，不会中断供电。

倒母线操作的操作程序如下：如果要检修母线Ⅰ并将负荷由母线Ⅰ转移到母线Ⅱ上，先合母线联络开关 QF_L，检查母线Ⅱ的绝缘是否良好，若绝缘不良而发生故障，QF_L 在继电保护的作用下会迅速跳闸，而不影响其他设备运行。若母线Ⅱ绝缘良好，QF_L 不跳，则闭合母线Ⅱ侧的各隔离开关，打开母线Ⅰ侧的各隔离开关，则将全部负荷转移到母线Ⅱ上了。如果正在工作的母线发生故障，电源进线断路器将迅速跳闸，经过"倒闸操作"在较短的时间内可以将负荷转移到备用母线上，恢复正常供电。如果某一引出线的隔离开关检修，也只影响这一路引出线，不会全所停电。双母线接线提高了供电的可靠性和灵活性，但也使操作复杂化，投资增加。由于母线和隔离开关发生故障的概率极小，一般Ⅱ、Ⅲ级负荷的供电系统均不采用；如果从工艺上可以安排定期检修时间，Ⅰ级负荷的用户也不一定需要双母线接线。

（四）桥形接线

对于具有两回电源进线、两台变压器的工厂总变电站，可采用桥形接线。桥形接线分为内桥接线和外桥接线两种。

图 3-72 为内桥式主接线。在总变电站两路电源进线 WL1、WL2 处，装设两侧带隔离开关的线路断路器 QF1 和 QF2（靠近线路一端的断路器），然后分别接至变压器 T1 和 T2。在 QF1 与 QF2 的内侧跨接桥断路器，因此称为内桥接线。正常运行时，QF1、QF2 和桥断路器 QF 均处于闭合状态。

内桥接线运行方式灵活。当需要检修线路 WL1 时，断开断路器 QF1，变压器 T1 可由线路 WL2 通过 QF2 和桥断路器 QF 继续受电，不会使低压侧重要负荷中断供电。同样，当检修线路 WL2 时，也可通过 WL1 向变压器 T2 供电。

内桥接线对变压器的切换比较复杂。如变压器 T1 发生故障进行检修时，必须断开 QF1、QF3 和桥断路器 QF，经过"倒闸操作"拉开 QS5，然后再闭合 QF1 和桥断路器 QF，由 WL1、WL2 向 T2 供电。检修 T2 时的操作程序类同。

内桥接线适用于下列场合：①向Ⅰ、Ⅱ级负荷供电；②供电线路较长、线路故障机会较多的情况；③变电站没有穿越功率；④负荷曲线较平稳、变压器不经常退出工作的情况；⑤终端型的工业企业总变电站。

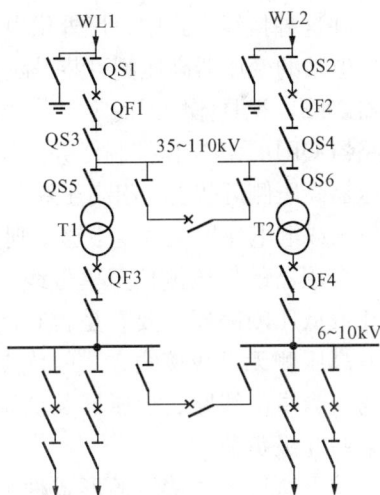

图 3-72　内桥接线

图 3-73 所示为外桥接线，桥断路器 QF 装于变压器断路器 QF1 和 QF2 的外侧，在变电站的电源进线端，装设线路隔离开关。外桥接线对变压器的切换比较灵活，当需退出变压器 T1 时，断开 QF1 和 QF3 断路器即可，退出变压器 T2 时，断开 QF2 和 QF4 断路器即可。但对于电源线路的切换，外桥接线的操作比较复杂。例如，电源进线 WL1 发生故障或检修时，需将 QF1 和桥断路器 QF 均断开，拉开 QS1，然后闭合 QF1 与桥断路器 QF，使变压器 T1 和 T2 恢复正常供电。WL2 故障或检修与此类似。

外桥形主接线适用于下列场合：①向Ⅰ、Ⅱ级负荷供电；②供电线路较短；③允许变电所有稳定的穿越功率；④负荷曲线变化较大，需经常进行退出与投入变压器操作的企业总变电站。

（五）高压侧无母线的线路-变压器组单元接线

当供电电源只有一回线路、变电站中只有一台变压器时，宜采用高压侧无母线的接线方式，又称之为线路-变压器组单元接线，如图 3-74 所示。

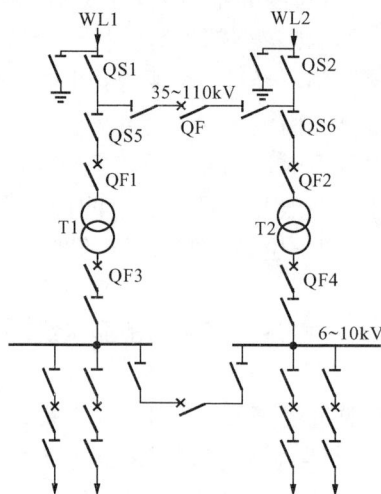

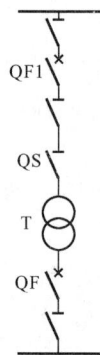

图 3-73　外桥接线　　　　图 3-74　线路-变压器组单元主接线

在这种接线方式中，厂外供电线路的电源侧通过双侧带隔离开关的断路器 QF1 送电，在厂内变电站的变压器高压侧可装设隔离开关 QS 或高压熔断器 FU，或两侧均带隔离开关的高压断路器 QF2，视具体情况而定。若线路较短，变压器高压侧可不装设断路器，由厂外供电线路的断路器 QF1 承担操作控制任务。如果系统的短路容量较小，高压熔断器能够满足要求时，则在变压器高压侧可装设一组高压跌落式熔断器。如果从管理上操作线路电源侧断路器不方便，线路较长或继电保护灵敏度不够，则可在变压器高压侧装设断路器作为操作控制设备。

变压器的低压侧接至单母线，向低压负荷供电。至于变压器低压侧与低压母线之间是否要装设低压断路器，要看是否有倒送电网络而定。

高压侧无母线接线方式的优点在于接线简单、设备少、投资省。其缺点是供电可靠程度不高。当供电线路、变压器及低压母线发生故障时，全部负荷均将停电，只适用于Ⅲ级负荷或某些Ⅱ级负荷。

综上所述，主接线的形式种类较多，各有优缺点，采用哪种接线应视具体情况而定。在具有二次降压的情况下，总降压变电站常用桥式接线（35kV 以上）或分段单母线接线方式；如果是一次降压，全厂设一个总配电室，一般都用分段单母线接线。对于Ⅰ级负荷，总降压变电站应采用分段单母线接线或双母线接线；对于用电负荷较大的总降压变电站或总配电室常用分段单母线接线方式。

三、大、中型工厂电气主接线形式

大、中型工厂负荷较大，进线电压较高，一般为 35～110kV，一般设置总降压变电站、车间变电站两级变电站。总降压变电站将 35～110kV 的电源电压降至 6～10kV 的电压，然后分别送至各个车间变电站或其他 6～10kV 的高压用电设备。车间变电站将 6～10kV 的电压降至 380/220V 的电压，供给低压用电设备使用。当相邻几个车间负荷大，不适宜将变电站建到某一车间的；或受到车间内腐蚀性或易燃易爆气体的限制时，应该设立 6～10kV 独立变电站，从总降压变电站接受 6～10kV 电能，在独立变电站内将 6～10kV 电能变换为 380/220V，然后送到相应车间。

有些大型工厂存在两个及以上的集中负荷群，且彼此相距较远时，应设置两个及以上的总降压变电站。

进线电压为 35kV 的工厂，也可只设一个 35kV 独立变电站，直接将 35kV 电源电压降至 380/220V 的电压，供给低压用电设备使用。不再设总降压变电站和车间变电站。

1. 总降压变电站的电气主接线

总降压变电站的高、低压侧采用的主接线方式根据高压侧的电源进线数量和总降压变电站的变压器台数确定。

（1）总降压变电站有一回路进线和一台主变压器时，高压侧一般采用线路-变压器组单元接线，低压侧采用单母线接线，如图 3-75 所示。

（2）总降压变电站有一回路进线和两台主变压器时，高压侧一般采用单母线接线，低压侧采用单母线分段接线，如图 3-76 所示。

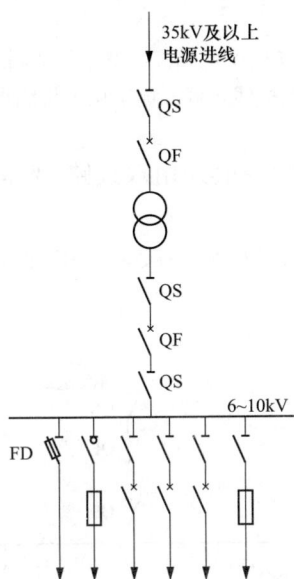

图 3-75　总降压变电站高压侧采用线路-变压器组
单元接线，低压侧采用单母线接线

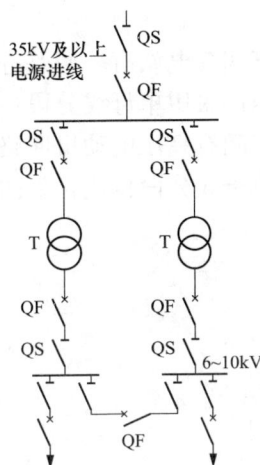

图 3-76　总降压变电站高压侧采用单母线接线，
低压侧采用单母线分段接线

（3）总降压变电站有双回路进线和两台主变压器时，高压侧一般可以采用单母线分段接线，低压侧采用单母线分段接线，如图 3-77 所示；或高压侧采用内桥接线，低压侧采用单母线分段接线，如图 3-72 所示；或高压侧采用外桥接线，低压侧采用单母线分段接线如图 3-73 所示。

2. 车间变电站的电气主接线

车间变电站的高、低压侧采用的主接线方式根据高压侧的电源进线数量和车间变电站的变压器台数确定。

（1）车间变电站有一回路进线和一台变压器时，车间变电站的高压侧一般采用线路-变压器组单元接线，低压侧采用单母线接线，如图 3-78 所示。

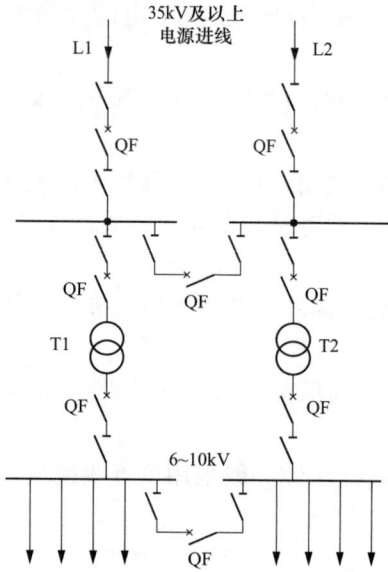

图 3-77　总降压变电站高、低压侧
均采用单母线分段接线

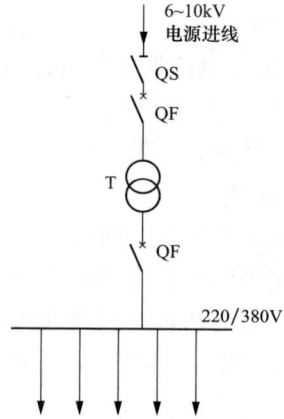

图 3-78　车间变电站高压侧采用线路-
变压器组单元接线，低压侧采用单母线接线

　　（2）车间变电站有一回路进线和两台变压器时，高压侧一般采用双线路-变压器组单元接线，低压侧采用单母线分段接线，如图 3-79 所示。

　　如果车间有高压电动机回路或其他高压用电设备时，则高压侧一般采用单母线接线，低压侧采用单母线分段接线，如图 3-80 所示。

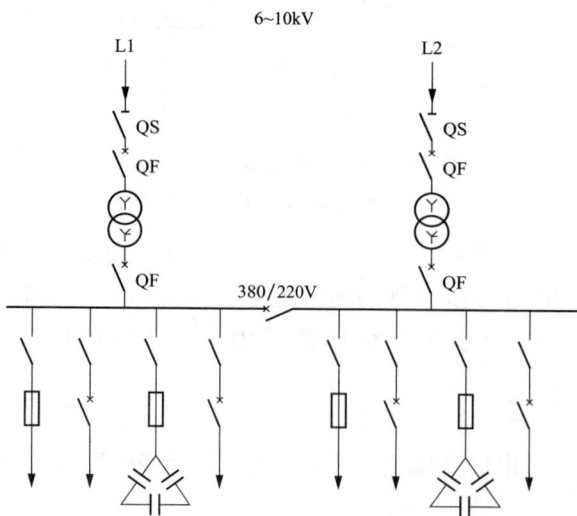

图 3-79　车间变电站高压侧采用双线路-变压器组
单元接线，低压侧采用单母线分段接线

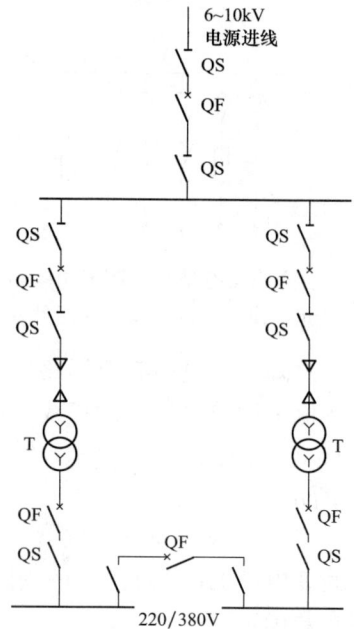

图 3-80　车间变电站高压侧采用单母线
接线，低压侧采用单母线分段接线

3. 6～10kV 独立变电站

6～10kV 独立变电站的高、低压侧采用的主接线方式根据高压侧的电源进线数量和 6～10kV 独立变电站的变压器台数确定。

（1）6～10kV 独立变电站有一回路进线和一台主变压器时，高压侧一般采用线路-变压器组单元接线，低压侧采用单母线接线。与车间变电站的相应接线相同，参照图 3-78。

（2）6～10kV 独立变电站有一回路进线和两台主变压器时，高压侧一般采用单母线接线，低压侧采用单母线分段接线。与车间变电站的相应接线相同，参照图 3-80。

（3）6～10kV 独立变电站有双回路进线和两台主变压器时，高、低压侧一般均可以采用单母线分段接线，参照图 3-81。

4. 35kV 独立变电站

35kV 独立变电站的电气主接线与总降压变电站的电气主接线类似，不同之处在于总降压变电站的一次侧电压为 35～110kV，二次侧电压为 6～10kV，而 35kV 独立变电站的一次侧电压为 35kV，二次侧电压为 380/220V，如图 3-82 所示。

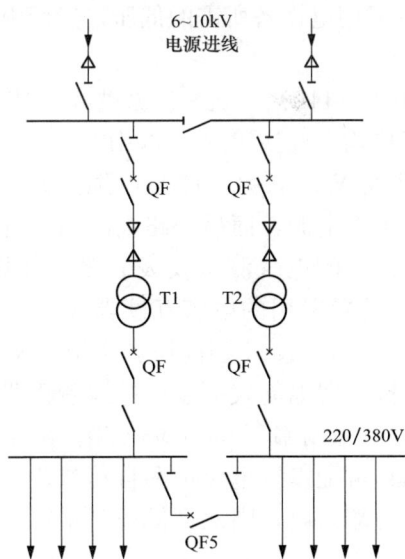

图 3-81　独立变电站高、低压侧均
采用单母线分段接线

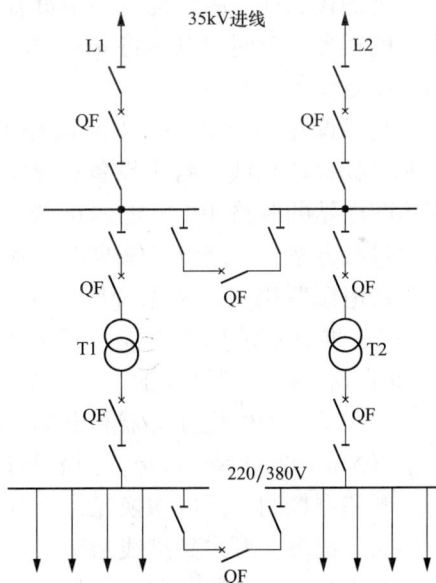

图 3-82　35kV 独立变电站的接线

四、中、小型工厂电气主接线形式

中、小型工厂负荷不是很大，进线电压一般为 6～10kV，中、小型工厂一般设置总配电站、车间变电站。总配电站不需要变换电压，只是接受电能和分配电能，故没有变压器。车间变电站将 6～10kV 的电压降至 380/220V 的电压，供给低压用电设备使用。有时根据需要也设置 6～10kV 独立变电站，与大、中型工厂的 6～10kV 独立变电站设置理由相同。

1. 总配电站的电气主接线

总配电站有一回路进线时，采用单母线接线，如图 3-69 所示。

总配电站有两回路进线时，采用单母线分段接线，如图 3-70 所示。

2. 车间变电站的电气主接线

中、小型工厂内部的车间变电站电气主接线与大、中型工厂内部的车间变电站电气主接线类似，可直接参照图 3-78、图 3-79、图 3-80。

3. 6～10kV 独立变电站

中、小型工厂内部的 6～10kV 独立变电站电气主接线与大、中型工厂内部的 6～10kV 独立变电站电气主接线类似，可直接参照图 3-78、图 3-80、图 3-81。

五、小型工厂电气主接线形式

小型工厂一般设置 6～10kV 独立变电站。独立变电站将 6～10kV 的电压降至 380/220V 的电压，然后通过低压配电线路分别送至各个车间配电箱或其他 380/220V 低压用电设备。

小型工厂内部的 6～10kV 独立变电站电气主接线与大、中型工厂内部的 6～10kV 独立变电站电气主接线类似，可直接参照图 3-78、图 3-80、图 3-81。

六、工厂高压配电站及车间变电站主接线举例

图 3-83 是某中型工厂供配电系统高压配电站及 2 号车间变电站的主接线。这一主接线方案具有一定的代表性。高压配电站担负着从电力系统接受电能并向各车间变电站及高压用电设备配电的任务，车间变电站将 6～10kV 的高压降为一般用电设备所需的低压，然后由低压配电给各用电设备。

图中高压配电站共设有 12 面高压开关柜（No. 101～112）、两路电源进线（WL1～WL2）和 6 路高压出线。各个设备和导线电缆的型号规格均已标注于图 3-83 中。

高压配电站的两路 10kV 电源进线，一路是架空线路 WL1，另一路是电缆线路 WL2。最常见的进线方案是一路电源来自电力系统，作为正常工作电源，而另一路电源则来自附近的高压备用电源联络线。根据 GB 50063—2008《电力装置的电气测量仪表装置设计规范》规定："用于类贸易结算的电能计量装置，应按计量点设置专用的电流互感器和电压互感器"。因此在这两路电源进线的主开关柜之前，各装设一台 GG-1A-J 型高压计量柜（No. 101 和 No. 112），其中的电压互感器和电流互感器只用来连接计费电能表。装设进线断路器的高压开关柜（No. 102 和 No. 111），因需与计量柜相连，因此采用 GG-1A(F)-11 型。由于进线采用高压断路器控制，所以切换操作十分灵活方便，而且可配以继电保护和自动装置，使供电可靠性大大提高。考虑到进线断路器在检修时有可能两端来电，因此为保证断路器检修时操作人员的人身安全，断路器两侧都必须装设高压隔离开关。

一路电源进线时，高压配电站的母线，通常采用单母线。如果是两路或多于两路的电源进线时，则采用以高压隔离开关或高压断路器分段的单母线分段接线。本例为隔离开关分段，也可采用专门的分段柜（也称联络柜）。图 3-83 所示高压配电站通常采用一路电源工作、一路电源备用的运行方式，因此母线分段隔离开关通常是断开的，高压并联电容器对整个配电站的无功功率都进行补偿。如果工作电源进线发生故障或进行检修，在切除该进线后，投入备用电源即可使整个配电站恢复供电。如果采用备用电源自动投入装置，则供电可靠性可进一步提高，但这时进线断路器的操动机构必须是电磁式或弹簧式的。为了测量、监视、保护和控制主电路设备的需要，每段母线上都接有电压互感器，进线上和出线上均串接有电流互感器。图 3-83 中的高压电流互感器均有两个二次绕组，其中一个接测量仪表，另一个接继电保护装置。为了防止雷电过电压侵入配电站时击毁其中的电气设备，各段母线上都装设了避雷器。避雷器与电压互感器同装在一个高压柜内，且共用一组高压隔离开关。

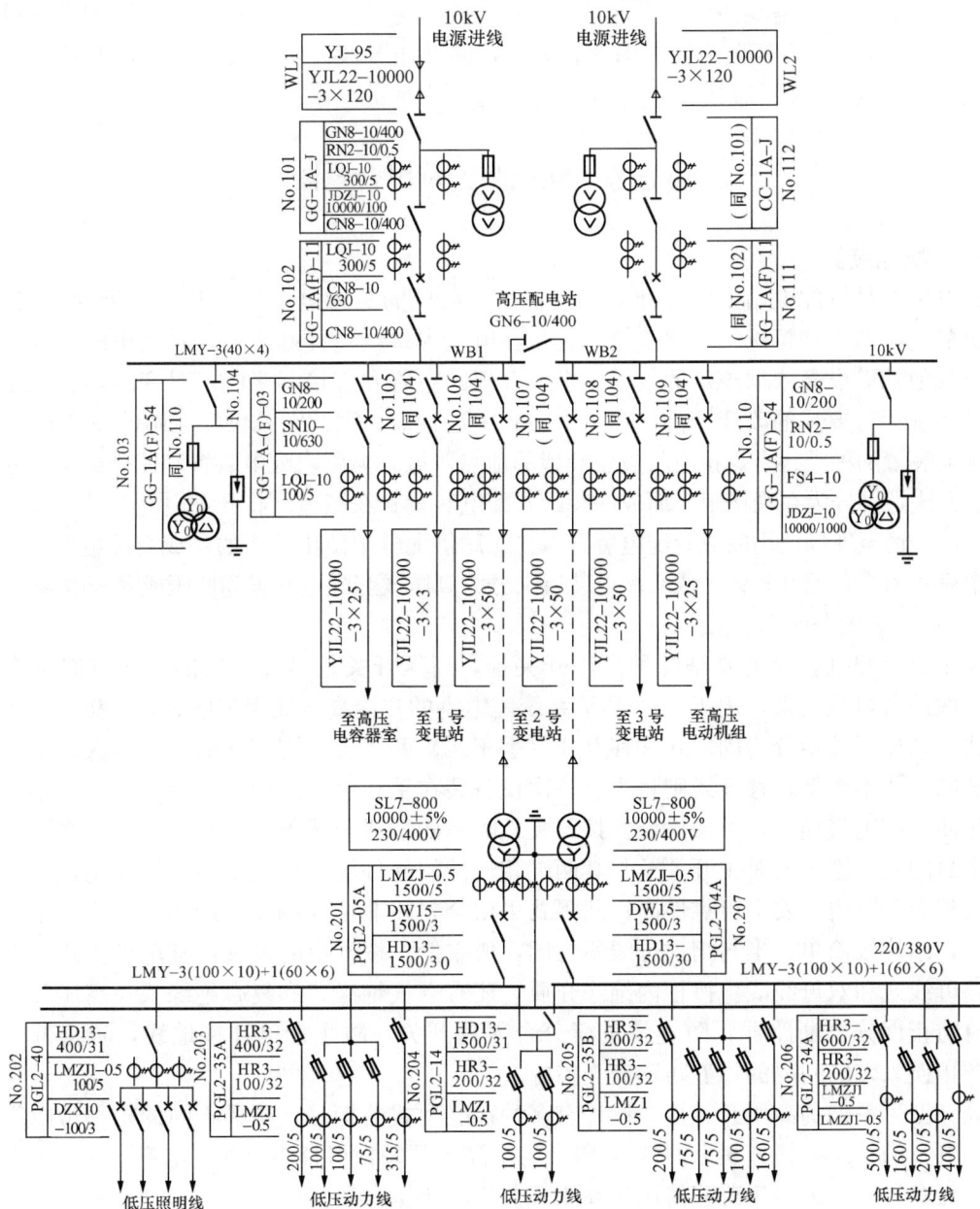

图 3-83　高压配电站及二号车间变电站的主接线

高压配电站共有 6 路高压出线：有两路分别由两段母线经隔离开关、断路器配电给 2 号车间变电站；一路由左段母线 WB1 经隔离开关、断路器供 1 号车间变电站；一路由右段母线 WB2 经隔离开关、断路器供 3 号车间变电站；一路由左段母线 WB1 经隔离开关、断路器供无功补偿用的高压并联电容器组；还有一路由右段母线 WB2 经隔离开关、断路器供一组高压电动机用电。由于这里的高压配电线路都是由高压母线来电，因此其出线断路器需在其母线侧加装隔离开关，以保证断路器和出线的安全检修，出线侧则省掉了线路隔离开关。

图 3-83 中车间变电站设有 2 台主变压器，7 面低压配电柜和 20 路低压出线。各个元件

设备和母线的型号规格在图中做了详细的标注。高压侧采用双电源进线，低压侧采用单母线隔离开关分段，2台变压器一般采用分裂运行，即低压分段开关正常时处于断开位置。对于Ⅰ类负荷可分别从两段母线引电源，满足其供电可靠性的要求。

第五节　配电装置及组合电器

一、配电装置

配电装置是供配电站中由各种电气设备组合而成的进行电力传输和再分配的电气设施，属于供配电站的一种特殊电工建筑物。它是在电气主接线设计好之后，将其中的母线、开关设备及其他辅助设备依据规定的技术要求，合理的布置和连接起来的。对变压器、线路的控制以及系统运行方式的改变，都是在配电装置中进行的，因此它是供配电站的核心部位。

配电装置的种类很多。按电气设备装置的地点，可分为屋内配电装置和屋外配电装置。按组装的方式，可分为在现场组装而成的装配式配电装置和在制造厂将开关电器等按接线要求组装成套后、运至现场使用的成套配电装置。在工厂供配电中使用较多的是成套配电装置，因此本书中只介绍成套配电装置。成套配电装置又分为高压成套配电装置和低压成套配电装置。

（一）高压成套配电装置

高压成套配电装置主要是各种高压开关柜。高压开关柜是按一定的接线方案将有关的一、二次设备组装起来，用于3～35kV系统配电室的户内高压成套配电装置。按主开关的安装方式，高压开关柜分为固定式和移开式（手车式）两大类。固定式的一、二次设备都是固定安装的，成本较低；移开式则将主要一次设备装在手车上，采用可断触头实现可移开元件与固定回路的电气连通，方便检修。按开关柜隔室的构成形式不同，有铠装式、间隔式、箱式和半封闭式。铠装式对主开关及与其两端相连接的元件均采用全封闭金属隔室，保证故障限制在相应隔室内，安全可靠性高；间隔式采用全封闭非金属隔室，结构较紧凑；箱式隔室数目少，结构较简单；半封闭式母线不封闭，成本低。按母线的设置，有单母线式、单母线带旁路母线式和双母线式。按柜内绝缘介质，还有空气绝缘式和复合绝缘式。高压开关柜要求具有防止误分合断路器，防止带负荷分合隔离开关，防止带电挂接地线，防止带地线合闸，防止误入带电间隔的"五防"安全措施。

同一型号系列的高压开关柜，设计有多种接线型式的柜种，选择不同的柜种可以组合成多种配电室的一次线路方案。图3-84所示为由高压开关柜组合而成的配电室。

下面介绍一些近些年普遍使用的高压开关柜的典型产品。

（1）XGN17箱型固定式开关柜。系户内成套配电装置，适用于3～35kV单母线与单母分段系统。图3-85所示为XGN17-40.5箱型固定式交流金属封闭开关柜，其型号含义为：X—箱型；G—固定式；N—户内用；17—设计序号；40.5—额定电压（kV）。

（2）KYN-61铠装移开式开关柜。适用于3～35kV单母线系统。开关柜体是由薄钢板构件组装而成的装配式结构，由4个不同的功能单元组成：继电器室、手车室、电缆室和母线室。各单元设有独立的通向柜顶的排气管，当发生意外导致柜内气压增大到一定程度，柜顶盖板将自动打开，使气体排出柜外，以保护操作人员和设备安全。图3-86所示为KYN61-40.5铠装移开式交流金属封闭开关柜，其型号含义为：K—铠装；Y—移开式；N—户内用；61—设计序号；40.5—额定电压电缆室（kV）。

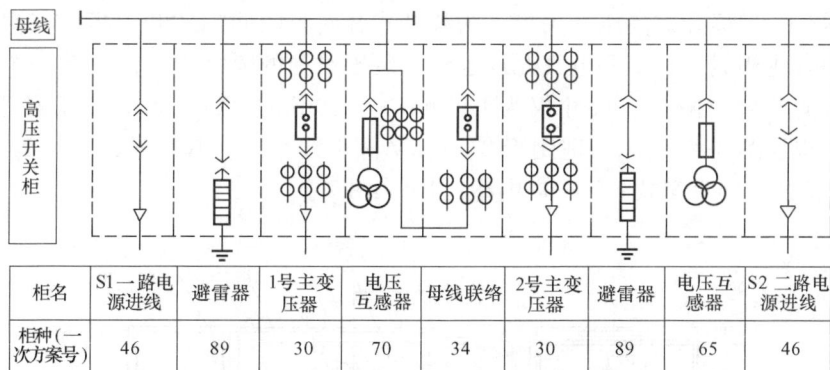

图 3-84 由高压开关柜组合为配电室

柜名	S1一路电源进线	避雷器	1号主变压器	电压互感器	母线联络	2号主变压器	避雷器	电压互感器	S2二路电源进线
柜种(一次方案号)	46	89	30	70	34	30	89	65	46

图 3-85 XGN17-40.5箱型固定式交流金属封闭开关柜

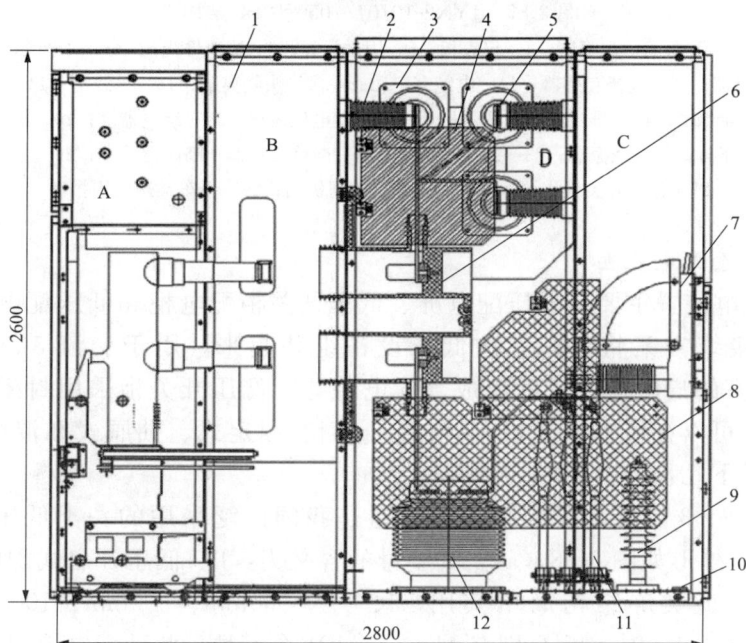

图 3-86 KYN61-40.5铠装移开式交流金属封闭开关柜

A—继电器室；B—手车室；C—电缆室；D—母线室

1—外壳；2—绝缘子；3—穿墙套管；4—母线室绝缘板；5—母线；6—触头盒；7—接地开关；
8—电缆室绝缘板；9—避雷器；10—接地线；11—电流互感器；12—断路器

（3）JYN2-10 型移开式高压开关柜。为移开式金属封闭间隔式开关柜，与铠装式金属封闭开关柜结构有些相似，其主要电气元件也分别装于单独的隔室内，但具有一个或多个符合一定防护等级的非金属隔板。尺寸仅为 840mm×1500mm×2200mm，有 7 种手车 44 个柜种，外形及结构强图 3-87 所示，适用于 3～10kV 间母线系统。其型号的含义为：J—间隔式开关柜；Y—移开式即手车式；N—户内型；10—10kV。

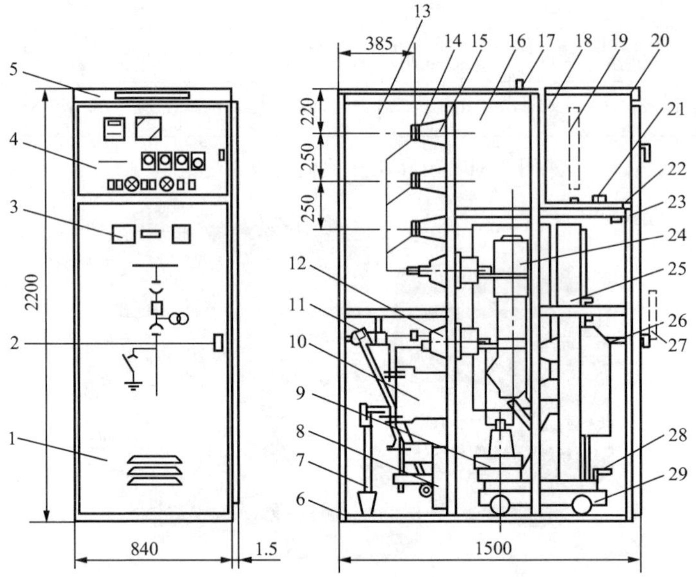

图 3-87　JYN2-10/01～05 型内部结构

1—手车室门；2—门锁；3—观察窗；4—仪表板；5—用途标牌；6—接地母线；7——次电缆；8—接地开关；
9—电压互感器；10—电流互感器；11—电缆室；12——次触头隔离罩；13—母线室；14——次母线；
15—支持绝缘子；16—排气通道；17—吊环；18—继电仪表室；19—继电器屏；20—小母线室；
21—端子排；22—减振器；23—二次插头座；24—断路器；25—断路器手车；26—手车室；
27—接地开关操作棒；28—脚踏锁定跳闸机构；29—手车推进机构扣攀

（二）低压成套配电装置

低压成套配电装置主要是低压配电屏、低压开关柜配电柜和低压配电箱。低压配电屏是按一定的接线方案将一、二次低压设备组装起来，用于交流 500V 以下、直流 440V 以下配电室的户内开启式低压成套配电装置。低压开关柜采用封闭屏。低压配电箱是小型化的、可以在墙上或随机安装的。它们有固定式、抽屉式和混合式三类结构。其典型产品有以下几种。

（1）PGL1、2、3 型交流低压配电屏。这是我国广泛采用的一类低压配电屏，其中 PGL3 为增容型，外形如图 3-88（a）。其型号的含义为：P—低压开启式配电屏；G—固定式；L—动力用。此类屏结构简单实用，尺寸为 600mm、800mm、1000mm×800mm、1000mm×2200mm，1、2、3 型分别有 41、64、121 个屏种。此种配电柜用于 380V 及以下交流低压系统接收、分配电能和控制电动机。

（2）GGD1、2、3 型交流低压配电柜。这是我国设计的低压成套配电装置的更新换代产品，其外形如图 3-88（b）所示。全部采用新型电器元件，具有分断能力高、动热稳定性好、电气方案灵活、组合方便、结构新颖、防护等级高的特点。其型号含义为："GGD"表示交流低压配电柜、固定式、电力用柜，1、2、3型的分断能力分别为 15、30、50kA，最小、最大尺寸分别为 600mm×600mm×2200mm 和 1200mm×800mm×2200mm，1、2 型各有 60 个柜种，3 型有 27 个柜种。这种配电柜用于 380V 及以下交流系统。

（3）GCK 抽屉式低压开关柜。抽屉式低压开关柜的安装方式为抽出式，每个抽屉为一个功能单元，按一、二次线路方案要求将有关功能单元叠装安装在封闭的金属柜内，这种开关柜适用于三相交流系统中，可作为电动机控制中心的配电和控制装置。图 3-89 为 GCK 型抽屉式低压配电柜的结构示意图。其型号含义为：G—交流低压开关柜；C—抽出式；K—控制中心。近些年，由于大量引进国外配电柜 MNS，国内也设计出了介于 MNS 与 GCK 之间的配电柜 GCS，并得到了广泛应用。以下简单介绍 GCS 和 MNS。

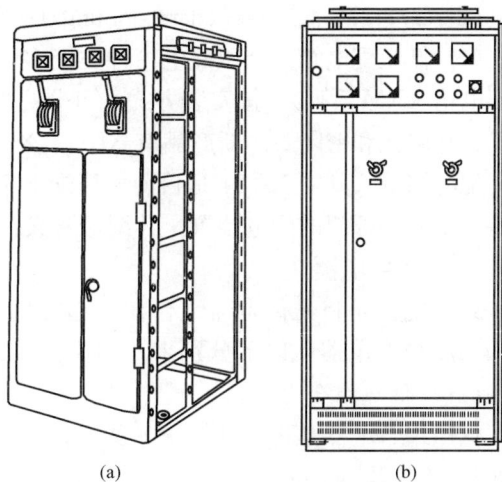

图 3-88　低压配电屏（柜）
(a) PGL 固定式配电屏；(b) GGD 固定式配电柜

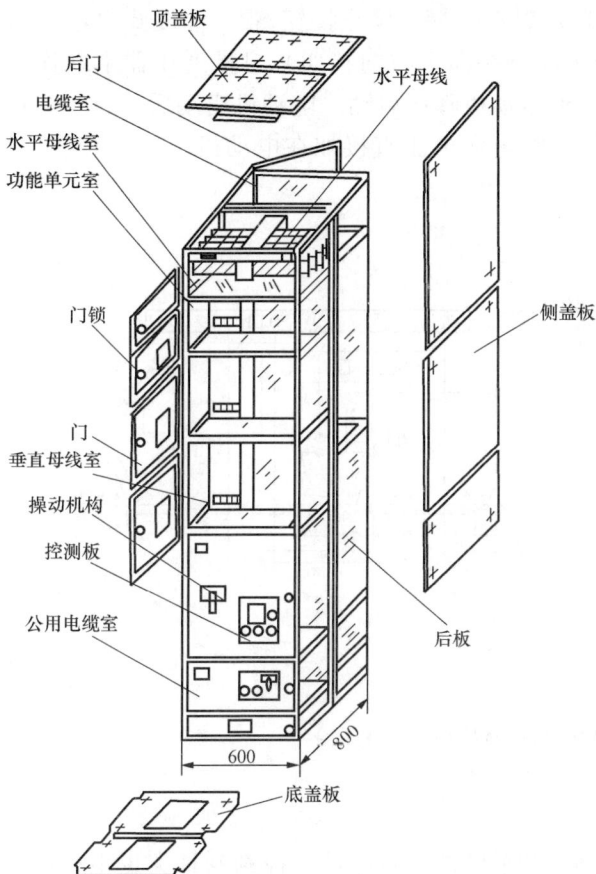

图 3-89　GCK 型抽屉式低压配电柜结构示意图

1）GCS 型低压抽出式开关柜。GCS 是国内自主研发的开关柜，很多方面都是仿制 MNS，例如水平母线不再设在柜顶上，进出线方式更加灵活，能满足与计算机接口的特殊需要等等。GCS 柜只能做单面操作柜，且 GCS 柜安装模数是 20mm，最小抽屉单元模数是 1/2（每层最多可以装 2 个抽屉），所以 GCS 最多 22 个抽屉。其型号含义为：G—交流低压开关柜；C—抽出式；S—品种特征代号。

2）MNS 型低压抽出式开关柜。MNS 是从瑞典 ABB 公司引进的，是全隔离的开关柜，防护性能好。开关柜内的每个柜体分隔为三室，即水平母线隔室、功能单元隔室及电缆室，室与室之间用整块高强度阻燃环保塑料功能板和敷铝锌板相互隔开。MNS 柜可以做双面操作柜。且 MNS 柜安装模数是 25mm，最小抽屉单元模数是 1/4（每层最多可以装 4 个抽屉），可以做 9 层×2 面，最多 72 个抽屉。型号含义：M—标准模件

（Modulares）；N—低压（Niederspannungs）；S—开关配电装置（Schaltanlagen system）。

（4）低压配电箱。低压配电箱种类繁多。按用途分，可分为动力配电箱（XL 系列）和照明配电箱（XM 系列）；按安装方式，可分为靠墙式、悬挂式和嵌入式，还可以分为户内式和户外式、开启式和密闭式。新产品有 XL21、XF-21、XLK 动力配电两用箱，BGL-1、BGM-1 高层住宅配电箱等。其中 XL-21 是目前低压配电系统广泛使用的动力控制配电设备，它是户内靠墙安装，单面前开门的配电装置。其型号含义：X—控制箱；L—动力用；21 设计序号。

二、组合电器

组合电器是将几件电器组合在一起实现某种功能而构成的电器。组合电器有高压组合电器和低压组合电器，以下分别来介绍高低压组合电器。

（一）低压组合电器

低压组合电器是将几件低压电器组装在一起而构成的组合电器，主要有启动器和控制器。

1. 启动器

启动器是启动低压电动机的组合电器，有全电压启动和减压启动两大类。每一类里又有很多种，这里只介绍一种自耦减压启动器。

自耦减压启动器由自耦变压器、手动或自动操动机构、交流接触器、保护继电器等组成，用于大中容量低压异步电动机的减压启动。QJ3 型自耦减压启动器如图 3-90 所示。其型号含义为：Q—启动器；J—减压；3—设计序号。

QJ3 系列配有失电压脱扣器、热继电器、启动手柄、停止按钮 SB、油浸式自耦减压启动器。启动时手柄打到启动位置（电路图中动触头向上方向接通）自耦变压器末端连在一起，从其抽头引出部分电压加到电动机上，使电动机降压启动。电动机启动后，将手柄打到运行位置（电路图中动触头向下方向接通），将电源电压直接加在电动机上使其全压运行。实现了降压启动后全压运行。

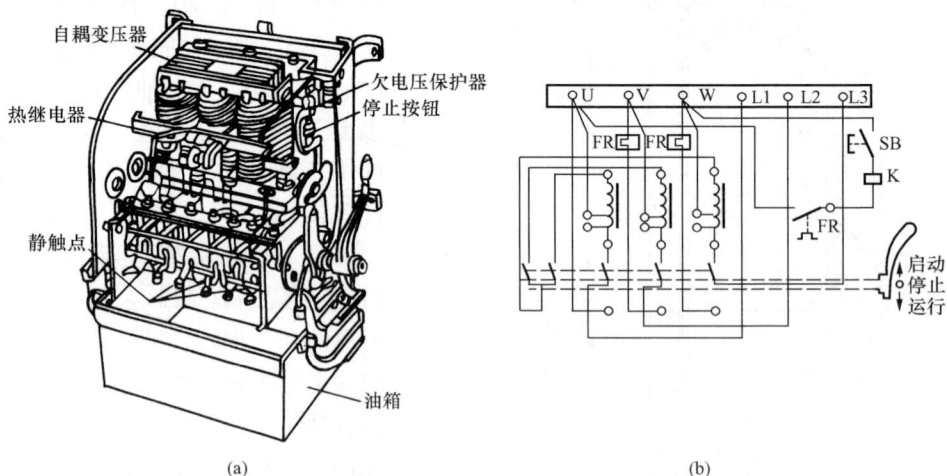

图 3-90　QJ3 自耦减压启动器
(a) 外侧；(b) 原理图

2. 控制器

控制器是对电动机进行启动、调速、制动和逆转的组合电器。控制器种类也很多，这里只介绍凸轮控制器。

凸轮控制器是为绕线式异步电动机设计的一种启动装置，产品为 KT 系列。它由静触头、动触头、灭弧罩、凸轮、转轴及手轮等组成。由于它在绝缘方轴上采用积木式结构叠装一系列不同形状的凸轮，可以使手轮转到不同位置，有不同的触点按规定的顺序接通、分断电路，控制电动机的启动、换向和调速。凸轮控制器的文字符号为 Q 或 QC，其外形结构及触点接通情况如图 3-91 所示。

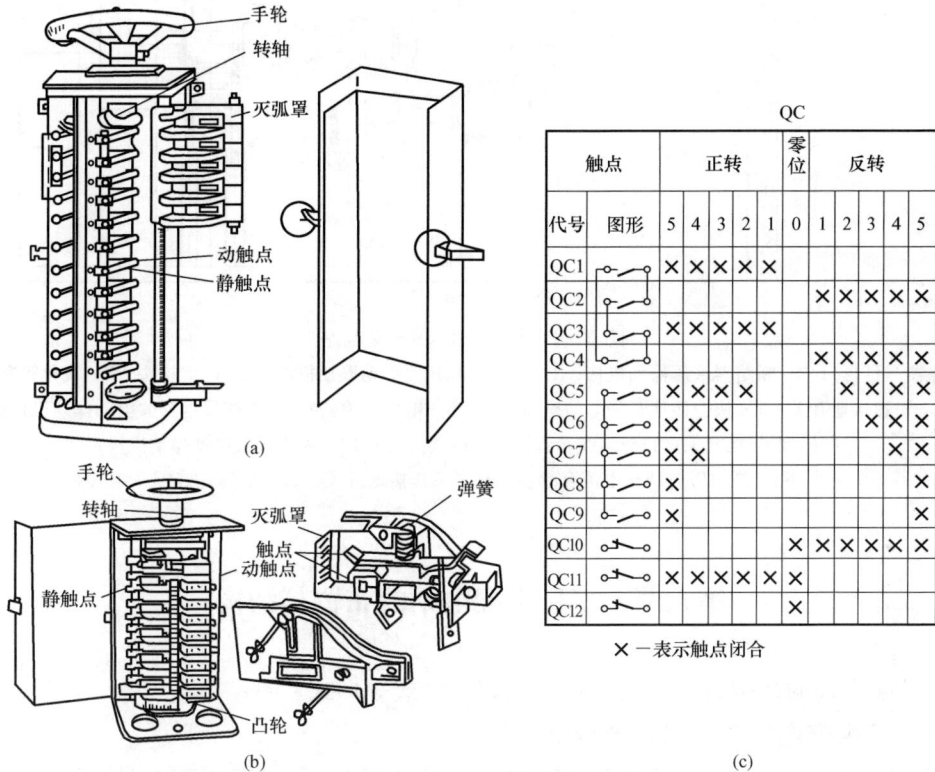

触点		正转					零位	反转				
代号	图形	5	4	3	2	1	0	1	2	3	4	5
QC1	—○ ○—	×	×	×	×	×						
QC2	—○ ○—							×	×	×	×	×
QC3	—○ ○—	×	×	×	×	×						
QC4	—○ ○—							×	×	×	×	×
QC5	—○ ○—	×	×	×	×					×	×	×
QC6	—○ ○—	×	×	×							×	×
QC7	—○ ○—	×	×									×
QC8	—○ ○—	×										×
QC9	—○ ○—	×										×
QC10	○— ○—						×	×	×	×	×	×
QC11	○— ○—	×	×	×	×	×	×					
QC12	○— ○—						×					

× —表示触点闭合

图 3-91　凸轮控制器

(a) KTJ-50/1 型；(b) KT12-25J 型；(c) 触点分合展开图

凸轮控制器主要用于起重设备中直接控制中小型绕线式异步电动机的启动、停止、调速、反转和制动，也适用于有相同要求的其他电力拖动场合。它已取代控制容量小、体积大、操作频率低、切换位置少的鼓形控制器。

（二）高压组合电器

将几件高压电器按一次接线的要求组合起来即构成高压组合电器。采用高压组合电器可以简化接线。若将高压组合电器置于手车之上，还可方便检修。

将高压电器用金属外壳密封起来并充以 SF_6，就形成高压封闭式组合电器（GIS）。将成套的高压封闭式组合电器按一定的供电方案装配起来，可构成充 SF_6 气体绝缘的变电站，简称 GIS 变电站。图 3-92 所示为 110kV 的 GIS 变电站，其中断路器、隔离开关、接地开关、母线、电流互感器、电压互感器、进出线套管、电缆头等，都是以封闭式组合电器的形式制作的。GIS 变电站结构紧凑，可靠性高，采用无人值班运行方式。

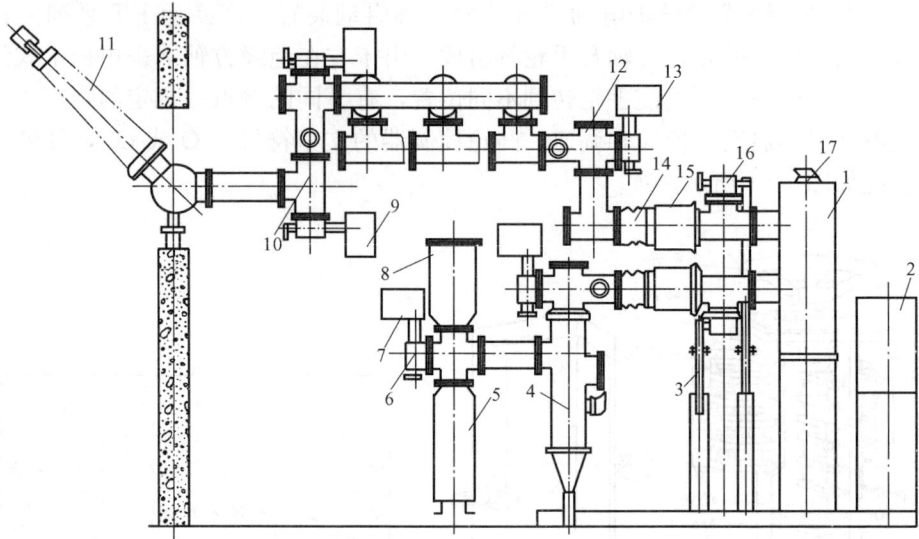

图 3-92 ZF5-110 GIS 变电站

1—断路器（U 形）；2—断路器液压操动机构；3—工作接地开关手动操动机构；4—电缆接头；5—氧化锌避雷器；
6—快速接地开关；7—快速接地开关电动操动机构；8—电压互感器；9—工作接地开关电动操动机构；
10—L 形接地开关；11—出线套管；12—隔离开关；13—隔离开关电动操动机构；
14—波纹管；15—电流互感器；16—工作接地开关；17—防爆片装配

第六节 工厂供配电站的布置与结构

工厂供配电站的结构有户内式、户外式和组合式等形式。

一、工厂供配电站总体布置要求

根据 GB 50053—2013《20kV 及以下变电所设计规范》，工厂供配电站总体布置应遵循下列原则：

（1）便于运行维护；

（2）保证运行安全；

（3）便于进出线；

（4）节约土地和建筑费用；

（5）留有发展余地。

二、供配电站中的布置与结构

1. 变压器室和室外变压器台的结构

（1）变压器室的结构。变压器室的结构形式取决于变压器的形式、容量、放置方式、主接线方案及进出线的方式和方向等很多因素，并应考虑运行维护的安全以及通风、防火等问题。另外，考虑到今后的发展，变压器室宜有更换大一级容量的可能性。

为保证变压器安全运行及防止变压器失火时故障蔓延，根据 GB 50053—2013，可燃油油浸变压器外廓与变压器室墙壁和门的最小净距见表 3-10。

表 3-10　　　　　　可燃油油浸变压器外廓与变压器室墙壁和门的最小净距　　　　单位：mm

序号	项　目	变压器容量（kV·A）	
		100～1000	1250 及以上
1	可燃油油浸变压器外廓与后壁、侧壁净距	600	800
2	可燃油油浸变压器外廓与门的净距	800	1000
3	干式变压器带有 IP2X 及以上防护等级金属外壳与后壁、侧壁净距	600	800
4	干式变压器有金属网状遮栏与后壁、侧壁净距	600	800
5	干式变压器带有 IP2X 及以上防护等级金属外壳与门净距	800	1000
6	干式变压器有金属网状遮栏与门净距	800	1000

变压器室的门要向外开。室内只设通风窗，不设采光窗。进风窗设在变压器室前门的下方，出风窗设在变压器室的上方，并应有防止雨、雪和蛇、鼠类小动物从门窗及电缆沟等进入室内的设施。通风窗的面积，根据变压器的容量、进风温度及变压器中心标高至出风窗中心标高的距离等因素确定。变压器室一般采用自然通风。夏季的排风温度不宜高于 45℃，进风和排风的温差不宜大于 15℃。通风窗应采用非燃烧材料。

变压器室的布置方式按变压器推进方式分为宽面推进式和窄面推进式两种。

变压器室的地坪按通风要求，分为地坪抬高和不抬高两种形式。变压器室的地坪抬高时，通风散热更好，但建筑费用较高。变压器容量在 630kV·A 及以下的变压器室地坪，一般不抬高。

（2）室外变压器台的结构。露天或半露天变电站的变压器四周，应设不低于 1.7m 高的固定围栏（或墙）。变压器外廓与围栏（墙）的净距不应小于 0.8m，变压器底部距地面不应小于 0.3m，相邻变压器外廓之间的净距不应小于 1.5m。

当露天或半露天变压器供给一级负荷用电时，相邻的可燃油油浸变压器的防火净距不应小于 5m。若小于 5m 时，应设置防火墙。防火墙应高出储油柜（油枕）顶部，且墙两端应大于挡油设施两侧各 0.5m。

2. 高、低压配电室的结构

高、低压配电室的结构形式，主要取决于高（低）压开关柜（屏）的形式、尺寸和数量，同时要考虑运行、维护的方便和安全，留有足够的操作维护通道，并且要兼顾今后的发展，留有适当数量的备用开关柜（屏）的位置，但占地面积不宜过大，建筑费用不宜过高。高压配电室内各种通道的最小宽度，见表 3-11。

表 3-11　　　　　　　　高压配电室内各种通道的最小宽度　　　　　　　单位：mm

开关柜布置方式	柜后维护通道	柜前操作通道	
		固定柜式	手车柜式
单列布置	800	1500	单车长度＋1200
双列面对面布置	800	2000	双车长度＋900
双列背对背布置	1000	1500	单车长度＋1200

注　1. 固定式开关柜为靠墙布置时，柜后与墙净距应大于 50mm，侧面与墙净距应大于 200mm。

2. 通道宽度在建筑物的墙面遇有柱类局部凸出时，凸出部分的通道宽度可减少 200mm。

3. 当电源从柜后进线且需在柜正背后墙上另设隔离开关及其手动操动机构时，柜后通道净距不应小于 1.5m，当开关柜侧面需设置通道时，通道宽度不应小于 800mm。

4. 对全绝缘密封式成套配电装置，可根据厂家安装使用说明书减少通道宽度。

采用电缆进出线装设 XGN 型开关柜（其柜高 3.7m）的高压配电室高度为 4.5m，如果采用架空进出线时，高压配电室高度过高，应综合考虑进线方案。如采用电缆进出线，而高压开关柜为手车式（一般高 2.2m）时，高压配电室高度可降为 3.5m。为了布线和检修的需要，高压开关柜下面设有电缆沟。

低压配电室内成列布置的配电屏，其屏前、屏后的通道最小宽度规定见表 3-12。

表 3-12　　　　　　　　　　　　成排布置的配电屏通道最小宽度　　　　　　　　　　　　单位：m

配电屏		单配布置			双排面对面布置			双排背对背布置			多排同向布置			屏侧通道
		屏前	屏后		屏前	屏后		屏前	屏后		屏间	前、后排屏距墙		
			维护	操作		维护	操作		维护	操作			前排屏前	后排屏后	
固定式	不受限制时	1.5	1.1	1.2	2.1	1	1.2	1.5	1.5	2.0	2.0	1.5	1.0	1.0
	受限制时	1.3	0.8	1.2	1.8	0.8	1.2	1.3	1.3	2.0	1.8	1.3	0.8	0.8
抽屉式	不受限制时	1.8	1.0	1.2	2.3	1.0	1.2	1.8	1.0	2.0	2.3	1.8	1.0	1.0
	受限制时	1.6	0.8	1.2	2.1	0.8	1.2	1.6	0.8	2.0	2.1	1.6	0.8	0.8

注　1. 受限制时是指受到建筑平面的限制、通道内有柱等局部突出物的限制。
　　2. 屏后操作通道是指需在屏后操作运行中的开关设备的通道。
　　3. 背靠背布置时屏前通道宽度可按本表中双排背对背布置的屏前尺寸确定。
　　4. 控制屏、控制柜、落地式动力配电箱前后的通道最小宽度可按本表确定。
　　5. 挂墙式配电箱的箱前操作通道宽度，不宜小于 1m。

低压配电室的高度，应与变压器室综合考虑，以便于变压器低压出线。当配电室与抬高地坪的变压器室相邻时，配电室高度不应小于 4m。当配电室与不抬高地坪的变压器相邻时，配电室高度不应小于 3.5m。为了布线需要，低压配电屏下面也设有电缆沟。

高压配电室的耐火等级不应低于二级，低压配电室的耐火等级不应低于三级。高压配电室宜设不能开启的自然采光窗，窗台距室外地坪不宜低于 1.8m；低压配电室可设能开启的自然采光窗。配电室临街的一面不宜开窗。高、低压配电室的门应向外开。相邻配电室之间有门时，其门应能双向开启。配电室应设置防止雨、雪的设施以及防止小动物从采光窗、通风窗、门、电缆沟等进入室内的设施。

长度大于 7m 的配电室应设两个出口，并宜设在配电室的两端。长度大于 60m 时，宜再增加一个出口。

3. 值班室的结构

值班室的结构形式要结合供配电站的总体布置和值班工作要求全盘考虑。例如，值班室要有良好的自然采光，采光窗宜朝南；值班室内除通往配电室、电容器室的门外，通往外边的门应向外开，这样才能利于运行维护。

三、组合变电站

组合变电站又称箱式变电站，它把变压器和高、低压电气设备按一定的一次接线方案组合在一起，置于一个箱体内，具有变电、电能计量、无功补偿、动力配电、照明配电等多种功能。这种组合变电站不必建造变压器室和高、低压配电室，大大减少了土建投资和现场安装工作量，简化了供配电系统，而且能深入负荷中心。由于全部电器采用无油或少油的电器，因此运行更加安全，维护工作量小，结构紧凑，同时外形可做得美观。组合变电站分户内式和户外式两大类。户内式目前主要用于高层建筑和民用建筑群的供电，户外式主要用于企业、公共建筑和住宅小区的供电。

习　题

3-1　工厂供配电站的作用是什么？有哪些类型？

3-2　变压器的工作原理是什么？变压器主要由哪几部分构成？

3-3　国产三相变压器的一、二次绕组通常采用哪几种联结方式？标准联结组别有哪几种？

3-4　高压断路器、隔离开关、负荷开关的用途有哪些？为什么它们的用途不同？

3-5　隔离开关在使用上应注意什么？

3-6　熔断器主要由哪几部分组成？工作原理是什么？

3-7　低压开关电器有哪几种？使用上有什么不同？

3-8　互感器的作用是什么？使用时应注意哪些事项？

3-9　高压电气设备一般的选择条件是什么？

3-10　工厂供配电站的电气主接线有哪几种形式？各种主接线适用的情况有什么不同？

3-11　对线路的停送电应如何操作？停送必须注意什么？

3-12　工厂供配电站的布置的原则是什么？

第四章　工厂电力线路

本章首先讲述工厂内部高、低压电力线路的接线方式，然后介绍电力线路的结构和敷设，最后重点讲述导线和电缆截面的选择计算。

第一节　工厂电力线路的接线方式

工厂供电线路是工厂供配电系统的重要组成部分，担负着输送和分配工厂电能的重要任务，必须保证工厂供电安全可靠，操作方便，运行灵活、经济，以及有利于工厂用电的发展。工厂供电线路按电压等级高低分为高压配电网（1kV 以上线路）和低压配电网（1kV 以下线路）。

一、高压配电线路的接线方式

工厂的高压配电线路的作用是工厂内部从总降压变电站或配电站以高压（如 10kV）向各车间变电站或高压用电设备配电，其常用的接线方式有放射式、树干式、环形三种。

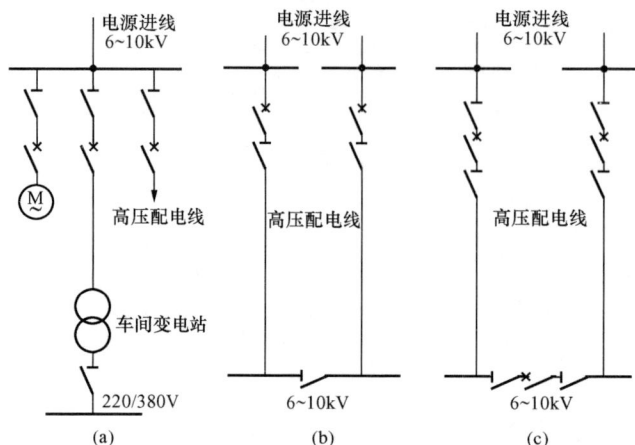

图 4-1　放射式接线

(a) 单回路放射式；(b) 双回路放射式（用隔离开关分段母线）；
(c) 双回路放射式（用断路器分段母线）

1. 放射式接线

高压放射式接线是指由工厂供配电站高压母线上引出一回线路，直接向一个车间变电站或高压配电设备供电，沿线不支接其他负荷。放射式接线如图 4-1 (a) 所示。

这种供电方式适用于各路负荷离高压配电站的位置远近适中，且负荷相互独立的情况。它的优点是供电线路独立，线路故障互不影响，保护简单，易于实现自动化，供电可靠性较高，可根据不同负荷的要求配置不同的高压开关设备；其缺点是电源出线回路较多，高压开关设备用得多，使投资增加，且当某

线路发生故障或检修时，由该线路供电的负荷都要停电。为提高供电可靠性，可根据具体情况增加备用线路，如图 4-1 (b) 所示为采用双回路放射式的接线。其优点是供电可靠性高，但设备多，投资大，适宜于负荷大或独立的重要用户。

对于容量大，且特别重要的用户，可采用母线用断路器分段的接线，如图 4-1 (c) 所示。若采用来自两个电源的两路高压进线，则可进一步提高供电的可靠性。

2. 树干式接线

高压树干接线是指由工厂供配电站高压母线上引出的每路高压配电干线上，沿线支接了

几个车间变电站或负荷点，从干线上获得电源的接线方式。无备用树干式接线如图 4-2（a）所示。

这种供电方式适用于负荷相互邻近且负荷离电源较远的情况。它的优点是一条干线到负荷中心，从而减少线路的有色金属消耗量，高压开关数量少，投资较省。缺点是供电可靠性差，因前段干线公用，增加了故障停电的可能性。通常干线上连接的变压器不得超过 5 台，总容量不应大于 3000kV·A。为提高供电可靠性，同样可采用增加备用线路的方法，如图 4-2（b）所示为采用两端电源供电的单回路树干式，也可采用双树干式。

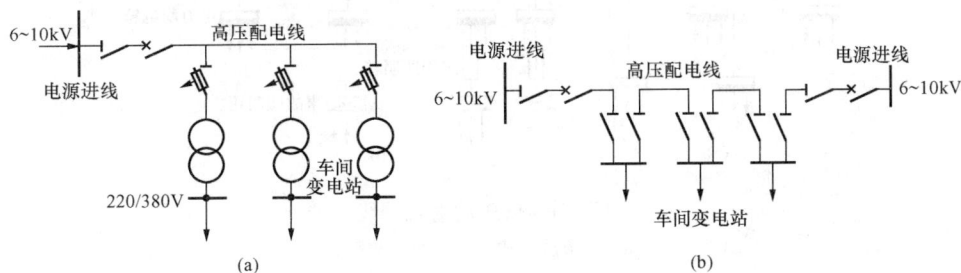

图 4-2　树干式接线

（a）无备用的单树干式；（b）两端电源的单树干式

3. 环形接线

环形接线实际上是树干式接线的改进，接线如图 4-3 所示两路树干式接线连接起来就成了环形接线。

这种接线方式运行方式灵活，供电可靠性高。由于闭环运行时继电保护整定较复杂，同时也为避免环形线路上发生故障时影响整个电网，多数环形供电方式采用"开环"运行方式，即环形线路联络开关是断开的，两条干线分开运行，当任何一段线路有故障或检修时，只需经短时间的停电切换后即可恢复供电。这种接线方式广泛应用于现代化城市配电网。

工厂配电系统的高压接线实际上通常是几种接线方式的组合，应根据具体情况，经技术比较后才

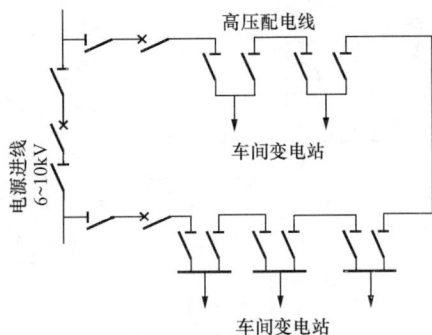

图 4-3　高压环形接线

能确定究竟采用哪种接线方式。一般高压配电系统宜优先考虑采用放射式，对供电可靠性要求不高的辅助生产区和生活区，可考虑树干式接线或环形接线。

二、低压配电线路的接线方式

工厂低压配电线路的作用是从车间变电站以低压（通常为 380/220V）向车间各用电设备或负荷点配电。其常用接线方式也有放射式、树干式和环形等几种基本接线方式。

1. 低压放射式接线

低压放射式接线如图 4-4 所示。这种接线是由供配电站低压配电屏引出若干条线，直接供电给低压用电设备或配电箱。其优点是引出线发生故障时互不影响，供电可靠性较高。缺点是采用的开关设备及配电线较多。这种接线方式多用于用电设备容量大、供电可靠性要求较高的车间，特别适用于对大型设备供电。低压放射式接线按负荷分配情况分为一级放射式

和带分区集中负荷的两级放射式接线。

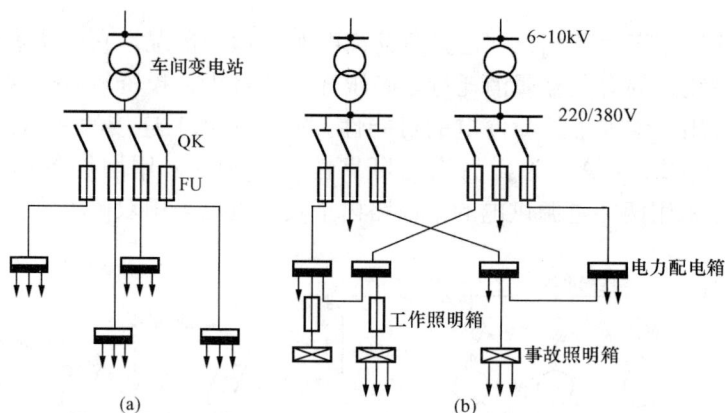

图 4-4　低压放射式接线

（a）一级放射式；（b）两级放射式

2. 低压树干式接线

低压树干式接线与放射式系统则不同，一般情况下采用开关设备较少，但干线发生故障时停电范围大，供电可靠性较低，所以分支点一般不超过 5 个。这种接线方式多用于用电容量小，且分布较均匀的用电设备，如机械加工车间、机修车间和工具车间等。

低压树干式接线系统常有低压母线配电的树干式、变压器-干线组的树干式和链式三种。

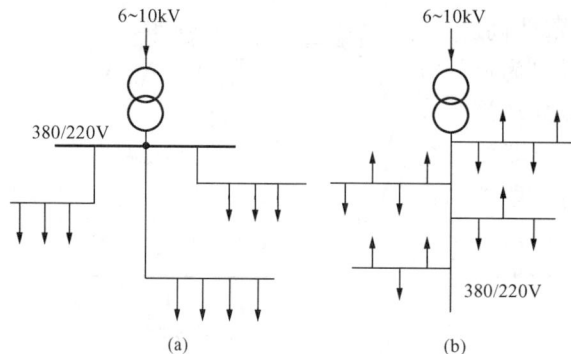

图 4-5　低压树干式接线

（a）低压母线配电的树干式；（b）变压器-干线组的树干式

（1）低压母线配电的树干式。接线如图 4-5（a）所示，这种接线由低压配电屏引出若干条线经低压断路器与车间母线连接，再由车间母线上引出分支线给车间的用电设备供电。

（2）变压器-干线组的树干式接线。如图 4-5（b）所示，这种接线由低压配电屏引出若干条线经低压断路器与车间内的干线上，再由干线上引出分支配电线。这种接线因省去整套低压配电装置，使变电站的结构大为简化，可节省投资。

（3）链式。如图 4-6 所示，是一种变形的树干式接线。这种接线适用于用电设备距供电点较远而彼此相距很近、容量很小的次要用电设备。由于其可靠性差，链式接线相连的设备一般不宜超过 5 台，相连的配电箱不宜超过 3 台，且所链设备总容量不宜超过 10kW。

3. 低压环形接线

低压环形接线如图 4-7 所示。一个工厂内的相关车间变电站低压联络线相互连接成环形。

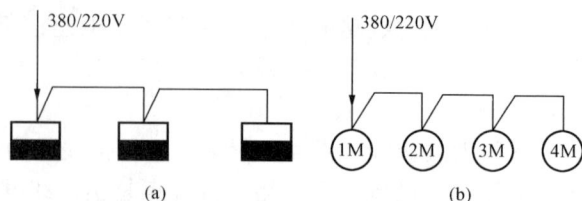

图 4-6　低压链式接线

（a）配电箱链式接线；（b）用电设备链式接线

　　低压环形接线的特点与高压环形相似，供电可靠性高，电能损耗和电压损失较少。但短路电流大，它的保护装置及其整体配合相当复杂，若配合不当，容易发生误动作，反而扩大故障停电范围。因此多采用"开环"运行方式。

　　在工厂的低压配电系统中，根据具体情况往往也是上述几种接线方式的有机结合，通常采用放射式和树干式相组合的混合式接线，如图4-8所示。车间内的动力和照明线路应分开，以免相互影响。

　　运行经验证明，供配电系统的接线力求简单，层次不宜过多，同一电压供电系统的变配电级数不宜多于两级，否则会增大故障率和造成浪费。

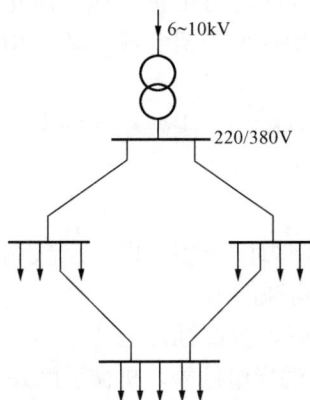

图 4-7　低压环形接线　　　　　　　图 4-8　低压混合式接线

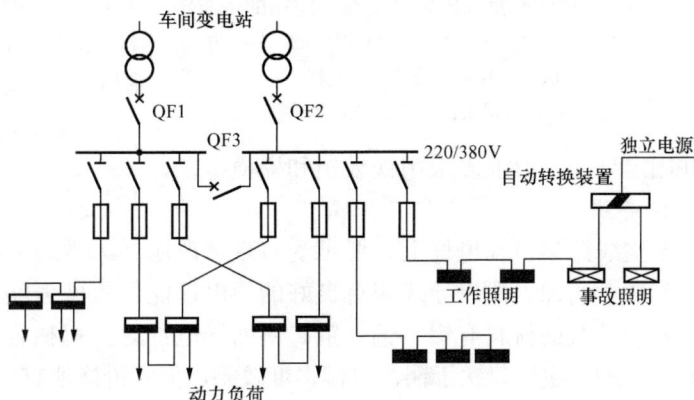

第二节　工厂电力线路的结构及敷设

　　工厂电力线路常用的有架空线路、电缆线路和车间内配电线路。架空线路造价较低，架设施工容易、巡视检修方便，且易于发现和排除故障，因此被广泛采用。电缆则可避免雷电危害和机械损伤，整齐美观，不影响厂区地面设施，但造价高、维护检修不便，通常在不适于在架空线时采用。

一、架空线路的结构及敷设

（一）架空线路的结构

　　工厂架空线路主要由电杆、导线、绝缘子、金具等组成，其结构如图4-9所示。

1. 电杆

　　电杆是架空线路的重要组成部分，其作用是架设导线。电杆应有足够的机械强度，并能保证导线对导线及导线对地有足够的绝缘距离。

　　电杆按其所用材料的不同可分为木杆、

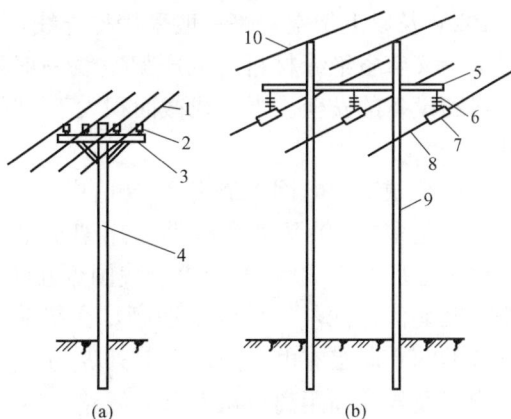

图 4-9　架空线路的结构示意图

(a) 低压架空线路；(b) 高压架空线路

1—低压导线；2—针式绝缘子；3—横担；4—低压电杆；
5—横担；6—绝缘子串；7—线夹；
8—高压导线；9—高压电杆；10—避雷线

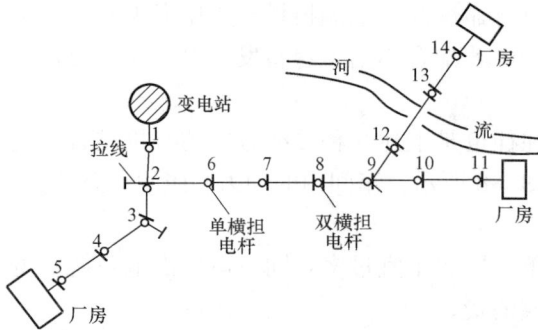

图 4-10　各种杆型在低压架空线路上应用的示意图

1、5、11、14—终端杆；2、9—分支杆；3—转角杆；
4、6、7、10—直线杆（中间杆）；
8—分段杆（耐张杆）；12、13—跨越杆

混凝土杆和金属杆三种。木杆现已不用，在工厂 35kV 及以下的供配电线路中多采用混凝土杆，其经济耐用、维护简单、可节约大量木材和钢材。

电杆按其在线路上使用目的和受力情况的不同分为直线杆、耐张杆、转角杆、终端杆、跨越杆和分支杆等类型。耐张杆、转角杆、终端杆都装有拉线，是为了平衡电杆各方面的作用力，同时还可抵抗风压，防止电杆倾倒。各种杆型在低压架空线上的应用如图 4-10 所示。

电杆上部装有横担，主要用来安装绝缘子并固定导线，目前多采用铁横担和瓷横担。

2. 导线

架空线路架设在电杆上，要承受自重、风压、冰雪载荷等机械力的作用，以及空气温度变化和化学腐蚀，所以导线应有良好的导电性能、机械强度和耐腐蚀能力。

常用导线的材料有铝、铜、钢。铜的导电性好，机械强度较好，抗腐蚀能力强，但其造价高。铝的导电性仅次于铜，机械强度较差，但其价格便宜。而钢的导电性差，机械强度好。

导线按结构分为裸导线和绝缘线两大类。裸导线按其结构分有单股线和多股绞线。绞线又有钢绞线、铝绞线和钢芯铝绞线。钢绞线通常只适宜做避雷线。工厂内架空线路多采用 LJ 型铝绞线。在负荷较大、机械强度要求较高的架空线路多采用 LGJ 型钢芯铝绞线。钢芯铝绞线的截面示意如图 4-11 所示，钢芯铝绞线的线芯是钢线，用以增强导线的抗拉强度，弥补铝线机械强度较差的缺点，而线芯外部是将铝制成多股绞线，由于交流电流在导线中的集肤效应，交流电流实际只从铝线通过。

10kV 及以上架空线路一般采用裸导线，它的散热性能好，载流量大，又节省绝缘材料。低压架空线一般采用绝缘导线，以利于人身和设备的安全。当导线截面积大于 16mm² 时，均采用多股胶线。

目前在城市配电网的新建和改造中，为降低故障的发生率，已有越来越多的 10kV 架空线路采用架空绝缘导线。架空绝缘线路在国际上已有近 30 年的历史，我国近几年来才有所发展。它比架空有明显优越性，如耐压水平高，在线路发生断线故障时，仅

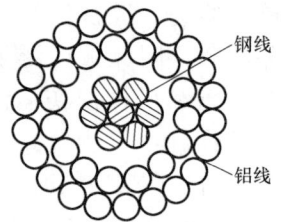

图 4-11　钢芯铝绞线的截面示意图

在断线的两个断头有电，减轻了对外界的危及程度。采用绝缘线可缩小导线与周围物体之间的距离以及导线间距离，从而降低线路电感及线路的电压降。绝缘线受环境影响小、使用寿命长，载流量略大于同截面的裸导线。

我国已自己生产 10kV 架空绝缘线，并在供电部门广泛使用，效果良好。10kV 架空绝缘线主要采用交联聚乙烯绝缘，其主要有两种型号：一种是铜芯交联聚乙烯绝缘线；一种是铝芯交联聚乙烯绝缘线（绝缘线可以吊在钢索上成束架设，也可以采用和普通裸导线一样的分相架设，甚至可以将绝缘线紧密接触平行架设）。

3. 绝缘子

线路绝缘子（又称瓷瓶）是用来固定导线的，并使导线与横担、电杆，以及与导线间保持绝缘，因此绝缘子必须有良好的绝缘性能和机械强度。

线路绝缘子按电压高低可分为高压绝缘子和低压绝缘子。按结构型式可分为针式、悬式、蝶式、瓷横担和拉线绝缘子等几种，工厂常用高压线路的绝缘子形状如图 4-12 所示。

4. 金具

线路金具是用来支撑、紧固、保护和连接导线和电气设备接线的金属构件的总称。

常见的线路金具如图 4-13 所示，有安装针式绝缘子的直、弯脚，安装蝶式绝缘子的穿心螺丝，固定横担的 U 形抱箍，调节拉线松紧的花篮螺丝等。

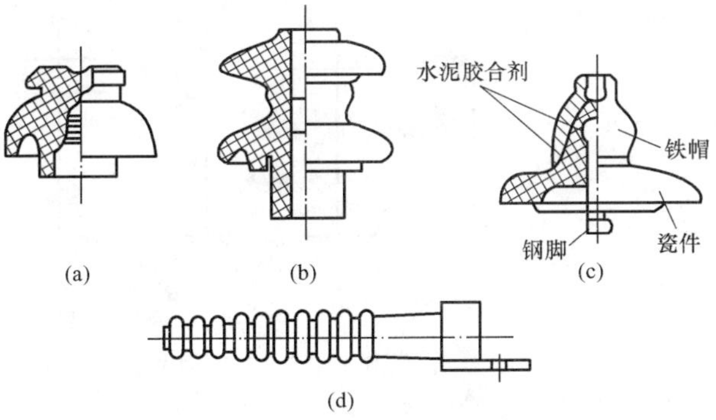

图 4-12　高压线路的绝缘子

（a）针式；（b）蝴蝶式；（c）悬式；（d）瓷横担

（二）架空线路的敷设

1. 敷设路径的选择

敷设架空线路，要严格遵守有关技术规程的规定。在选择敷设路径时要满足下列要求：路径要短，转角要少，交通运输方便，便于施工架设和维护，尽量避开江河、道路及建筑物，运行可靠，地质条件好，还需要考虑今后的发展。

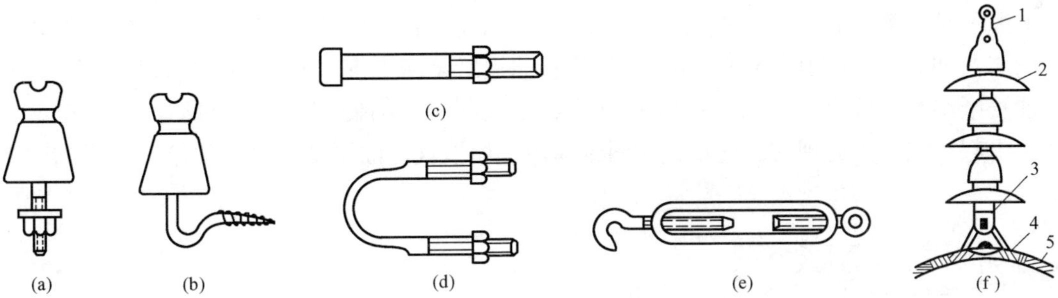

图 4-13　常用的线路金具

（a）直脚及绝缘子；（b）弯脚及绝缘子；（c）穿心螺钉；（d）U 形抱箍；（e）花篮螺丝；（f）悬式绝缘子串及金具

1—球头挂环；2—绝缘子；3—碗头挂板；4—悬垂线夹；5—导线

2. 确定档距、弧垂和杆高

档距是同一线路上两相邻电杆之间的水平距离。导线弧垂是架空线路一个档距内导线最低点与两端电杆上的导线悬挂点间的垂直距离。导线的弧垂是由于导线自重形成的。弧垂不宜过大，也不宜过小，过大则在导线摆动时容易造成相间短路，若过小，则导线的拉力过大，可能会出现断线或倒杆等现象。所以要通过计算来确定一个合理的弧垂。在敷设架空线路时导线的档距、弧垂和杆高均应参照有关规程。

3. 导线在杆上的布置方式

三相四线制的低压线路一般都采用水平排列。三相三线制线路既可采用三角形排列，也可采用水平排列。多回线路同杆架设时（一般不超过两回），可三角形、水平混合排列或垂直排列，如图 4-14 所示。

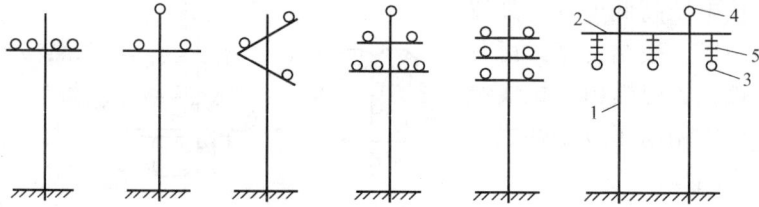

图 4-14　导线在电杆上的排列方式
1—杆塔；2—横担；3—导线；4—避雷线；5—绝缘子

二、电缆线路结构与敷设

1. 电缆的结构

电缆是一种特殊的导线，由线芯、绝缘层、铅包（或铝包）和保护层几个部分组成。

线芯导体要有很好的导电性，绝缘层要能将线芯导体间及保护层相隔离。保护层又分为内护层和外护层，内护层用来直接保护绝缘层，而外护层用来防止内护层遭受机械损伤和腐蚀，外护层通常为钢丝或钢带构成的钢缆，外覆沥青、麻被或塑料护套。电缆的剖面如图 4-15 所示。

2. 电缆的型号

电缆的型号对应电缆的结构，同时也表示这种电缆的使用场合、绝缘种类和某些特征。通常电缆型号中的字母排列按下列顺序：绝缘种类—线芯材料—内护层—其他结构特点—外护层。

电缆的结构型号很多。从线芯来看，有铜芯电缆和铝芯电缆；按芯数又可分为单芯、双芯、三芯及四芯等；按其采用的绝缘介质分有油浸纸绝缘电缆和塑料绝缘电缆两大类。

油浸纸绝缘电缆在工作过程中，有可能会出现油压过高使端头胀裂漏油，而使得绝缘降低甚至引起火灾，因此现在已逐步被塑料绝缘电缆所取代。油浸纸绝缘电缆结构示意如图 4-16 所示。

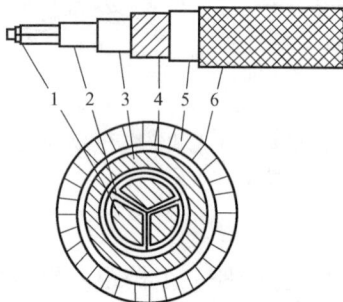

图 4-15　扇形三芯电缆的剖面
1—导体；2—绝缘层；3—铅包皮；
4—黄麻层；5—钢带装甲；
6—黄麻保护层

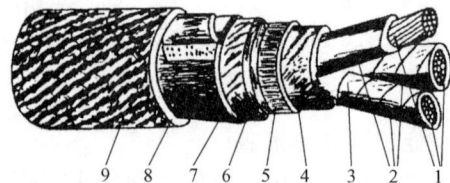

图 4-16　油浸纸绝缘电力电缆结构示意图
1—电缆芯线，铝芯或铜芯；2—芯线油浸纸绝缘层；3—黄麻填料；
4—油浸纸统包绝缘；5—铅包或铝包；6—纸带内护层；
7—黄麻内护层；8—钢铠外护层；9—黄麻外护层

常见的塑料绝缘电缆有聚氯乙烯绝缘护套电缆和交联聚乙烯绝缘护套电缆两种。

3. 电缆头

电缆头包括电缆中间接头和电缆终端头。

电缆终端头分户外型和户内型两种。户内型电缆终端头型式较多，常用的是铁皮漏斗型、塑料干封型和环氧树脂终端头。其中环氧树脂终端头具有工艺简单、绝缘和密封性能好、体积不大、重量轻、成本低等优点，因而被广泛使用。

运行经验表明，电缆头是电缆线路中的薄弱环节，线路中的很大部分故障都是发生在接头处，因此对电缆头的制作要求严格，必须保证电缆密封完好，具有良好的电气性能、较高的绝缘强度和机械强度。

4. 电缆的敷设

敷设电缆一定要严格按有关规程和设计要求进行。电缆敷设的路径要最短，尽量减少弯曲，力求减少机械、化学或地中电流等外界因素对电缆的损坏，此外散热要好，避免与其他管道交叉，且应避开规划中将要挖土的地方。常用的电缆敷设方式有以下几种：

（1）直接埋地敷设。如图 4-17 所示。通常是沿敷设路径挖一壕沟，在沟底铺以软土或沙层，再敷设电缆，然后在其上再铺软土或沙层，盖上混凝土保护板。这种方式散热好、投资省、施工进度快，但查找故障和检修不便。为防止某一段受机械损伤或土壤中酸性物质的腐蚀，常在电缆外套一根镀锌钢管或塑料管。直接埋地敷设适用于电缆数量少，敷设途径较长的场合。

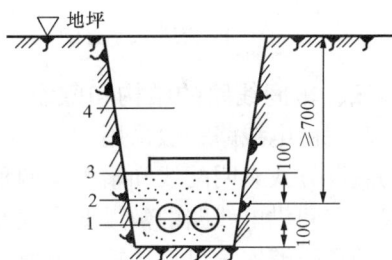

图 4-17 电缆直接埋地敷设
1—电力电缆；2—砂；3—保护盖板；4—填土

（2）电缆沟敷设。如图 4-18 所示，通常是将电缆敷设在电缆沟的电缆支架上。电缆沟由砖砌成或混凝土浇筑而成，其上加盖板，内侧有电缆架。这种敷设方式投资较高，沟内容易积水，但维护检修方便，占地面积小，因而在工厂供配电系统中得到广泛应用。

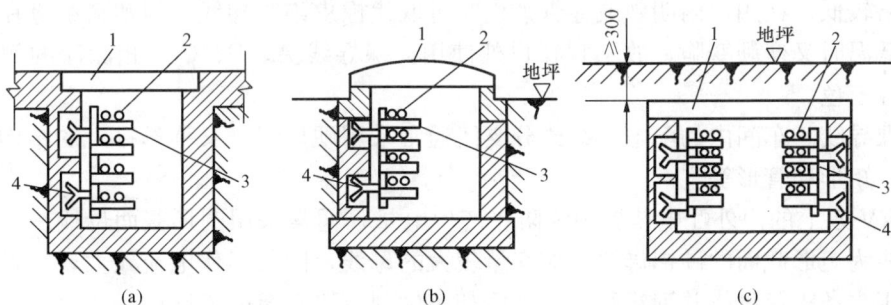

(a)　　　　　　(b)　　　　　　(c)

图 4-18 电缆在电缆沟内敷设
(a) 户内电缆沟；(b) 户外电缆沟；(c) 厂区电缆沟
1—盖板；2—电缆；3—电缆支架；4—预埋铁牛

（3）电缆桥架敷设。电缆敷设在电缆桥架内，电缆桥架装置是由支架、盖板、支臂和线槽等组成，电缆桥架敷设如图 4-19 所示。

这种方式敷设电缆，克服了电缆沟敷设电缆时存在的可能积水、积灰、易损坏电缆等不足，具有结构简单、安装灵活、可任意走向的优点，且有绝缘和防腐功能，适用于各种类型的工作环境，使电线、电缆的敷设更标准、通用，使工厂配电线路的建造成本大大降低。

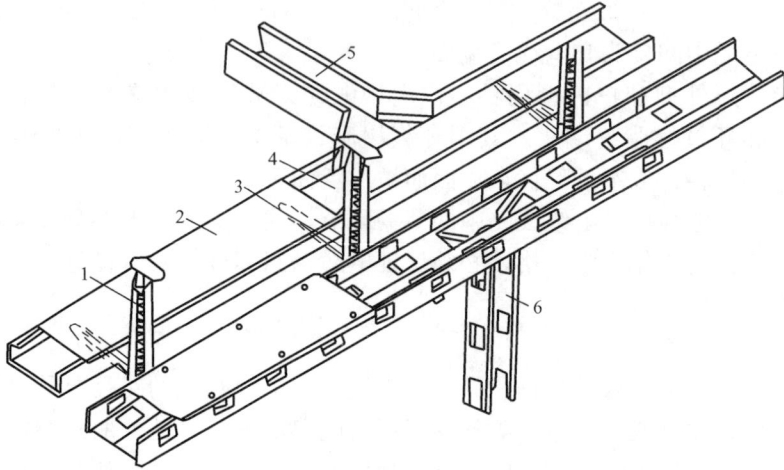

图 4-19　电缆桥架敷设

1—支架；2—盖板；3—支臂；4—线槽；5—水平分支线槽；6—垂直分支线槽

三、车间线路的结构和敷设

车间供电线路一般采用 220/380V 中性点直接接地的三相四线制供电系统。车间配电线路的敷设方式有明配线和暗配线两种，所使用的导线多为绝缘线和电缆，也可用母线排或裸导线。车间供电线路的敷设要求线路布局合理，整齐美观，安装牢固，操作、维修方便，最重要的是能够安全可靠地输送电能。

1. 常用导线类型

（1）绝缘导线。按线芯材料分为铜芯和铝芯两种。在易燃、易爆或对铝有严重腐蚀的场所应采用铜芯导线，其他场所一般应优先采用铝芯导线。

绝缘导线按其外皮的绝缘材料分橡皮绝缘和塑料绝缘两种。塑料绝缘导线绝缘性能良好，且价格较低，在用户内明敷或穿管敷设时可取代橡皮绝缘导线。但塑料绝缘在高温时易软化，在低温时又变硬变脆，故不宜在户外使用。裸导线 A、B、C 三相涂漆的颜色分别为黄、绿、红三色。

（2）裸导线。车间内的配电干线或分支线通常采用硬母线（又称母排）的结构，截面形状有圆形、矩形和管形等。

在 35kV 以上的户外配电装置中为防止产生电晕，通常采用圆形截面母线。工厂内最常用的裸导线为矩形截面的硬铝母线。对容量较大的母线，因其工作电流较大，每相单条矩形母线可改用多条矩形母线并列运行（考虑冷却条件则一般不超过 2 条）。

采用裸导线的原因是安装简单，投资少，允许电流大，并可以节省绝缘材料。

（3）低压电缆。在一些不适宜使用绝缘导线的车间可考虑使用电缆，车间内临时拉接电源以及机器上的电源线也采用电缆。

2. 车间线路的敷设方式及要求

（1）常用的敷设方式。绝缘导线的敷设方式有明敷设和暗敷设两种。明敷是指导线直接穿在管子、线槽等保护体内，敷设于墙壁、顶棚的表面以及桁架、支架等处。暗敷是指在建筑物内预埋穿线管，再在管内穿线。但穿管的绝缘导线在管内不允许有接头，接头必须设在专门的接线盒内。根据建设部标准，穿管暗敷设的导线必须是铜芯线。

（2）安全要求。车间电力线路敷设应满足下列安全要求：

1）离地面 3.5m 及以下的电力线路应采用绝缘导线，离地面 3.5m 以上的允许采用裸导线。

2）离地面 2m 及以下的导线必须加机械保护，如穿钢管或穿硬塑料管保护。钢管的机械性能高，散热好，可当保护线用，应用广泛。穿钢管的交流回路应将同一回路的三相导线或单相的 2 根导线穿于同一钢管内，否则导线的合成磁场不为零，管壁上存在交变磁场，从而产生铁损耗，使钢管发热。硬塑料管耐腐蚀，但机械性能低，散热差，一般用于有腐蚀性物质的场所。

3）要有足够的机械性能。

4）树干式干线必须明敷，以便于分支。工作电流在 300A 以上的干线，在干燥、无腐蚀性气体的厂房内可采用硬裸导线。

第三节　供电线路导线和电缆截面的选择

导线、电缆截面选择既要保证工厂供配电系统的安全可靠，又要充分利用导线和电缆的负载能力，节约有色金属的消耗量，降低投资。为此导线、电缆截面选择应满足正常发热条件，机械性能要求，保证所供系统电压质量，以及满足经济要求等。以下介绍选择导线、电缆截面的各种方法。

一、按发热条件选择导线、电缆截面

1. 相线截面的选择

导线在通过电流时将会发热，导致温度升高。裸导线温度过高，接头处氧化加剧，接触电阻增大，使接头处温度进一步升高，氧化加剧，甚至会发展到烧断。绝缘导线和电缆的温度过高时，可使绝缘损坏，或引起火灾。为保证安全可靠，导线和电缆的正常发热温度不能超过其允许值，或者说通过导线的计算电流或正常运行方式下的最大负荷电流 I_{max} 应当小于它的允许载流量 I_{al}，即

$$I_{al} \geqslant I_{max} \tag{4-1}$$

表 4-1 列出了常用 LJ 型铝绞线的电阻、电抗和允许载流量。表 4-3 列出了部分 BLX 型和 BLV 型铝芯绝缘导线在不同环境温度下明敷时的允许载流量。

表 4-1　　　　　　　　　　　LJ 型铝绞线的电阻、电抗和允许载流量

额定截面（mm²）	16	25	35	50	70	95	120	150	185	240
电阻 R_0（Ω/km）	2.07	1.33	0.96	0.66	0.48	0.36	0.28	0.23	0.18	0.14
线间几何均距（mm）	线路电抗 X_0（Ω/km）									
600	0.36	0.35	0.34	0.33	0.32	0.31	0.30	0.29	0.28	0.28
800	0.38	0.37	0.36	0.35	0.34	0.33	0.32	0.31	0.30	0.30
1000	0.40	0.38	0.37	0.36	0.35	0.34	0.33	0.32	0.31	0.31
1250	0.41	0.40	0.39	0.37	0.36	0.35	0.34	0.34	0.33	0.33
1500	0.42	0.41	0.40	0.38	0.37	0.36	0.35	0.34	0.34	0.33
2000	0.44	0.43	0.41	0.40	0.40	0.39	0.37	0.37	0.36	0.35
室外气温 25℃、导线最高温度 70℃时的允许载流量（A）	105	135	170	215	265	325	375	440	500	610

注　1. TJ 型铜绞线的允许载流量是同截面的 LJ 型铝绞线允许载流量的 1.3 倍。
　　2. 表中允许载流量所对应的环境温度为 25℃。如环境温度不是 25℃，则允许载流量应乘以表 4-2 中的修正系数。

表 4-2　　　　　　　　　　　　　不同温度下的允许载流量修正系数

实际环境温度（℃）	5	10	15	20	25	30	35	40	45
允许载流量修正系数	1.20	1.15	1.11	1.06	1.00	0.94	0.89	0.82	0.75

表 4-3　　　　　　　　　　BLX 型和 BLV 型铝芯绝缘导线明敷时的允许载流量

线芯截面（mm²）	BLX 型铝芯橡皮线				BLV 型铝芯塑料线			
	环境温度				环境温度			
	25℃	30℃	35℃	40℃	25℃	30℃	35℃	40℃
	允许载流量（A）				允许载流量（A）			
2.5	27	25	23	21	25	23	21	19
4	35	32	30	27	32	29	27	25
6	45	42	38	35	42	39	36	33
10	65	60	56	51	59	55	51	46
16	85	79	63	67	80	74	69	63
25	110	102	95	87	105	98	90	83
35	138	129	119	109	130	121	112	102
50	175	163	151	138	165	154	142	130
70	220	206	190	174	205	191	177	162
95	265	247	229	209	250	233	216	197
120	310	280	268	245	283	266	246	225
150	360	336	311	284	325	303	281	257
185	420	392	363	332	380	355	328	300
240	510	476	441	403	—	—	—	—

　　若导线敷设地点的环境温度与导线允许载流量所对应的环境温度（通常取标准环境温度为 25℃）不同时，则导线的实际载流量可用允许载流量乘以环境温度修正系数 K_θ。环境温度修正系数为

$$K_\theta = \sqrt{\frac{\theta_{al} - \theta'_0}{\theta_{al} - \theta_0}} \tag{4-2}$$

式中　θ_{al}——导线正常工作时的最高允许温度；

　　　θ_0——导线允许载流量所采用的环境温度，通常为 25℃；

　　　θ'_0——导线敷设地点实际的环境温度。

　　按规定，选择导线时所用的环境温度为：室外取当地最热月平均最高气温；室内取当地最热月平均最高气温加 5℃。

　　各种导线的允许载流量可查阅有关设计手册。此外因为相同截面下，铜的载流能力是铝的 1.3 倍，铜芯绝缘线允许载流量是相同截面和相同类型铝芯绝缘线的 1.3 倍。

　　2. 低压线路中性线、保护线、保护中性线截面的选择

　　（1）中性线截面的选择。三相四线制系统中的中性线，要考虑不平衡电流、零序电流和谐波电流的影响。

　　1）一般三相负荷基本平衡的三相四线制低压线路的中性线截面 A_N，不宜小于相线截面 A_{ph} 的 50%，即

$$A_N \geqslant 0.5A_{ph} \tag{4-3}$$

2）由三相四线制线路分出的两相三线线路和单相双线线路中的中性线，由于其中性线的电流与相线电流完全相等，故其中性线截面 A_N 应与相线截面 A_{ph} 相等，即

$$A_N = A_{ph} \tag{4-4}$$

3）对于三次谐波电流相当突出的三相四线制线路，由于各相的三次谐波电流都要通过中性线，使得中性线电流可能接近于相电流，此时宜选中性线截面 A_N 不小于相线截面 A_{ph} 相同，即

$$A_N \geqslant A_{ph} \tag{4-5}$$

（2）保护线（PE 线）截面的选择。保护线截面 A_{PE} 应满足短路热稳定的要求，符合有关低压配电设计规范。

1）当 $A_{ph} \leqslant 16mm^2$ 时

$$A_{PE} \geqslant A_{ph} \tag{4-6}$$

2）当 $16mm^2 < A_{ph} \leqslant 35mm^2$ 时

$$A_{PE} = 16mm^2 \tag{4-7}$$

3）当 $A_{ph} > 35mm^2$ 时

$$A_{PE} \geqslant 0.5A_{ph} \tag{4-8}$$

（3）保护中性线（PEN 线）截面的选择。保护中性线具有中性线和保护线双重功能，所以保护中性线的截面选择应同时满足中性线和保护线选择的要求，取其中最大值。

二、按经济电流密度选择导线、电缆截面

经济电流密度是指使线路年运行费用（含线路的年折旧费、维修管理费和电能损耗费）接近于最小而又符合节约有色金属条件的，用来选择导线截面的一种电流密度值，用 J_{ec} 表示。截面选得越大，电能损耗就越小，但线路投资及维修管理费用就越高；反之截面选得越小，线路投资及维修管理费用虽然低，但电能损耗则增加，所以要综合考虑这两方面的因素。按经济电流密度所选择的截面称为经济截面。我国现行的经济电流密度见表 4-4。

表 4-4　　　　　　　我国规定的导线和电缆经济电流密度 J_{ec}　　　　　　　单位：A/mm²

线路类别	导线材料	年最大负荷利用小时数		
		<3000h	3000~5000h	>5000h
架空线路	铜	3.00	2.25	1.75
	铝	1.65	1.15	0.90
电缆线路	铜	2.50	2.25	2.00
	铝	1.92	1.73	1.54

根据负荷计算求出供电线路的计算电流或供电线路在正常运行方式下的最大负荷电流 I_{max}（A）和年最大负荷利用小时数及所选导线材料，就可按经济电流密度 J_{ec} 计算出导线的经济截面 A_{ec}（mm²）。其关系式如下

$$A_{ec} = I_{max}/J_{ec} \tag{4-9}$$

从手册中选取一种与 A_{ec} 最接近的标准截面导线即可（通常取稍小的标准截面）。

三、按电压损耗选择导线和电缆截面

电流通过导线时，除产生电能损耗外，由于电路上有电阻和电抗，还会产生电压损耗。

当电压损耗超过一定范围后，用电设备端子上所获得的电压不足，将严重影响用电设备的正常运行。为了保证用电设备端子处电压偏移不超过其允许值，设计线路时，高压供配电线路的电压损耗一般不超过线路额定电压的 5%。如果线路电压损耗超过了允许值，应适当加大导线截面，使之小于允许电压损耗。

对于输电距离较长或负荷电流较大的线路，必须按允许电压损耗来选择或校验导线的截面。设线路允许电压损耗为 $\Delta U_{\mathrm{al}}\%$，代入则有

$$\Delta U\% = \frac{P(R_0 l) + Q(X_0 l)}{10 U_{\mathrm{N}}^2} \leqslant \Delta U_{\mathrm{al}}\% \tag{4-10}$$

式中　$\Delta U\%$——线路实际的电压损耗；

　　　P、Q——干线上总的有功负荷和无功负荷，kW、kvar；

　　　　l——线路的长度，km；

　　　R_0、X_0——线路单位长度的电阻和电抗，Ω；

　　　　U_{N}——线路的额定电压，kV。

对于架空线路可先取 $X_0 = 0.4\Omega/\mathrm{km}$，对于电缆线路可先取 $X_0 = 0.8\Omega/\mathrm{km}$，因此可由式（4-10）求出 R_0

$$R_0 \leqslant \frac{1}{Pl}(10 U_{\mathrm{N}}^2 \Delta U_{\mathrm{al}}\% - Q X_0 l) \tag{4-11}$$

则满足电压损耗要求的导线截面 A 为

$$A \geqslant \frac{\rho}{R_0} \tag{4-12}$$

式中　ρ——导线材料的电阻率，$(\Omega \cdot \mathrm{mm}^2)/\mathrm{km}$。

根据式（4-12）所得 A 值选出导线标称截面后，再根据线路布置情况得出实际的 R_0 和 X_0 代入线路允许电压损耗 $\Delta U\%$ 的计算公式进行校验。

四、按机械强度校验导线截面

架空线路在运行中除了受自身重量的荷载外，还受冰、风等外荷载，这些荷载可能会使导线承受的拉力大大增加，甚至发生断线事故。为保证架空线路的正常运行，必须满足一定的机械性能，因而有关规程规定了各种情况下架空裸导线的最小允许截面，见表 4-5。

表 4-5　　　　　　　　　　　　　架空裸导线的最小允许截面

导线种类	最小允许截面（mm²）			备注
	35kV	3~10kV	低压	
铝及铝合金线	35	35	16*	与铁路交叉跨越时应为 35mm²
钢芯铝绞线	35	25	16	

电缆不必校验机械性能，但必须校验短路热稳定度，看其在短路电流作用下是否会烧毁，由于架空线路很少因短路电流的作用而引起损坏，一般不校验热稳定度。

从理论上分析，选择导线截面时上述四个条件均应满足，并取其中最大的截面作为应选取的截面。但在实际的工程设计中，对于 35kV 及 110kV 高压供电线路，其截面主要按照经济电流密度来选择，但应按发热条件、允许电压损耗、机械性能来校验；对于工厂内较短的高压线路，可不进行电压损耗的校验。6~10kV 及以下的高压配电线路和车间内低压动力线路一般按照按发热条件来选择截面，再按允许电压损耗、机械性能来校验；对于低压照明线

路一般按照电压损耗来选择截面，再按发热条件、机械性能来校验等。

此外，绝缘导线和电缆额定电压还不得小于工作电压。

【例 4-1】　从某变电站架设一条 10kV 的架空线路，向两个负荷点 A、B 供电，线路长度和负荷情况如图 4-20 所示。已知导线采用 LJ 型铝绞线，10kV 主干线截面相等，线间距为 1m，空气中最高温度为 38℃，允许电压损耗为 5%。试选择导线截面。

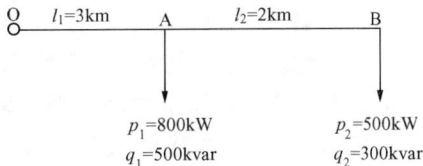

图 4-20　例 4-1 图

解：（1）按允许电压损耗选择导线截面。

对 10kV 架空线路可先取 $X_0 = 0.4\Omega/\text{km}$

对线路 OA 段（l_1 段）功率为 $P_1 = p_1 + p_2$，$Q_1 = q_1 + q_2$；对线路 AB 段（l_2 段）功率为 $P_2 = p_2$，$Q_2 = q_2$。

OA 段电压损耗为 $\Delta U_{OB}\% = \Delta U_{OA}\% + \Delta U_{AB}\%$

$$\Delta U_{OB}\% = \frac{[R_0 l_1 (p_1 + p_2) + X_0 l_1 (q_1 + q_2)] + (R_0 l_2 p_2 + X_0 l_2 q_2)}{10 U_N^2}$$

$$= \frac{R_0 [3 \times (800 + 500) + 2 \times 500] + 0.4 \times [3 \times (500 + 300) + 2 \times 300]}{10 U_N^2} \leqslant 5$$

带入数据得

$$R_0 \leqslant 0.78\Omega/\text{km}$$

$$A \geqslant \frac{\rho}{R_0} = \frac{31.7}{0.78} = 40.6 (\text{mm}^2)$$

选取 LJ-50 铝绞线，查表 4-5 可得：$R_0 = 0.64\Omega/\text{km}$，$X_0 = 0.355\Omega/\text{km}$，将参数代入式（4-11）可得

$$\Delta U_{OB}\% = 4.201 \leqslant 5$$

可见 LJ-50 型导线满足电压损耗要求。

（2）校验发热情况。

查表 4-1 可知，LJ-50 铝绞线在室外温度为 25℃时允许载流量为 215A，乘以 40℃时修正系数 0.82，可得实际最高温度下的载流量为 176.3A。

导线最大负荷在 OA 段，此段的最大承载电流为

$$I_{OA} = \frac{\sqrt{(p_1 + p_2)^2 + (q_1 + q_2)^2}}{\sqrt{3} U_N} = \frac{\sqrt{(800 + 500)^2 + (500 + 300)^2}}{\sqrt{3} \times 10} = 88.1 (\text{A})$$

此最大承载电流 88.1A 小于 176.3A，故发热条件满足要求。

（3）校验机械性能。

查表 4-5 可知，高压架空裸铝绞线的最小截面为 35mm²，即所选截面为 50mm² 铝绞线满足机械性能的要求。

习　题

4-1　试分析高压放射式供电与树干式供电的优缺点及其应用范围。

4-2　试比较架空线路和电缆各有哪些优缺点。

4-3　电缆线路有哪几种敷设方式？各有哪些特点？

4-4　选择架空线路导线截面的必要条件是什么？选择导线截面的技术条件和经济内容有哪些？有什么关系？

4-5　什么是经济电流密度和经济电流截面？

4-6　某 110kV 架空线路，最大输送功率为 30MW，$\cos\varphi=0.85$，最大负荷利用小时数 $T_{max}=4500$h，如果线路采用钢芯铝绞线，试按经济电流密度选择导线截面。

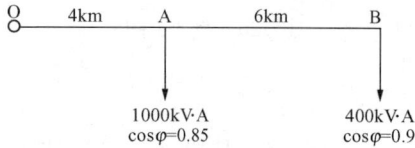

图 4-21　习题 4-7 附图

4-7　有一额定电压为 10kV 的架空线路，接线如图 4-21 所示。采用铝绞线架设，几何均距为 1m，线路长度、负荷标注于图 4-21 中，线路允许电压损耗为额定电压的 5%，试按允许电压损耗选择导线截面。

4-8　额定电压为 10kV 的架空线路，接线如图 4-22 所示。采用铝绞线架设，几何均距为 1m，允许电压损耗为额定电压的 5%，线路长度、负荷标注于图 4-23 中，试按允许电压损耗选择干线 Ab 及分支线 ac 的导线截面。

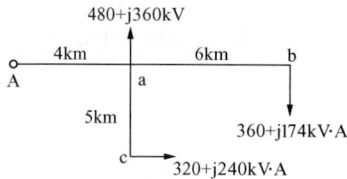

图 4-22　习题 4-8 附图

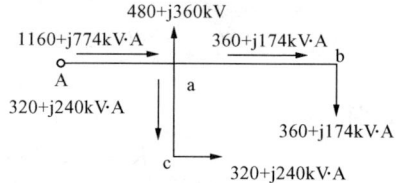

图 4-23　习题 4-8 功率分布图

第五章　工厂供配电系统的二次回路

二次回路是工厂供配电系统中不可缺少的部分，是一次系统安全、可靠、经济运行的保证。它主要包括操作电源、断路器的控制回路、信号回路、绝缘监察等几个部分。本章介绍操作电源、二次回路的基本知识及二次图纸、断路器的控制回路及隔离开关的操作闭锁、信号回路及测量仪表的配置、交（直）流绝缘监察装置及监察方法。

第一节　操　作　电　源

供给断路器控制回路、继电保护装置、自动装置、信号装置等二次电路及事故照明的电源，统称操作电源。由操作电源供电的电路可以分为控制电路与合闸电路两种。控制电路又称操作电路，是断路器分合闸控制、继电保护、自动装置与信号装置等的总称；专门向断路器合闸线圈供电的电路叫作合闸电路，其回路电流为冲击性质，且数值比控制电路大。两种回路可以分设控制电源与合闸电源，也可使用同一操作电源。

操作电源应具有很高的可靠性，应在全站停电和交流系统发生故障等情况下保证断路器可靠地分、合闸。供配电站的操作电源通常有交流操作电源和直流操作电源两大类。

交流操作电源接线简单、投资低、运行维护方便，但可靠性不高。因而这种电源多用于小型用户供配电站。大中型用户供配电站中广泛采用性能良好的直流操作电源。

直流电源装置可分为晶闸管整流电容储能、复式整流和蓄电池直流系统三种。直流电压可按控制、信号设备的需要，选用 24、48、110V 和 220V。

一、晶闸管整流电容储能电源

晶闸管整流电容储能电源装置电路如图 5-1 所示，系统正常运行时，操作电源由晶闸管整流器供电，即由三相桥式晶闸管整流器 I 供给合闸电源，由三相或单相桥式晶闸管整流器 II 供给控制电源。在交流系统故障时，所用母线电压严重下降，引起直流电压降低，将造成断路器拒跳，因而利用电容器组 C1、C2 放电来保证断路器分闸。为了防止电容器向控制母线侧的其他回路放电（如信号灯等），电路中装设了逆止元件 V1、V2。两组晶闸管整流器之间装设了总逆止元件二极管 V3，以防止断路器合闸时控制电源侧向合闸电源侧供电，保证分闸操作。电阻 R1 的作用是限制控制母线侧短路时，流过二极管 V3 的电流数值，防止电流过大使 V3 烧毁。为了保证直流母线电压为 220V（也可以是 110V），应用了带有抽头的隔离变压器 TC1 与 TC2，通过其二次抽头实现电压调节。直流母线带有闪光信号小母线（＋）WF，以供事故闪光信号装置用。由直流母线引出若干分支（小母线），对供配电站中的合闸小母线 WON、控制小母线 WC、信号小母线 WS 等进行供电。

这种直流装置设备简单、节省投资、维护方便，适用于中小型有人、无人值班供配电站。

二、复式整流电源

复式整流电源装置的简化接线如图 5-2 所示。复式整流电源装置由两部分复合而成：

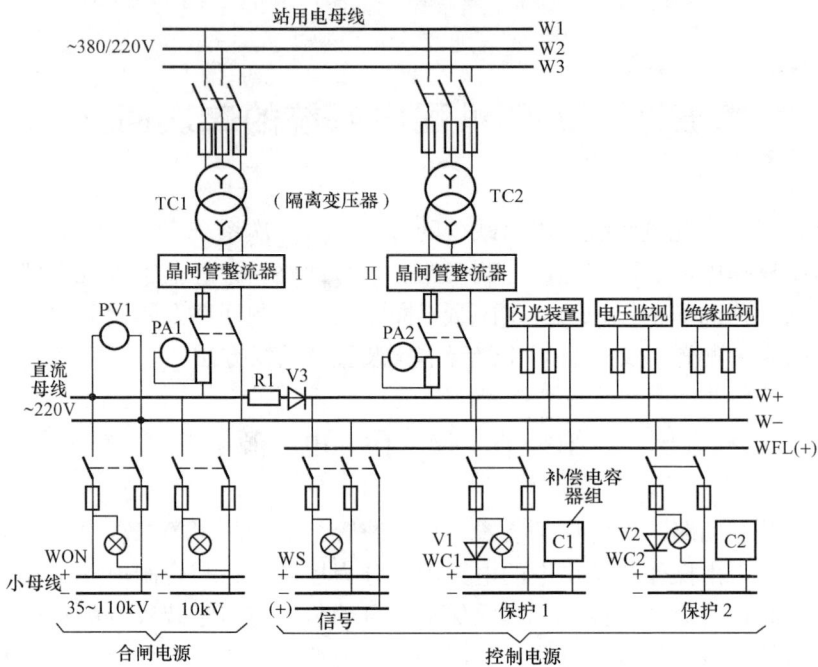

图 5-1　晶闸管整流电容储能电源装置电路图

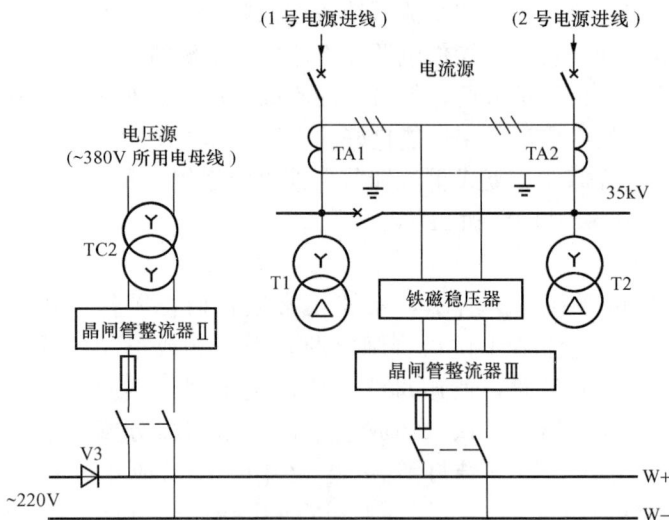

图 5-2　复式整流电源装置的简化接线图

一部分由电压源整流送至直流母线，作为正常运行时的操作电源；另一部分由电流源经铁磁谐振稳压器整流后送至直流母线的控制电源侧，即利用短路电流整流稳压后供给断路器分闸。

复式整流直流装置与电容储能式相比较，复式整流直流装置输出功率较大，直流电压比较稳定。两者的应用场合相同。

以上两种直流操作电源均为交流整流的直流电源，供电的可靠性受到交流的限制，因此，要求交流电源必须可靠。

三、碱性镉镍蓄电池直流电源

蓄电池是一种独立的直流电源，在交流电全停的情况下仍能保证在一定的时间内向直流负荷可靠供电。在以往大中型供配电站多采用铅酸蓄电池作为操作电源和事故照明电源，其可靠性高于交流操作电源和整流操作电源。但它的缺点是：装置庞大，占地面积大，价格昂贵，施工周期长，充电时有腐蚀性气体产生，需装设在单独的通风耐酸的蓄电池室内，运行维护复杂。近年来，碱性镉镍蓄电池直流电源成套装置已广泛应用于 10kV 以下的供配电站，大有替代铅酸蓄电池之势。

碱性镉镍蓄电池是由氢氧化镍作为正极板、氢氧化镉作为负极板及氢氧化钠或氢氧化钾作为电解液组成的一种蓄电池。

单只蓄电池的额定电压为 1.2V，充电终止电压为 1.5～1.6V，放电终止电压为 1V。蓄电池组电压有 220、110、48V 等。

碱性镉镍蓄电池与铅酸蓄电池比较具有如下优点：

（1）内阻小，电能损失低。

（2）瞬时放电倍率高，可达 5h 放电率（即 5h 放电到终止电压）的 45 倍。

（3）寿命长，比铅酸电池寿命长 1 倍以上。

（4）低温性能好，0℃以上时放电容量为 100%，−20℃时放电容量为 70%，而此时铅酸电池已不能工作。

（5）耐过充电、过放电性能优良，过充电或过放电对其寿命影响小。

（6）体积小，综合价格低于铅酸蓄电池，如 BZG2、GNB 型成套屏将整个直流系统集中在 2～3 个屏（如电池屏、充电屏和出线屏等）上，减少了电压和电能损耗，节约了有色金属，同时也省掉蓄电池室和充电机室，大大减少了占地面积。

图 5-3 为 BZG 型镉镍蓄电池直流系统原理图。蓄电池组采用 GNG 型高倍率全烧结镉镍电池，容量现常用的有 40、20Ah 等规格，直流电压为 220V（输出 250V）时采用 190 只，110V（输出 130V）时采用 98 只。蓄电池工作方式有"浮充电"与"充电放电"两种运行方式。

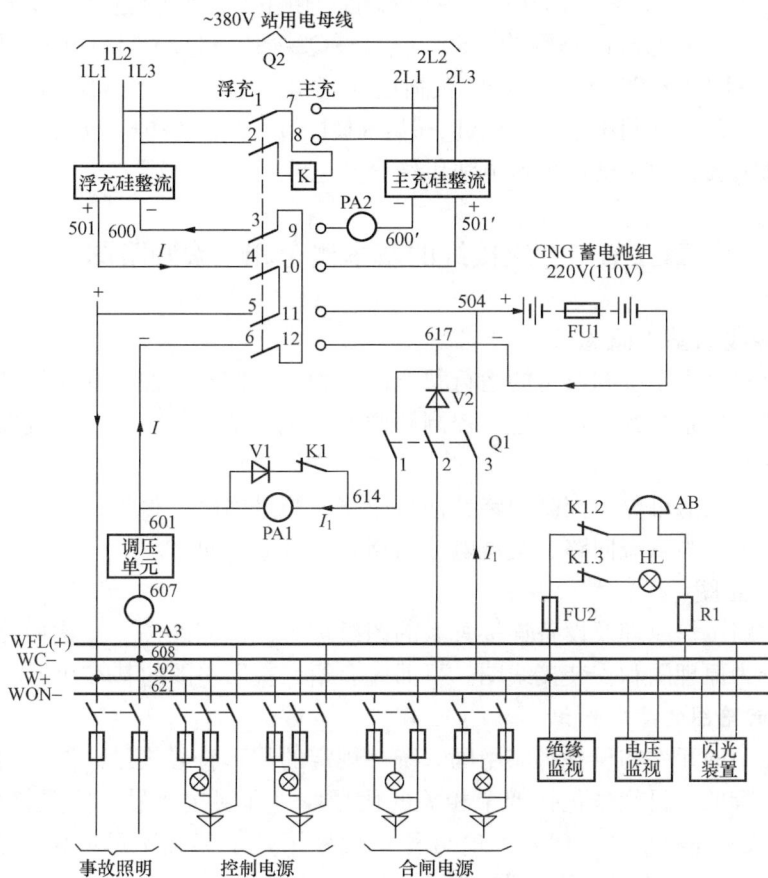

图 5-3　BZG 型镉镍蓄电池直流系统原理图

1. 浮充电运行方式

正常状态下，刀开关 Q1 合上，Q2 投置"浮充"位置，即触点 1～6 均接通，由浮充可控硅整流器向经常性直流负荷供电，并以很小的电流向蓄电池浮充电，以补偿蓄电池自放电的损耗。其总电流 I 的路径由 501（＋）→Q2·4→Q2·5→502（W＋）；再由直流正母线分为 2 个支路：经常性负荷电流经负荷→608（WC－）→电流表 PA3→607→调压单元 601；浮充电流 I_1→Q1·3→504→蓄电池→617→Q1·1→614→PA1→601；最后总电流 601→Q2·6→Q2·3→600（－）。断路器合闸时，合闸电流则由蓄电池供给，其路径是：蓄电池（＋）→504→Q1·3→断路器合闸线圈→621（WON－）→Q1·2→V2→617→蓄电池（－）。

当交流电源失电时，中间继电器 K1 失磁返回：动合触点 K1·1 闭合（短接电流表 PA1），由蓄电池向事故照明和控制电路负荷供电，其动合触点 K1·2、K1·3 启动故障信号电路（警铃 B 响，信号灯 HL 亮）。同时蓄电池通过 V2 向合闸回路供电。

2. 充电放电运行方式

蓄电池运行一段时间（3～6 个月）以后，由于各蓄电池自放电的情况不同，虽经同一浮充电流补充，各蓄电池的极板状态仍然可能不同，各蓄电池的容量有了差别。为了均衡各蓄电池的容量，蓄电池组应转入"充电放电"工作方式运行一次。先将蓄电池组以专用的放电电阻放电（图 5-3 中未画出放电电路），待单个电池电压降到 1V 左右时，再转入充电。这时，将 Q2 投置"主充"位置，即触点 7～12 接通，由主充晶闸管整流器以大电流向蓄电池组进行充电。这时主充电流的路径为：$501'$（＋）→Q2·10→Q2·11→504→蓄电池→617→Q2·12→Q2·9→PA2→$600'$（－）。经常负荷电流仍由 504 分出，经 Q1·3→502（W＋）→负荷→608（WC－）→PA3→调压单元→PA1→614→Q1·1，最后经 617 流回 $600'$（－）。若在充电状态时断路器需要合闸，则仍由蓄电池供给合闸电流。

第二节　二次接线的基本概念和二次回路图

一、二次接线的基本概念

二次回路是对一次系统和设备的运行状态进行测量、监察、控制和保护的电路。二次回路的任务是反映一次系统的工作状态，控制和调整一次设备，并在一次系统发生事故时使故障部分退出工作。

二次回路按照功能可分为控制回路、信号回路、测量回路、保护回路以及自动装置等回路；按照电路类别分为直流回路、交流电流回路和交流电压回路。

二、二次回路图

反映二次回路工作原理及设备连接关系的图纸称为二次回路图。二次回路图按用途和绘制方法不同可分为原理图和安装接线图。下面先介绍二次回路图的基本知识。

（一）二次回路图的基本知识

二次电路图中的元件和设备都应用国家统一规定的图形符号表示。图形符号的旁边应标注项目代号，完整的项目代号包括四个相关的代号段（即层次代号、位置代号、种类代号、端子代号）。一般标注项目种类代号。项目种类代号用一个英文字母或两个英文字母表示，在字母前加前缀"—"，在不会引起混淆的情况下，前缀可以省略。

二次回路图常用的二次设备图形符号见表 5-1。

表 5-1　　　　　　　　　　　　　　常用的二次设备图形符号

序号	元件名称	图形	序号	元件名称	图形
1	操作器件和继电器线圈的一般符号	或	12	两个绕组的操作元件	
2	缓慢释放继电器的线圈		13	延时断开的动断触点	
3	缓慢吸合继电器的线圈		14	指示仪表	*
4	机械保持继电器的线圈		15	记录仪表	*
5	过电流继电器	I>	16	积算仪表	*
6	欠电压继电器	U<	17	按钮	E-
7	动合（常开）触点		18	自动复归动合按钮	
8	动断（常闭）触点		19	指示灯	
9	延时闭合的动合触点		20	电铃	
10	延时断开的动合触点		21	蜂鸣器	
11	延时闭合的动断触点		22	电喇叭	

注　仪表图形中的 * 号表示该处应填写被测量单位符号或被测量的文字符号，如电流表为 A、电压表为 V 等。

常用的项目种类代号见表 5-2。

表 5-2　　　　　　　　　　　二次回路图常用的项目种类代号

序号	名称	字母	序号	名称	字母
1	电容器	C	12	断路器	QF
2	保护器件	F	13	隔离开关	QS
3	熔断器	FU	14	电阻器	R
4	发电机	G	15	控制电路的开关、按钮	S
5	信号器件	H	16	变压器	T
6	红色信号灯	HR	17	电流互感器	TA
7	绿色信号灯	HG	18	电压互感器	TV
8	继电器、接触器	K	19	晶体管	V
9	电感器	L	20	控制电路用电源的整流器	VC
10	电动机	M	21	端子	X
11	电力电路的开关	Q	22	电气操作的机械器件	Y

为了区别同类的不同设备，可在字母后加数字，如 K1、K2 等。为了区别同一设备同类的不同部件，可将数字用“·”隔开。如一个继电器有几对触点，第一对触点可用 K1.1 表示，第二对触点可用 K1.2 表示。

对于元件和设备的可动部分如触点，通常表示在非激励或不工作的状态和位置。例如，继电器和接触器在非激励状态，断路器和隔离开关在断开位置。

对于在驱动部分和被驱动部分之间采用机械连接的元件和设备（如继电器的线圈和触点），在二次回路图中有集中表示法、半集中表示法和分散表示法三种表示。这三种表示法的画法见表 5-3。

表 5-3　　集中表示法、半集中表示法和分散表示法画例

<table>
<tr><th>序　号</th><th>集中表示法</th><th>半集中表示法</th><th>分散表示法</th></tr>
<tr><td>1</td><td> </td><td> </td><td> </td></tr>
<tr><td>2</td><td> </td><td> </td><td> </td></tr>
<tr><td>3</td><td> </td><td> </td><td> </td></tr>
</table>

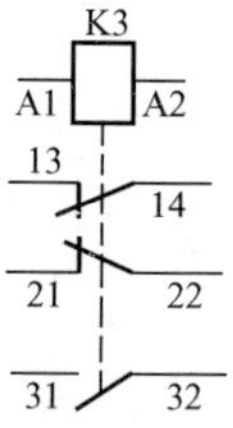

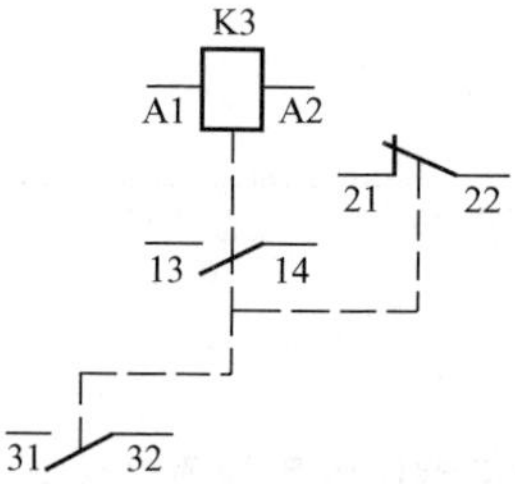

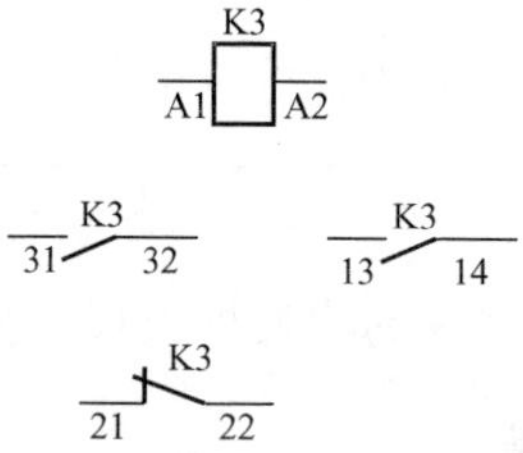

集中表示法是将设备的线圈和触点画在一起，并用虚线表示它们之间的机械连接，在线圈旁标注设备的项目种类代号。半集中表示法与集中表示法相似，只是部分触点可分散开画，表示机械连接的虚线允许折弯、分支和交叉。分散表示法是将同一设备的线圈和触点分散画在不同位置，为表示它们之间的机械连接，在线圈和触点旁都标注该设备的项目种类代号。

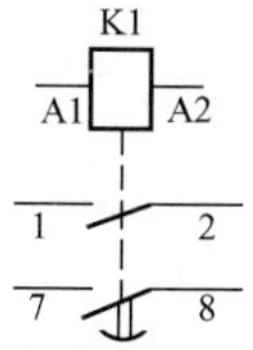

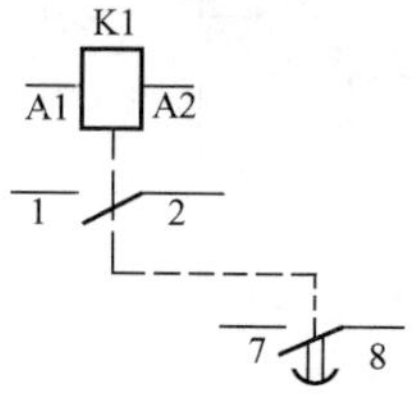

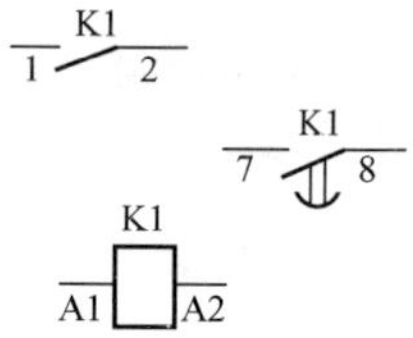

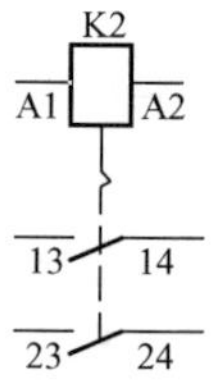

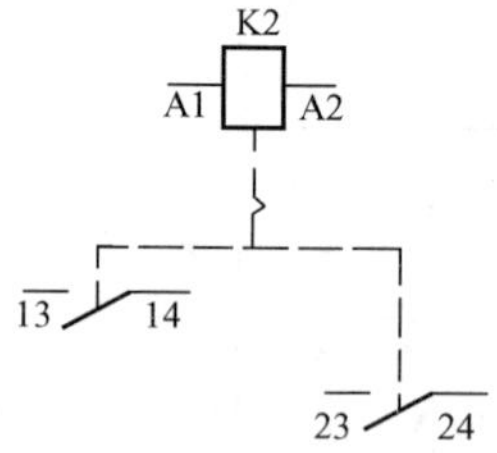

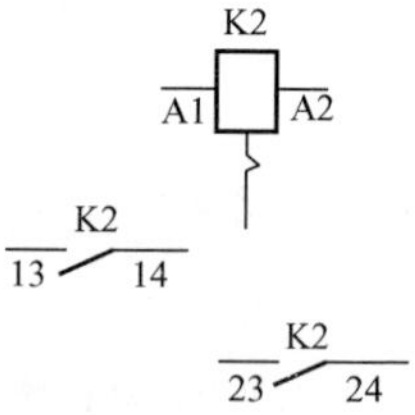

上述内容为二次回路图的基本知识，也是阅读二次回路图的基本依据。

（二）原理图

原理图是二次接线的原始图纸，是用以表示二次回路的构成、相互动作顺序和工作原理的图纸。在我国习惯上把原理图分为归总式和展开式两种形式。

1. 归总式原理图

归总式原理图是一种将二次回路与一次回路相关部分画在一起，以整体图形符号表示二

次设备（即集中表示法），按电路实际连接绘制的图纸。图 5-4 是 6～10kV 线路过电流保护的归总式原理图。图中断路器和继电器等设备用集中、半集中表示法画出。

由图 5-4 可见，整套保护装置由 4 只继电器 K1、K2、K3、K4 组成。K1、K2 为电流继电器，其线圈分别接于电流互感器 TA1、TA3 的二次侧回路中。正常工作时电流互感器二次电流达不到 K1、K2 的动作值，K1、K2 触点不会动作，断路器的跳闸线圈不会接通，断路器不会跳闸。当一次电路发生相间短路时，电流互感器二次侧回路中的电流增大，当通过继电器 K1 或 K2 的线圈中的电流超过动作值时，其触点闭合，将直流电源的正极加到时间继电器 K3 的线圈上，线圈的另一端接在直流电源的负极，时间继电器 K3 启动，经一定时限后其延时触点闭合，直流电源正极经信号继电器 K4 的线圈、断路器 QF 的辅助触点 S2 和分闸线圈 Y2 到负极。分闸线圈 Y2 通过电流时，使断路器自动分闸，将短路事故切除。信号继电器 K4 的线圈通过电流后继电器启动，其触点闭合，发出信号。从图中可以看出，用集中表示法画出的归总式原理图能比较直观而清楚地反映保护装置的原理，而且二次电路和有关的一次部分画在一起，能使读者建立一个明确的整体概念。但是，图中线条较多，当二次电路较复杂时便不能清晰表示，故这种电路图仅用于简单的电路中。在工程中比较广泛地使用展开式原理图。

2. 展开式原理图

展开式原理图（又叫展开图）是将二次设备的线圈与触点分别用图形符号表示，按回路的性质不同分为几个部分（即交流电流回路、交流电压回路、直流操作回路、信号回路等）而绘制的图纸。图 5-5 为 6～10kV 线路过电流保护展开式原理图。它把整个二次回路分成了交流电流回路、直流操作回路和信号回路三个部分（因此电路中没有交流电压回路）。交流回路各支路从上到下按相序排列，直流回路各支路从上到下按继电器动作顺序排列，每个支路中各元件按实际连接顺序排列。通过展开图同样可分析出其工作原理与归总式原理图完全一样。

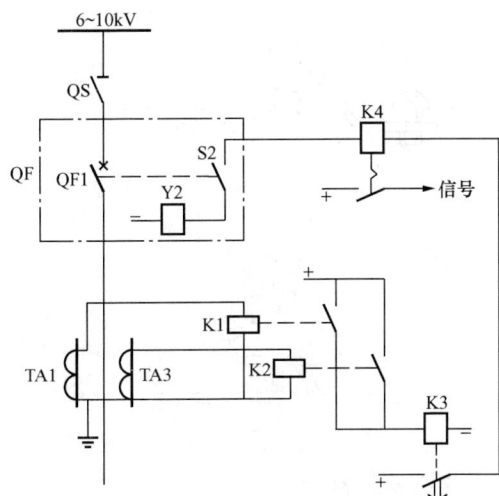

图 5-4　6～10kV 线路过电流保护归总式原理图

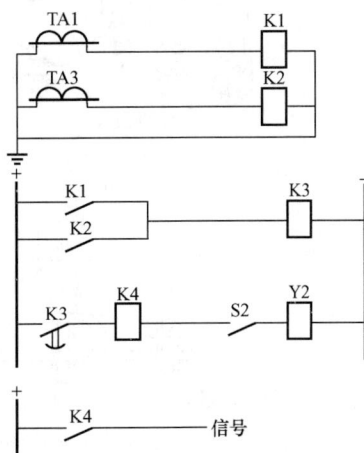

图 5-5　6～10kV 线路过电流保护展开式原理图

展开式原理图中各二次元件被分解为若干部分，属于同一个设备或元件的线圈、触点分别画在不同的回路里。这样使接线清晰，回路次序明显，易于阅读，便于了解整套装置的动作程序和工作原理，对于复杂线路的工作原理分析更为方便。

（三）安装接线图

安装接线图是反映二次设备及其连接的位置图，主要用于二次回路的安装接线，也用于运行和试验中对二次线路的检查、维修和故障处理，是现场施工不可缺少的图纸。二次接线安装图包括屏面布置图、屏背面接线图和端子排接线图等几个部分。

1. 屏面布置图

屏面布置图是根据展开图选好所用二次设备的型号之后进行绘制的，屏面布置图是为了平面开孔安装设备用的。因此平面布置图中设备尺寸及设备间距离都要按比例准确绘出，是二次设备在屏上安装的依据。

2. 端子排图

端子排是由专门的接线端子组合而成，连接配电柜之间或配电柜与外部设备的。接线端子分为一般端子、连接端子、试验端子和终端端子等形式。

（1）一般端子：供一个回路的两端导线连接用，是用得最多的端子，其导电片如图5-6（a）所示。

（2）连接端子：通过绝缘座上部的中间缺口，用导电片把两个或几个端子连在一起，使各种回路并头或分头，其外形如图5-6（b）所示，导电片如图5-6（c）所示。

（3）试验端子：用于接入电流互感器的回路中，可不必松动原来的接线就能接入试验仪表，保证电流互感器的二次侧在工作过程中不会开路，如图5-6（e）所示。试验端子去掉上面的两个接线端；中间的旋钮旋进后电路即能导通，旋出后即开路，这就为特殊端子导电片，如图5-6（d）所示。

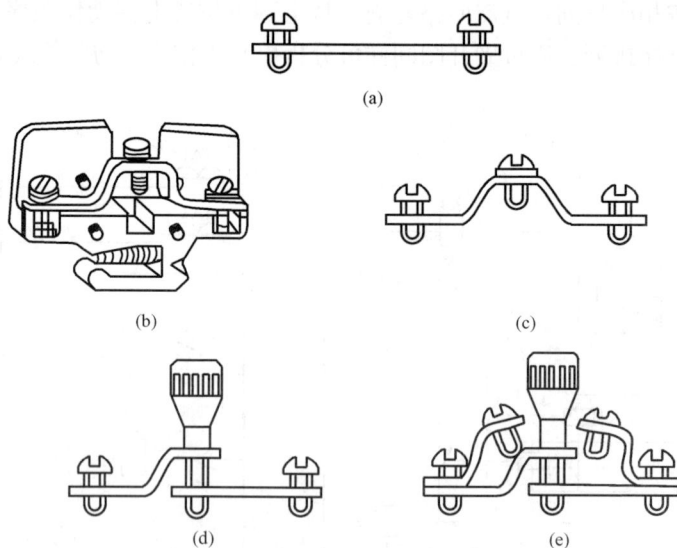

图5-6　不同类型的接线端子导电片

（a）一般端子导电片；（b）连接端子外形；（c）连接端子导电片；
（d）特殊端子导电片；（e）试验端子导电片

（4）终端端子：用于固定或分离不同安装单元的端子。

图5-7是端子排图例，端子排中各种类型端子的符号如图中所示。端子排的文字代号为X，端子的前缀符号为"："。按规定，接线图上端子的代号应与设备上端子标记一致。

3. 屏背面接线图

屏背面接线图标明屏上各个设备引出端子之间的连接情况，以及设备与端子排之间的连接情况。

安装接线图既要表示各设备的安装位置，又要表示各设备间的连接，如果直接绘出这些连接线，将使图纸上的线条难以辨认，因而一般在安装接线图上表示导线的连接关系时，只在各设备的端子处标明导线的去向。标志的方法是在两个设备连接的端子出线处互相标以对方的端子号，这种标注方法称为"相对标号法"。如 P1、P2 两台设备，现 P1 设备的 3 号端子要与 P2 设备的 1 号端子相连，表示方法如图 5-8 所示。

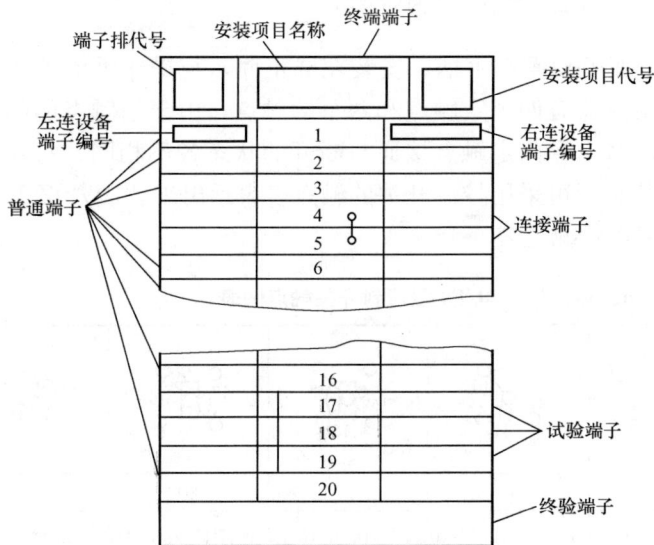

图 5-7　端子排图例

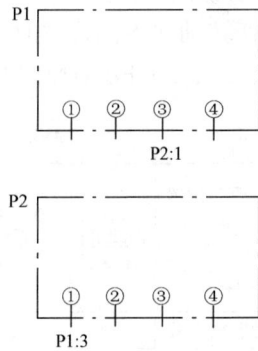

图 5-8　连接导线的表示方法

第三节　断路器的控制回路及隔离开关的操作闭锁

一、断路器的控制回路

工厂供配电站中的断路器大多是通过断路器的控制回路来实现分、合闸的，为了实现断路器分、合闸，控制回路必须由具有发布分、合闸命令的控制元件，执行分、合闸命令的操动机构和传递分、合闸命令的中间传递机构构成。

（一）控制元件

控制元件由手动操作的控制开关 SA 和自动操作的自动装置与继电保护装置的相应继电器触点构成。控制开关是控制回路中的主要元件，运行人员利用控制开关，发出操作命令，对断路器进行手动合闸和分闸的操作。通常采用 LW2 系列组合式万能转换开关，它的主要优点是在分、合闸操作之前，都有一个预备位置，当控制开关转到预备位置时，信号灯发出闪光，提醒运行人员检查所操作的设备是否正确，以减少误操作的机会。

图 5-9 是 LW2-Z-1a.4.6a.40.20.20/F8 型控制开关的外形图。

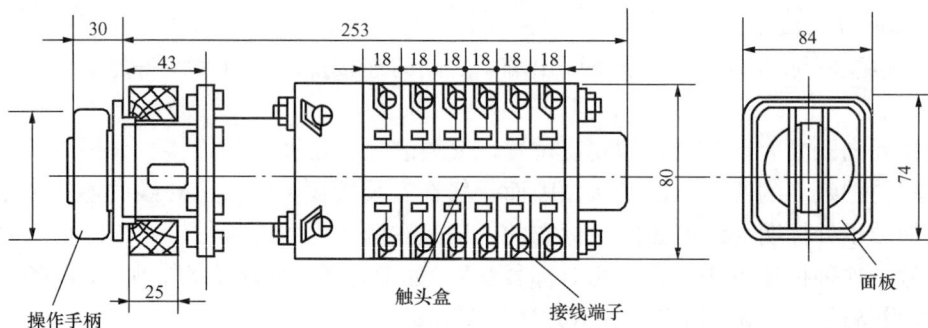

图 5-9　LW2 型控制开关的外形图

图 5-9 中控制开关，正面是一个面板和操作手柄，安装在屏正面，与操作手柄轴相连的有数个触点盒，安装在屏后，每个触点盒有四个定触点和两个动触点，由于动触点的凸轮和簧片形状的不同，手柄转动时，每个触点盒内定触点接通与断开的状态各不相同，每对定触点随手柄转动在不同位置时的工作状态，可采用控制开关的触点表表示出来。LW2-Z-1a、4、6a、40、20、20/F8 型控制开关其工作状况见表 5-4。

表 5-4　　　　　　　LW2-Z-1a、4、6a、40、20、20/F8 型控制开关触点图表

在"跳闸后"位置的手柄（正面）的样式和触点盒（背面）的接线图																	
手柄和触点盒型式	F8	1a		4		6a			40			20			20		
触点号　位置	—	1-3	2-4	5-8	6-7	9-10	9-12	11-10	14-13	14-15	16-13	19-17	17-18	18-20	21-23	21-22	22-24
跳闸后（TD）	▭	—	•	—	—	—	—	•	—	•	—	—	—	•	—	—	•
预备合闸（PC）	▯	•	—	—	—	—	•	—	—	—	•	—	—	—	—	•	—
合闸（C）	◢	—	—	•	—	—	—	—	•	—	—	•	—	—	•	—	—
合闸后（CD）	▯	—	—	•	—	—	—	—	•	—	—	•	—	—	•	—	—
预备跳闸（PD）	▭	—	•	—	—	—	•	—	—	—	•	—	—	•	—	•	—
跳闸（T）	◢	—	—	—	•	•	—	—	•	—	—	—	•	—	—	—	•

LW2-Z 型控制开关：L 代表主令电器，W 代表万能开关，Z 表示手柄带有自动复位及定位，1a、4、6a、40、20、20 为触点盒代号，F 表示方型面板。其手柄具有六个位置，合闸和分闸的操作都分两步完成，以防止误操作。表中"·"表示手柄在该位置时，对应的定触点是接通的，"－"表示断开。

在断路器的控制电路中表示触点通断状况的图形符号如图 5-10 所示。其中水平线是开关的接线端子引线，六条垂直虚线表示手柄六个不同的操作档位，即 PC（预备合闸）、C（合闸）、CD（合闸后）、PT（预备跳闸）、T（跳闸）和 TD（跳闸后），水平线下方的黑点表示

该对触点在此位置时是闭合的。

（二）具有电磁操动机构用灯光监视的断路器的控制电路

具有电磁操动机构用灯光监视的断路器控制电路如图 5-11 所示。图中＋WC、－WC 为直流电源小母线；（＋）WF 是闪光小母线，其通过闪光装置与正电源相连，当（＋）WF 通过某一中间回路与电源的负极接通时，（＋）WF 上会出现电位高、低的交替变化，从而实现灯的闪光；＋WCS 为事故音响小母线，其通过信号装置与正电源相连，当＋WCS 通过某一中间回路接到电源的负极时，会启动音响事故信号装置，发出事故音响信号；－WCS 为信号电源小母线；HR、HG 为红、绿色信号灯；FU1～FU3 为熔断器，R 为附加电阻；K0 为合闸接触器；Y0、YR 为合、跳闸线圈；K1、K2 分别为自动装置和继电保护装置的相应触点；SA 为控制开关；QF1、QF3 为断路器的动断辅助触点，QF2 为断路器的动合辅助触点，KTL 为防跳闭锁继电器。回路工作过程如下：

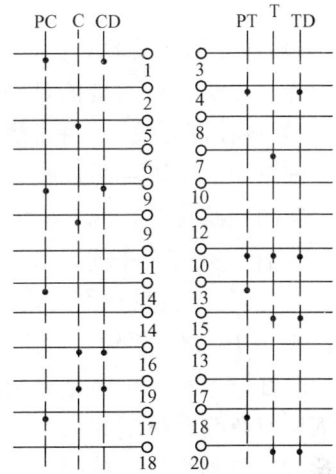

图 5-10　LW2-Z-1a、4、6a、40、20/F8 型触点通断图形符号

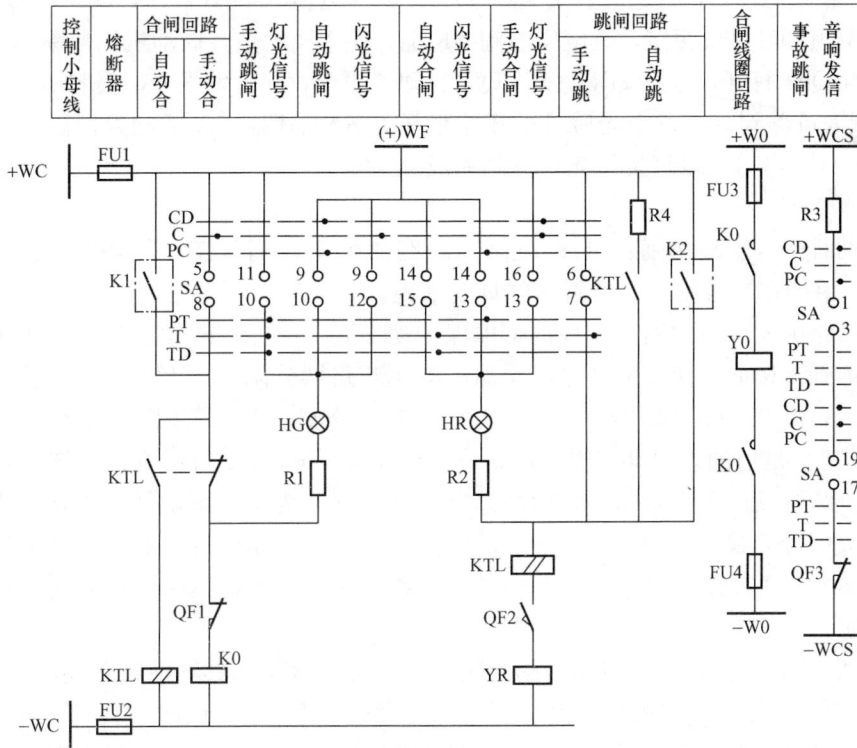

图 5-11　电磁操动机构的断路器控制信号电路

1. 手动控制

（1）合闸操作。合闸前的起始状态是：断路器处于跳闸位置，其辅助触点 QF1、QF3 闭合，QF2 断开，控制开关 SA 手柄处于"跳闸后"位置，SA（11-10）通，绿灯发平光，表明断路器在分闸位置，同时说明合闸回路完好。如果此时绿灯熄灭，可能是合闸回路断线。

由于回路中有电阻和绿灯，此时回路中的电流达不到合闸接触器 K0 的动作值，K0 不会动作合闸。

1）将控制开关 SA 手柄顺时针方向旋转 90°到"预备合闸"位置，SA（9-10）通，绿灯发闪光，提醒运行人员核对操作是否正确。如核对无误，进行下面操作。

2）将控制开关 SA 手柄顺时针方向旋转 45°到"合闸"位置，SA（5-8）、SA（16-13）通，回路中的电阻和绿灯被短接，合闸接触器 K0 加上全电压励磁动作，其动合触点 K0 闭合，合闸回路接通，使 Y0 励磁，操动机构使断路器合闸，同时 QF1、QF3 断开，HG 熄灭，QF2 闭合，红灯发平光，表明断路器已合闸。

3）运行人员见到红灯发平光后，松开控制开关 SA 手柄，SA 手柄返回到"合闸后"位置，SA（16-13）仍通，红灯发平光，表明断路器在合闸位置，同时说明分闸回路完好。如果此时红灯熄灭，可能是分闸回路断线。由于回路中有电阻和红灯，此时回路中的电流达不到 YR 使断路器跳闸的数值，断路器不会跳闸。

（2）分闸操作。分闸操作的起始状态同上面合闸后状态。

1）将控制开关 SA 手柄逆时针方向旋转 90°到"预备分闸"位置，SA（14-13）通，红灯发闪光，提醒运行人员核对操作是否正确。如核对无误，进行下面操作。

2）将控制开关 SA 手柄逆时针方向旋转 45°到"分闸"位置，SA（6-7）、SA（11-10）通，回路中电阻和红灯被短接，全电压加到 YR 上，使 YR 励磁，操动机构使断路器分闸，同时其辅助触点 QF2 打开，红灯 HR 熄灭，QF1、QF3 闭合，绿灯发平光，表明断路器已分闸。

3）运行人员见到绿灯发平光后，松开控制开关 SA 手柄，SA 手柄返回到"分闸后"位置，SA（10-11）仍通，绿灯发平光，分闸完成。

2. 自动控制

（1）自动跳闸（事故跳闸）。自动跳闸前断路器处于合闸状态，其辅助触点 QF2 闭合，控制开关 SA 手柄在"合闸后"位置，红灯发平光。

当一次回路中发生事故时，相应的继电保护动作后，K2 闭合，红灯 HR 和电阻 R2 被短接，全电压加到 YR 上，使 YR 励磁，操动机构使断路器分闸，同时其辅助触点 QF2 打开，红灯 HR 熄灭，QF1、QF3 闭合，由于 SA 手柄在"合闸后"位置时，SA（9-10）、SA（1-3）、SA（19-17）是通的，启动中央事故信号装置中的蜂鸣器发出音响，告知运行人员断路器事故跳闸。绿灯发出闪光，指明该台断路器自动跳闸。为了不影响运行人员处理事故，可按下中央事故信号装置中音响解除按钮，解除音响。但要保留灯光，直到事故处理完毕，再将控制开关 SA 手柄旋转到"分闸后"位置，SA（10-11）接通，绿灯发平光，恢复到正常的分闸后状态。

（2）自动合闸（备自校）。自动合闸前断路器在分闸状态，其辅助触点 QF1、QF3 闭合，QF2 断开。控制开关 SA 手柄在"分闸后"位置，绿灯亮平光。此时，自动装置动作 K1 闭合，电阻和绿灯被短接，合闸接触器 K0 加上全电压励磁动作，其动合触点 K0 闭合，使 Y0 励磁，操动机构动作使断路器合闸。同时 QF1、QF3 断开，HG 熄灭。QF2 闭合，由于此时控制开关 SA 手柄在"分闸后"位置，SA（14-15）是接通的，红灯发闪光。中央事故信号装置中的电铃发出音响同时点亮光字牌。电铃响，光字牌亮表明断路器自动合闸。红灯发闪光指明该台断路器自动合闸。运行人员可以将控制开关 SA 手柄旋转到"合闸后"位置，红灯发平光，恢复到正常运行状态。

3. 防止跳跃

所谓断路器的跳跃现象是指断路器在短时间内发生多次合、分闸的现象。断路器多次合、分闸会使断路器受到损坏，也会影响到系统的运行。断路器的防止跳跃，要求每次合闸操作时，只允许一次合闸，跳闸后只要手柄在"合闸"位置（或自动装置的触点 K1 在闭合状态），则应对合闸操作回路进行闭锁，保证不再进行第二次合闸。在图 5-11 中就采用了防跳闭锁继电器进行防止跳跃。

跳跃闭锁继电器 KTL（简称防跳继电器）具有两个线圈，即电流启动线圈与电压保持线圈。KTL 的电流线圈串联在跳闸线圈回路中，电压线圈与其自身的动合触点串联后再与电路的合闸接触器 K0 线圈相并联，另一对动断触点与 K0 线圈串联起闭锁作用。

当手动合闸于故障线路上时，保护出口中间继电器触点 K2 闭合，启动 YR 自动跳开断路器，同时启动 KTL 继电器，KTL 动断触点断开。切断合闸接触器线圈回路，使断路器不能合闸。KTL 动合触点闭合，接通 KTL 电压线圈，使其保持 KTL 动断触点在断开状态，合闸接触器线圈回路不能接通，直到 SA（5-8）返回，KTL 电压线圈失电，动断触点闭合为止，恢复到正常状态，才可以重新合闸。这就实现了断路器合闸到短路故障的回路上，自动跳闸以后不会再重新合闸。这就避免了跳跃现象的发生，实现了跳跃闭锁。

二、隔离开关的操作闭锁回路

为了保证安全，隔离开关与相应的断路器、接地开关之间必须装设闭锁装置以防止误操作。隔离开关的操作闭锁装置有机械闭锁和电气闭锁两种，以下主要简介电气闭锁。

1. 电气闭锁装置

电气闭锁装置通常采用电磁锁实现操作闭锁。电磁锁的结构如图 5-12（a）所示，主要

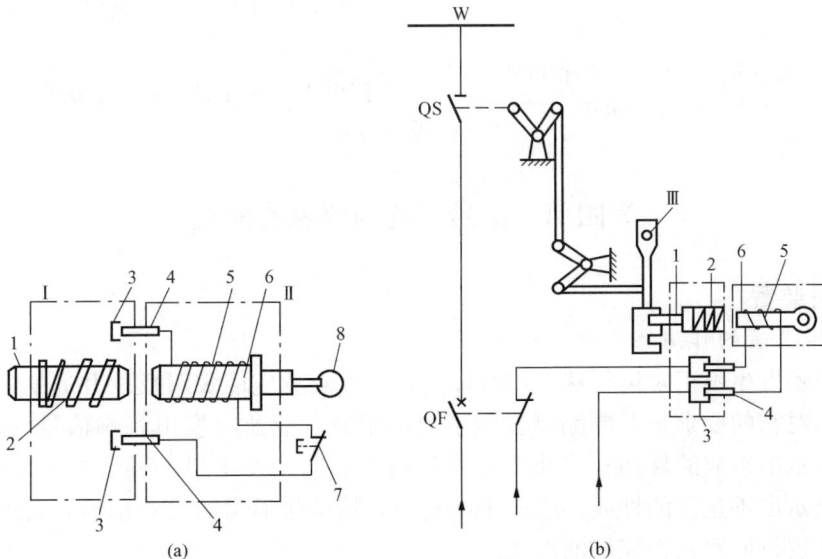

图 5-12　电磁锁

（a）电磁锁结构图；（b）电磁锁工作原理

Ⅰ—电锁；Ⅱ—电钥匙；Ⅲ—操作手柄；1—锁芯；2—弹簧；3—插座；
4—插头；5—线圈；6—电磁铁；7—解除按钮；8—钥匙环

由电锁Ⅰ和电钥匙Ⅱ组成。电锁Ⅰ由锁芯 1、弹簧 2 和插座 3 组成。电钥匙Ⅱ由插头 4、线圈 5、电磁铁 6、解除按钮 7 和钥匙环 8 组成。在每个隔离开关的操动机构上装有一把电锁，供配电站备有 2～3 把电钥匙作为公用。只有在相应断路器处于跳闸位置时，才能用电钥匙打开电锁，对隔离开关进行合、跳闸操作。

电磁锁的工作原理如图 5-12（b）所示，在无跳合闸操作时，用电锁锁住操动机构的转动部分，即锁芯 1 在弹簧 2 压力作用下，锁入操动机构的小孔内，使操作手柄Ⅲ不能转动。当需要断开隔离开关 QS 时，必须先跳开断路器 QF，使其辅助动断触点闭合，给插座 3 加上直流操作电源，然后将电钥匙的插头 4 插入插座 3 内，线圈 5 中就有电流流过，使电磁铁 6 被磁化吸出铁芯Ⅰ，锁就打开了。此时利用操作手柄Ⅲ，即可拉开隔离开关。隔离开关拉开后，取下电钥匙插头 4，使线圈 5 断电，释放锁芯Ⅰ。锁芯Ⅰ在弹簧 2 压力作用下，又锁入操动机构小孔内，锁住操作手柄。合上隔离开关的操作过程与上类似。

2. 电气闭锁回路

隔离开关的电气闭锁回路与电气一次接线方式有关，最简单的单母线馈线隔离开关闭锁回路如图 5-13 所示。YA1、YA2 分别为隔离开关 QS1、QS2 的闭锁开关（插座）。闭锁电路由相应断路器 QF1 的合闸电源供电。断开线路时，首先应断开断路器 QF1，使其辅助动断触点闭合，则负电源（一）接至电磁锁开关 YA1 和 YA2 的下端。用电钥匙使电磁锁开关 YA2 闭合，即打开了隔离开关 QS2 的闭锁，拉开隔离开关 QS2，取下电钥匙，使 QS2 锁在断开位置；再用电钥匙打开隔离开关 QS1 的电磁锁开关 YA1 拉开 QS1，然后取下电钥匙，使 QS1 锁在断开位置。

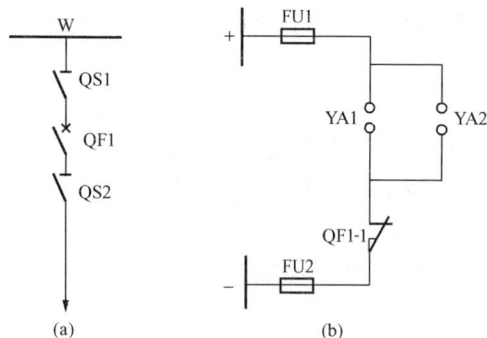

图 5-13　单母线馈线隔离开关闭锁电路
（a）主电路；（b）闭锁电路

第四节　信号装置与仪表的配置

一、信号装置

（一）信号装置的作用及要求

当电气设备发生不正常运行状态或故障时，信号装置应能及时反映并通知运行值班人员判断和处理。对它的要求是：断路器发生事故跳闸时，能及时发出音响信号（蜂鸣器），并通过光字牌显示出事故的性质；发生不正常运行时，应能发出另一种音响信号（警铃），并通过光字牌显示出不正常的性质；应能手动复归音响信号而保留灯光信号，音响信号应能重复动作；应能进行回路是否完好的试验。

（二）中央信号装置

中央信号装置由事故信号装置和预告信号装置两部分组成。两者的回路基本相同，不同的是前者装蜂鸣器，后者装警铃。下面介绍一种工厂企业变电所中常用的中央事故信号回路，其原理如图 5-14 所示。

为了使信号装置能重复动作，回路中采用了具有两个绕组的脉冲继电器 K1。它由一只电压互感器 TV 和一只极化继电器 KP 构成。当有电流通过 K1 的绕组 1 时，其触点接通。电流通过绕组 2 时，其触点打开。这样，当断路器 QF1 事故跳闸时，QF1 的动断辅助触点闭合，则回路＋WS→K1 的 TV→WAS→R1→SA1→QF1→FU2→－WS 接通。由于电压互感器的一次绕组通过的是变化的电流，二次绕组感应出电动势，使 K1 的绕组 1 中通过电流，其动合触点 K1.1 闭合，启动中间继电器 KM，KM 动合触点闭合接通蜂鸣器的电路，发出事故信号。运行值班人员按下解除按钮 SB 后，由于 K1 的绕组 2 中通过电流则事故信号停止。由于 SA1 并未恢复，如果此时 QF2 又因事故跳闸，电压互感器的一次绕组通过的电流增大，二次绕组再次感应出电动势，则 K1 的绕组 1 中再次有电流流过，则 K1.1 触点再次闭合启动 KM，KM 闭合启动蜂鸣器又一次发出事故音响，实现了重复动作。SB 为试验按钮。按下 SB 同断路器跳闸类似，蜂鸣器可以发出音响。

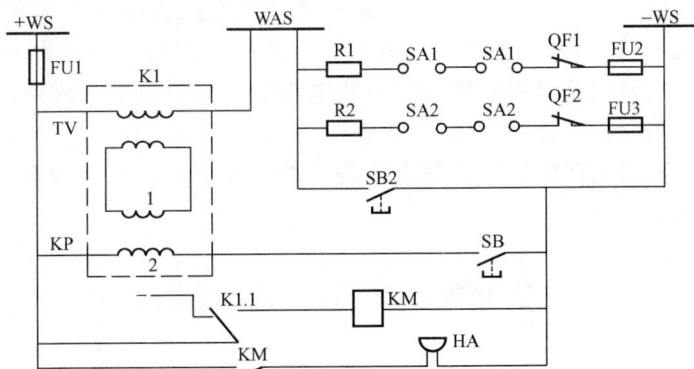

图 5-14　中央事故信号回路原理图

（三）简单变电站的信号装置

容量比较小的工厂供配电站，由于断路器台数较少，同时发生事故的机会也少，因此可以采用集中复归不重复动作的信号装置，只有音响信号，无光字牌。音响信号可集中复归，但不重复动作。继电保护装置或断路器的状态可从信号继电器的掉牌或断路器的红、绿指示灯来判别。图 5-15 为集中复归不能重复动作的事故信号装置。图中 S1 为试验按钮，S2 为音响解除按钮。断路器 QF1 事故跳闸，回路＋WS→FU1→HA1→K→SA1→QF1→FU2→－WS 通，HA1 蜂鸣器发音响。按下 S2，继电器 K 动作，动断触点打开，切断音响回路，蜂鸣器停止音响，动合触点闭合，保持继电器线圈在带电状态。动断触点一直在断开状态，再有断路器跳闸，也不能再发音响。

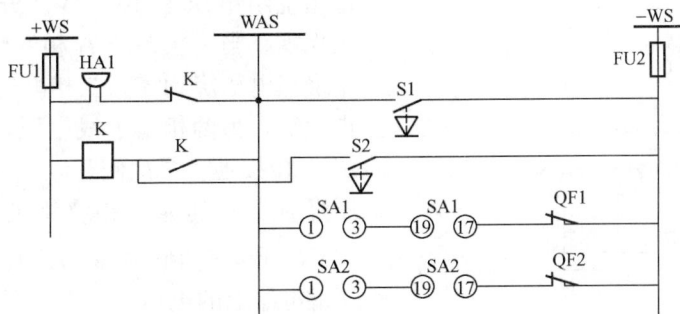

图 5-15　集中复归不能重复动作的事故信号装置电路图

二、变配电站中仪表的配置

变配电站中电力装置的电测仪表配置要求如下：

（1）在工厂的电源进线上，必须装设计费用的有功电能表和无功电能表，而且宜采用全国统一标准的电能计量柜，配用专用的互感器，连接计费用电能表的互感器，不得接用其他仪表和继电器。

（2）每段母线上都必须装设电压表测量电压，并装设绝缘监察装置（小接地系统）监视其绝缘状况。

（3）降压变压器的两侧均应装设电流表以了解负荷情况；低压侧如为三相四线制，应各相都装电流表。高压侧还应装设有功电能表和无功电能表。

（4）6～10kV高压配电线路应装设一只电流表，了解其负荷情况。如需计量电能，还需装设有功电能表和无功电能表。

（5）低压配电线路（三相四线制）一般应装设三只电流表或一只电流表加电流转换开关，以测量各相电流，特别是照明线路。如为三相负荷平衡的动力线路，可只装一只电流表。如需计量电能，一般应装设三相四线制有功电能表。对负荷平衡线路，可只装一只单相有功电能表，实际电能为其计数的3倍。

（6）并联电力电容器电路应装设三只电流表，以检查三相负荷是否平衡。如需计量无功电能，则需装设无功电能表。

第五节 绝 缘 监 察

一、交流绝缘监察

在中性点非有效接地（非直接接地）系统中，出现一相接地，由于线电压不发生变化，允许继续运行一段时间。但因非故障相对地电压升高到线电压，可能引起对地绝缘击穿而造成相间短路。故发生一相接地后，不允许长期带一相接地故障运行，为此必须装设绝缘监察装置来监视对地绝缘状况。图5-16是交流绝缘监察原理图。TV是母线电压互感器（三相五柱式或三个单相组），其一次侧中性点接地，正常时一次侧每相绕组加相对地电压，故二次侧绕组星形每相绕组电压是$100/\sqrt{3}$V（三相电压表指示相同，为相对地电压），开口三角形每相绕组电压是100/3V，开口三角形两端电压为零。当一次系统A相发生接地，一次侧A相绕组电压降到零，三相电压表中A相电压表指示零，另两相指示线电压，由此得知一次系统A相接地。二次侧开口三角形的A相绕组电压降到零，其他两相绕组的电压升高到$100/\sqrt{3}$V，开口三角形两端电压升高到100V。加在电压继电器上的电压由正常时的0V升高到100V，电压继电器动作，启动预告信号发出音响。

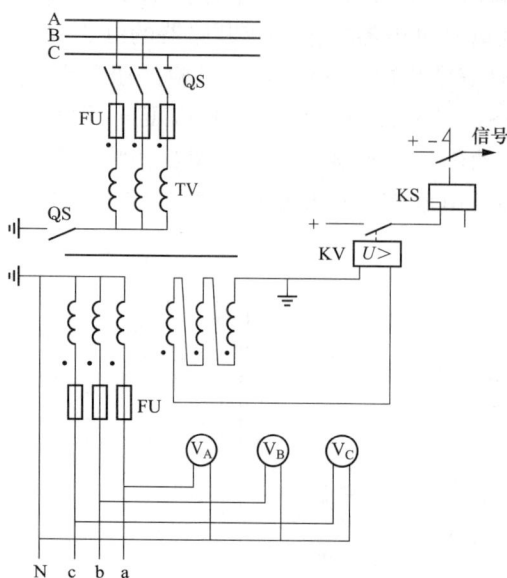

图5-16 交流绝缘监察原理图

二、直流绝缘监察

直流系统在运行中其正、负极都是不接地的。但由于二次回路的接线比较复杂，往往会因二次回路的绝缘受到破坏而造成直流系统的某点接地。直流系统的一点接地熔断器不会熔断，对运行没有影响，但长时间的一点接地是危险的，因为若再发生另一点接地，就可能造成控制回路、继电保护等回路的不正确动作，使断路器误跳闸，造成不应有的停电。因此，在直流系统中要求经常监察其绝缘状况。

通常采用的直流系统绝缘监察原理如图 5-17 所示。它包括电压测量和绝缘监察两部分。电压测量部分由转换开关 SA 和电压表 PV 组成。当 SA（1-2）、SA（9-12）接通时，电压表测出直流正、负极间的电压；SA（1-4）、SA（9-12）接通时，测出负极对地电压；SA（1-2）、SA（9-10）接通时，则测出正极对地电压。通过测量正、负极电压可以判断出哪一极的绝缘降低或接地。正常时绝缘良好，正极对地或负极对地电压都是零（或接近于零），假设正极接地时，正极对地电压为零，负极对地电压为母

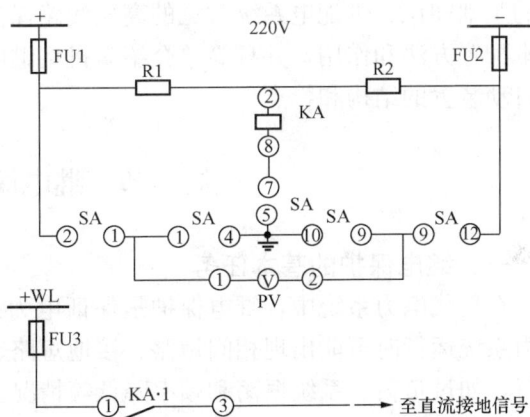

图 5-17　直流系统绝缘监视原理图

线电压。因此通过测量的数值即能判断出哪一极接地。绝缘监察部分由转换开关 SA 和高内阻的电流继电器 KA 组成。正常运行时，SA（5-7）接通，但由于正、负极均不接地，电桥平衡，因此电流继电器 KA 中无电流通过，继电器不动作。当发生任一极接地或对地绝缘电阻下降很多时，则原电桥回路失去平衡，KA 线圈中有电流流过，继电器启动。KA 的动合触点闭合，将光字牌回路接通，发出直流接地的信号指示。

在通用的绝缘监察装置中，还设有绝缘电阻测量回路，通过转换开关的切换，可以直接读出直流系统的对地绝缘电阻值。

习　题

5-1　什么是操作电源？直流操作电源有哪几种？

5-2　二次回路的任务是什么？二次回路按功能分为哪几种回路？

5-3　归总式原理图和展开式原理图在画法上有什么不同？

5-4　安装接线图包括哪几种图？

5-5　试说明断路器的控制过程。

5-6　隔离开关与断路器之间为什么要实行闭锁？

5-7　试说明事故信号的发出及解除过程。

5-8　为什么要设置交流绝缘监察？怎样监察？

5-9　为什么要设置直流绝缘监察？怎样监察？

第六章　工厂供配电系统的继电保护与自动装置

本章主要介绍工厂供配电系统的继电保护与自动装置，主要内容包括供配电系统继电保护的基础知识、供配电系统常见的高压线路保护、电力变压器保护、电动机及电容器保护的基本配置方法和作用，并且简单介绍微机型继电保护装置构成、变电站综合自动化基本功能及自动装置的结构和特点。

第一节　继电保护的基础知识

一、继电保护的基本任务

在现代电力系统中，继电保护是保证电力系统安全运行和提高供电可靠性的重要工具。电力系统运行时可能出现相间短路、接地短路、匝间短路和断线等故障；也可能出现不正常运行，如过负荷、系统振荡和频率降低等情况。故障的主要危害有：

（1）由于短路电流比正常运行电流大很多倍，当短路电流通过电气设备时，使电气设备发热，烧毁电气设备，并造成部分用户停电。

（2）短路使电力系统电压和频率下降，影响用户的正常生产。

（3）系统振荡、同期遭到破坏时，会引起系统解列，造成大面积停电。

因此，任何电力系统在设计和运行时，必须考虑到系统中可能发生的故障和不正常运行状态，并利用继电保护装置迅速切除故障，以保证电力系统正常运行。

继电保护装置是由一个或几个甚至几十个继电器所组成，以保护输电线路和电力系统的各种电气元件。继电保护装置的任务有：

（1）当被保护的输电线路或电气元件发生故障时，保护装置迅速动作，有选择性地把有故障的输电线路或电气元件从电力系统中切除，以消除或减小故障所引起的严重后果。

（2）当输电线路或电气元件出现不正常运行状态或发生不太严重的故障时（如中性点非直接接地电网中发生单相接地），保护装置动作，发出警告信号，通知运行值班人员采取相应措施。

二、对继电保护的基本要求

为了使继电保护装置（以下简称保护装置）能及时、正确地完成它所承担的任务，对保护装置有选择性、快速性、灵敏性和可靠性四个基本要求。

（一）选择性

当电力系统某部分发生故障时，保护装置应能首先断开离故障点最近的断路器，切除故障部分，从而使停电范围尽量缩小。

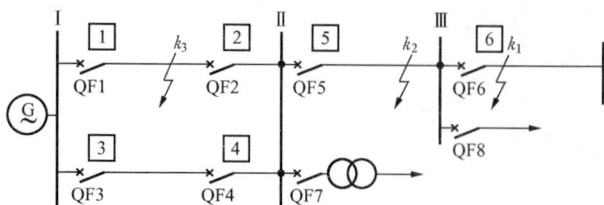

图 6-1　电网保护选择性动作说明图

以图 6-1 为例，在各断路器处都装有保护装置。当 k_1 点故障时，因为短路电流 I_k 经过 QF1～QF6 流至故障点 k_1，则相应的保护装置都有可能动作。但根据选择性的要求，应首先由 QF6 处的保护装置动作，使 QF6 断开，切除故障线路。若此时保护装置首先使 QF5 断开，则变电站Ⅲ将全部停止供电，这种情况称为无选择性的动作。同理，k_2 点短路时，应由 QF5 断开。k_3 点短路，应将 QF1 和 QF2 断开。

应该指出，一般保护还应有对相邻元件后备保护的作用，如图 6-1 中 k_1 点故障时，若由于某种原因 QF6 处保护装置或 QF6 由于机械等原因拒绝动作时，则应由 QF5 处的保护装置延时动作，跳开 QF5，切除故障。这种对相邻元件的后备作用称为远后备。

（二）快速性

快速切除故障可以减少短路电流对电气设备所引起的损害，加速系统电压的恢复，为电动机自启动创造有利条件，而且还能提高发电机并列运行的稳定性。

故障切除时间等于保护装置动作时间与断路跳闸时间之和。为快速切除故障应采用与快速断路器相配合的快速保护装置。现代电网中快速保护装置的最小动作时限一般可达 0.02～0.04s，断路器的最小动作时间约为 0.05～0.06s。

（三）灵敏性

灵敏性是指保护装置对被保护电气设备可能发生的故障和不正常运行情况的反应能力，一般是用被保护电气设备故障时通过保护装置的故障参数（如短路电流）与保护装置的动作参数（如动作电流）的比值来判别。这两个参数的比值，称为灵敏系数 K_{sen}。

反应故障时参量升高而动作的保护装置的灵敏系数为

$$K_{sen} = \frac{保护区末端金属性短路时故障参量的最小计算值}{保护装置的动作值}$$

反应故障时参量降低而动作的保护装置的灵敏系数为

$$K_{sen} = \frac{保护装置的动作值}{保护区末端金属性短路时故障参量最大计算值}$$

各保护的最小灵敏系数可按要求，在进行保护整定和校验计算时选取适当值。

（四）可靠性

投入运行的保护装置应经常处于准备动作状态，当被保护设备发生故障和不正常工作状态时，保护装置正确动作，不应拒动；其他设备的保护装置不应误动，如不满足可靠性的要求，保护装置本身便成为扩大事故或直接造成事故的根源，所以从设计单位、生产厂家到运行维护部门必须注重每一环节，以保证装置各元件性能始终保持在良好状态，满足保护的可靠性要求。

三、继电保护的基本工作原理及构成

为了实现继电保护功能，首先必须能够让保护装置区分系统正常运行与发生故障或不正常工作状态。

电力系统发生短路故障时，有些工频电气量参数会发生变化，与正常运行时不同。例如电流增大，母线电压降低、线路始端测得的阻抗减少、电流与电压之间的相位差变化以及出现对称序分量等，利用这些差别可以构成各种不同原理的继电保护。

反应电流增大而动作的保护为过电流保护；反应电压降低而动作的保护为低电压保护；反应故障点到保护安装处之间的距离（或线路始终端测量阻抗的减少）变化而动作的保护为距离保护（或低阻抗保护）等。此外，还有根据线路内部故障时，线路两端电流相位发生变化构成各种差动原理的保护。

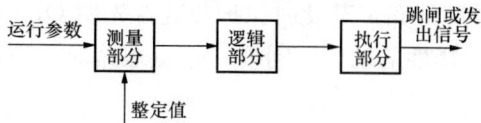

图 6-2　继电保护装置基本组成框图

继电保护装置一般由测量部分、逻辑部分和执行部分组成，如图 6-2 所示。测量部分是测量被保护元件的某些运行参数（与一次侧成比例的二次侧值），并与保护的动作整定值进行比较，以判断被保护元件是否发生故障。如果运行参数达到或超过动作整定值，测量部分向逻辑部分发出信号，表明发生了故障，且保护装置已经启动；逻辑部分接受测量部分送来的信号后，按照预定的逻辑条件，判断保护装置是否应该动作于跳闸，即实现选择性的要求，并向执行部分发出信号；执行部分根据逻辑部分送来的信号，按照预定的任务目标，动作于相应断路器跳闸或发出信号。

四、继电器基本原理及分类

继电器是继电保护装置的基本组成元件之一，它是当输入量的变化达到规定的要求时，在其输出电路中被控量发生预定阶跃变化的一种自动器件，如图 6-3 所示。

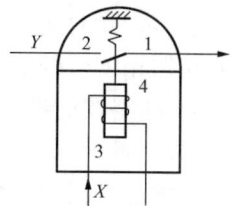

图 6-3　继电器的
基本构成原理图
1—触点；2—弹簧；
3—线圈；4—衔铁

在正常情况下，继电器的输入量 X（激励量）较小，其产生对衔铁 4 的吸力小于弹簧 2 的反作用力。因而触点 1 打开，继电器无信号输出。当输入量 X 变化到产生的吸引力大于弹簧的反作用力，继电器动作，触点接通，被控制量 Y 发生阶跃变化。

继电器的种类很多，按其组成原理可分为电磁型、感应型、整流型、晶体管型（静态）、微机型等继电器；按其反应的物理量可分为电流、电压、功率方向、阻抗、频率、气体等继电器；按其用途可分为测量继电器与辅助继电器等。国产常用保护的继电器型号一般用汉语拼音字母表示，其含义见表 6-1。

表 6-1　　　　　　　　　　　　常用保护继电器型号中字母的含义

第一位（原理代号）	第二位或第三位（用途代号）
D "电" 磁型	L 电 "流" 继电器；FL "负" 序电 "流" 继电器
G "感" 应型	Y 电 "压" 继电器；FY "负" 序电 "压" 继电器
L 整 "流" 型	G "功" 率方向继电器；CD "差动" 继电器
B "半" 导体型	S "时" 间继电器；CH "重合" 闸继电器
J "极" 化或 "晶" 体管型	X "信" 号继电器；ZS "中" 间有延 "时" 继电器
Z "组" 合型	Z "中" 间或 "阻" 抗继电器；DP "低频" 继电器
W "微" 机型	P "平" 衡继电器

五、电磁式继电器

（一）电磁式测量继电器结构原理

电磁式继电器的结构型式主要有螺管线圈式、吸引衔铁式及转动舌片式三种，如图 6-4 所示。每种结构皆有 6 个组成部分，即电磁铁 1、可动衔铁或舌片 2、线圈 3、触点 4、反作用弹簧 5 和止档 6。

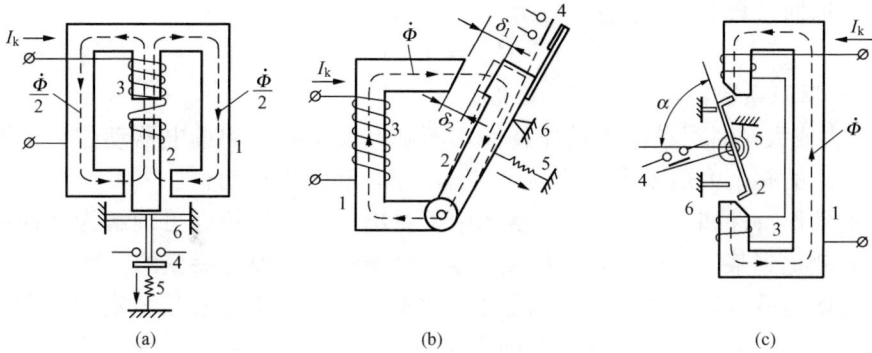

图 6-4　电磁式继电器的型式

（a）螺管线圈式；（b）吸引衔铁式；（c）转动舌片式

1—电磁铁；2—可动衔铁或舌片；3—线圈；4—触点；5—反作用弹簧；6—止档

当电磁铁的线圈中通过电流 I_k 时，在导磁体中就立即建立起磁通 Φ，该磁通经过电磁铁的导磁体、空气隙和衔铁而形成闭合回路。由于可动衔铁被磁化，产生了电磁力 F_{em} 或电磁力矩 M_{em}，使图 6-4（a）中衔铁被吸向上，图 6-4（b）衔铁 2 被吸向左，图 6-4（c）舌片顺时针旋转。只有当电磁力（或电磁力矩）大于弹簧及轴承摩擦所产生的反作用力（或力矩）时，上述情况才能发生，并使触点闭合。

1. 电磁型电流继电器

电流继电器的作用是测量被保护元件电流大小。如图 6-5 所示为 DL-10 系列电磁型电流继电器。电磁型电流继电器由铁芯、线圈、舌片、螺旋弹簧及动静触点构成。继电器的触点能否闭合，决定于电磁力矩 M_e、螺旋弹簧的反作用力矩 M_s 和舌片转轴摩擦力矩 M_f 三者间的关系。继电器的动作条件为电磁力矩大于或等于螺旋弹簧的反作用力矩和舌片转轴摩擦力矩之和，即

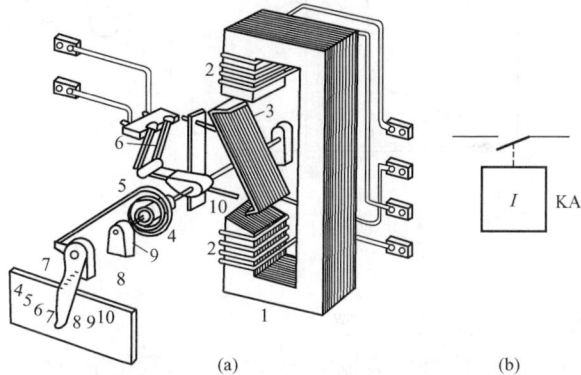

图 6-5　电磁型电流（电压）继电器

（a）结构图；（b）符号图

1—电磁铁；2—线圈；3—舌片；4—螺旋弹簧；5—动触点；

6—静触点；7—整定值调整把手；8—刻度盘；

9—轴承；10—止档

$$M_e \geqslant M_s + M_f \tag{6-1}$$

式中　M_s——弹簧力矩；

　　　M_f——摩擦力矩。

此外，电磁力矩 M_e 的大小正比于通入线圈电流平方，且与线圈匝数、气隙大小、铁芯截面积及长度有关。能使继电器的触点由断开到闭合时通往线圈的最小电流，称为动作电流 I_{op}。

继电器动作后必然要返回，继电器的返回条件为电磁力矩小于螺旋弹簧的反作用力矩和舌片转轴摩擦力矩之差（因此时摩擦力矩是阻碍继电器返回的），即

$$M_e \leqslant M_s - M_f \tag{6-2}$$

使继电器的触点由闭合到断开时通往线圈的最大电流称为返回电流 I_{re}。为表示 I_{re} 与 I_{op}

的关系，引入返回系数 K_{re} 的概念

$$K_{re} = I_{re} / I_{op} \tag{6-3}$$

式中　K_{re}——返回系数，可取 $0.85 \sim 0.95$。

　　若 K_{re} 太大或太小时对继电器动作特性均不利，太小会影响继电器动作后的返回，太大则使加在触点上的剩余力矩太小，使触点闭合不牢，易发生抖动。

　　继电器的动作特性如图 6-6 所示。从图中可看出，继电器特性可理解为当控制量（通入线圈的电流）变化到某一定值时，被控量（触点两端电压）发生突变的特性。

　　动作电流确定后，返回电流也就确定了。因此，在实际中主要是整定动作电流，返回系数可根据式（6-3）算出。通过调整 M_s 的大小可以改变 K_{re} 的值。一般调整电磁型电流继电器动作电流的方法有两种：一是改变螺旋弹簧的反作用力（作连续调整），即旋转调整把手的位置；二是改变线圈接法（作为倍调），即将线圈接成串联或并联，如图 6-7 所示。当调整把手处于一定位置时，线圈串联时的动作电流是并联时电流的 $1/2$，这是因为在通入继电器的电流一定时，线圈串联时的总磁动势为并联时的 2 倍。

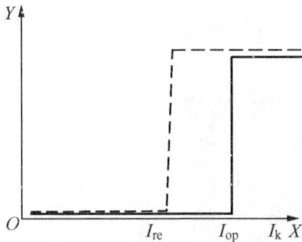

图 6-6　继电器动作特性

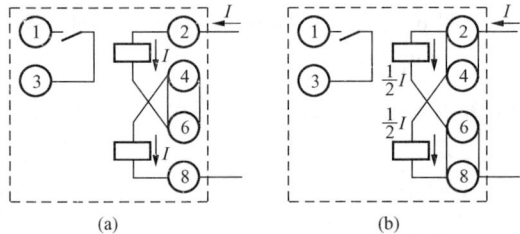

图 6-7　继电器内部接线图
（a）线圈串联；（b）线圈并联

2. 电磁式电压继电器

电压继电器是反应输入电压大小的测量继电器，其结构和工作原理与电流继电器基本相同。继电器线圈为电压线圈，匝数多，导线阻抗大。

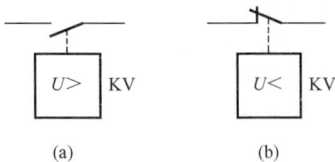

图 6-8　电压继电器符号图
（a）过电压继电器；（b）低电压继电器

电压继电器有过电压继电器和低电压继电器之分，它们表示符号分别如图 6-8 所示。过电压继电器动作过程与电流继电器相似，反映输入量增加到整定值而动作。低电压继电器反映输入量降低而动作，它有一对动断触点（常闭触点），正常运行时继电器两端加的是正常工作电压，继电器动断触点打开；当继电器两端电压降到某一定值时，继电器触点闭合，低电压继电器动作。

　　电压继电器动作电压的调整与电流继电器相同，但要注意如与电流继电器相反，则两个线圈串联时的动作电压是两个线圈并联时动作电压的 2 倍。

（二）电磁式辅助继电器结构原理

1. 电磁型时间继电器

时间继电器的作用是用来建立保护逻辑关系所需要的延时。从激励量变化到规定值的瞬间起至继电器输出信号的瞬间止，所经历的时间间隔为其动作时间。它的操作电源有直流也

有交流，一般多为电磁式直流继电器。

时间继电器的结构如图 6-9（a）所示。当继电器线圈通电后，主触点经一定延时闭合；线圈所加电压消失，继电器触点瞬时返回。电磁型时间继电器由电磁部分、钟表部分和触点组成。电磁启动机构采用螺管线圈式结构，其线圈可由直流或交流供电。当线圈 1 带电时，电磁铁 2 产生磁场，衔铁 3 在磁场作用下向下运动，钟表部分 10 开始计时，动触点 11 在刻度盘 13 上可粗略地表征时间值。当线圈 1 失压时，钟表机构在 4 的作用下返回。6、7、8 为瞬动触点。有些继电器还有滑动延时触点，即当动触点在静触点上滑过时才闭合的触点。

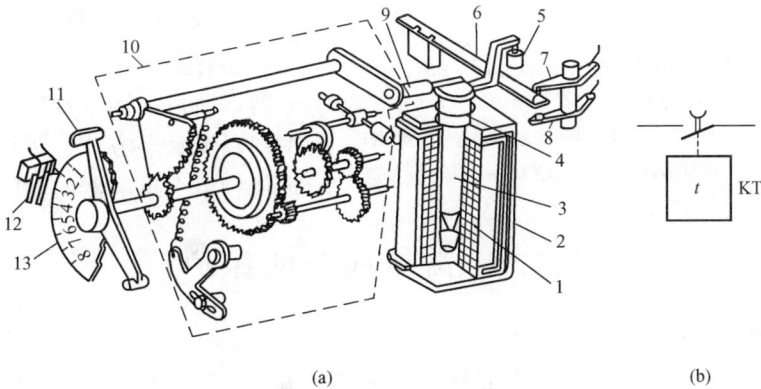

图 6-9　电磁型时间继电器

（a）结构图；（b）符号图

1—线圈；2—电磁铁；3—衔铁；4—返回弹簧；5—扎头；6—可动瞬时触点；7、8—固定瞬时动断、动合触点；
9—曲柄杠杆；10—钟表部分；11—动触点；12—静触点；13—刻度盘

2. 电磁型中间继电器

中间继电器作为辅助继电器，用于保护装置中，主要用以扩展前级继电器触点对数或触点负荷容量。扩大触点容量，以断开或接通较大电流的回路；增加触点数目，以满足保护多回路逻辑关系的要求。

电磁型中间继电器的结构一般是吸引衔铁式，其结构及表示符号如图 6-10 所示。线圈 2 通入电压后，电磁铁产生电磁力，吸引衔铁 3，从而带动触点 5，使动合触点闭合，动断触点打开。外加电压消失后，在弹簧 6 的拉力作用下，衔铁返回。为保证在操作电源电压降低时继电器仍能可靠动作，一般中间继电器的动作电压不应大于 70% 的额定电压。

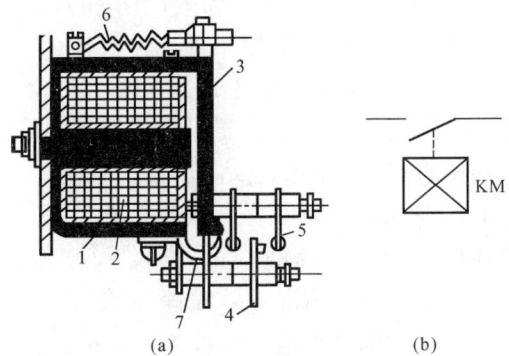

图 6-10　中间继电器

（a）结构图；（b）符号图

1—电磁铁；2—线圈；3—活动衔铁；4—静触点；
5—动触点；6—弹簧；7—衔铁行程限制器

3. 电磁型信号继电器

信号继电器作为装置动作的信号指示，用来标示继电保护装置或个别元件所处的状态或接通

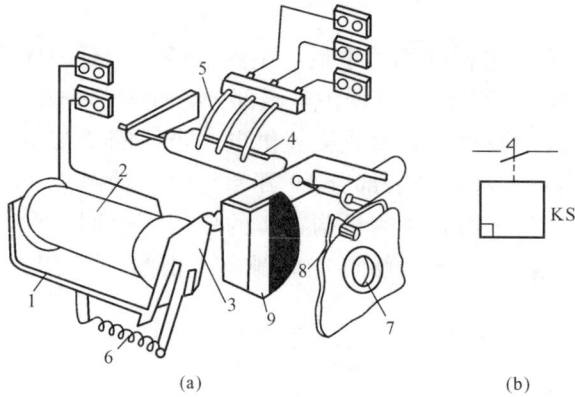

图 6-11　DX-11 型信号继电器

(a) 结构图；(b) 符号图

1—电磁铁；2—线圈；3—衔铁；4—动触点；5—静触点；
6—弹簧；7—信号牌显示窗口；8—复归旋钮；9—信号牌

灯光信号回路。DX-11 型信号继电器的结构及表示符号如图 6-11 所示，当线圈中通电时，衔铁 3 克服弹簧 6 的拉力被吸引，信号牌失去支持而落下，并保持在垂直位置使动静触点闭合，信号继电器触点自保持，在值班员手动转动复归旋钮后，才能将掉牌信号和触点复归，使信号牌恢复到水平位置，由衔铁 3 支持准备下一次动作。

以上各种电磁型继电器只是继电器各种类型中的一种结构型式。除此以外，还有整流型、晶体管型、集成型继电器，而目前逐步推广使用的微机保护中却以无触点方式、采用设计软件来实现代替单个继电器的功能。

第二节　高压线路的保护

一、定时限过电流保护

当电力系统中发生短路时，其重要特征之一就是流过故障设备的电流大大增加。定时限过电流保护装置就是根据这一特征构成的。所谓定时限过电流保护是将被保护设备的二次电流接入到过电流继电器中，当电流超过规定值（即保护装置的整定值）时就动作，并以一定的时间（即保护选择性配合所需的时限）动作于断路器跳闸的一种保护装置。

定时限过电流保护是电流保护中的一种。现以图 6-12 所示的单侧电源供电的辐射形网为例来说明其工作原理。过电流保护 1、2、3 分别装于线路 L-1、L-2、L-3 电源侧，每套保护装置主要保护本线路和由该线路直接供电的变电站母线。

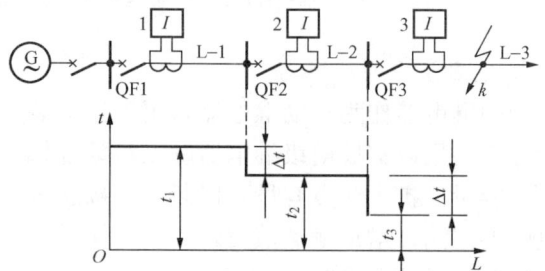

图 6-12　单侧电源辐射形电网定时限
过电流保护的配置及延时特性

假设在线路 L-3 上 k 点发生短路，短路电流由电源经过线路 L-1、L-2、L-3 流到故障点 k。一般情况下，短路电流大于保护 1、2、3 的动作值，所以三套保护装置同时启动，但按选择性要求，只应由离故障点最近的保护 3 动作于断路器 QF3 跳闸。断路器 QF3 跳开后，短路电流消失，保护 1 及 2 的电流继电器都应立即返回。上述各套过电流保护装置动作选择性的配合，是靠各套保护装置整定不同的动作时间来保证的，即各套保护装置中电流继电器动作后，都经过各自的时间继电器经不同的延时后，再动作于断路器跳闸。时限的配合必须满足以下要求

$$t_1 > t_2 > t_3 \tag{6-4}$$

$$t_2 = t_3 + \Delta t \tag{6-5}$$

$$t_1 = t_2 + \Delta t = t_3 + 2\Delta t \tag{6-6}$$

其中 Δt 为相邻线路断路器跳闸时间级差，一般取 0.5s。各线路过电流保护装置时限的大小是从用户到电源逐级增加的。越靠近电源的保护，其动作时间越长，好比一个阶梯，故称为阶梯形时限特性。综上看出，定时限过电流保护的特点是：

（1）各段保护的动作时限是固定的，与短路电流的大小无关。

（2）各级保护的时限特性呈阶梯形，越靠近电源动作时限越长。

（3）每一段线路的定时限过电流保护，除保护本线路外，还作为相邻下一段线路的后备保护。如 k 点短路，若保护 3 或断路器 QF3 拒动，则经一段时间后，保护 2 动作，跳开 QF2，即保护 2 可作为保护 3 的后备保护。同理，保护 1 可作为保护 2 的后备保护。

二、电流速断保护

定时限过电流保护简单可靠，但由于它的动作电流是按躲过最大负荷电流来整定，保护范围往往很远，若线路末端故障，上级线路定时限过电流保护也会启动，甚至动作。为保证选择性，保护的动作时限按阶梯原则整定。如果线路段数多，则靠近电源处的保护时限就很长，这是过电流保护的缺点。

为了把电流保护范围限制在本线路，可通过保护的动作电流大于相邻下一线路首端短路时的最大短路电流来实现。这种电流保护的选择性是靠动作电流的整定来获得的，不必加时限，可以做成瞬动保护，称瞬时电流速断保护。

电流速断的动作电流可按大于本线路末端 k_1 点短路时流过保护的最大短路电流 $I_{k \cdot max}$ 来整定，即

$$I_{op}^{I} = K_{rel} I_{k \cdot max} \tag{6-7}$$

式中　K_{rel}——可靠系数，对电流速断保护可取 $1.2 \sim 1.3$；

$I_{k \cdot max}$——被保护线路末端短路时，流过保护的最大短路电流。

从图 6-13 可看出，这种保护的缺点是不能保护线路的全长，而且在不同的运行方式下发生故障时，保护范围要随着变化，而保护装置的动作电流整定好之后，基本上是不变的，所以最大运行方式下三相短路时，保护范围为 L_M，而在最小运行方式下两相短路时，保护范围缩小为 L_N。

从主保护角度来看，要求保护能以最快速度切除本保护范围内故障，电流速断保护能做到在线路始端一定范围内短路时，瞬时切除故障，但只在电压等级不高的非重要线路作为主保护用。

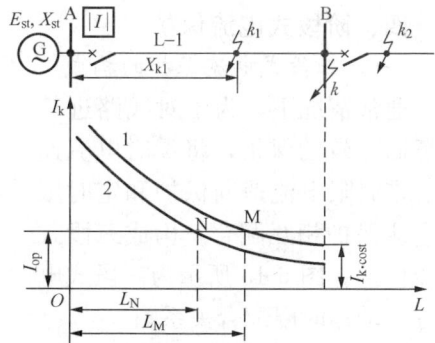

图 6-13　短路电流曲线及瞬时电流速断的保护范围

三、带时限的电流速断保护

瞬时电流速断保护的优点是动作迅速，但只能保护线路近首端的部分，要保证线路全长范围内的故障有保护来处理，就必须由另外的保护装置来跳闸。但如果采用定时限过电流保护，其动作时间较长。所以若考虑增设一套要求既能保护全线，又能较迅速切除故障的保护，这种保护就是带时限的电流速断保护。

要求带时限电流速断保护能保护线路全长，就必然会使其保护范围延伸到下一级线路，这样当下一级线路首端发生故障时，保护也会启动；为了保证选择性的要求，必须使其动作时间比相邻下一级线路的瞬时电流速断保护大一时间级差，并且使其保护范围不能超过下级

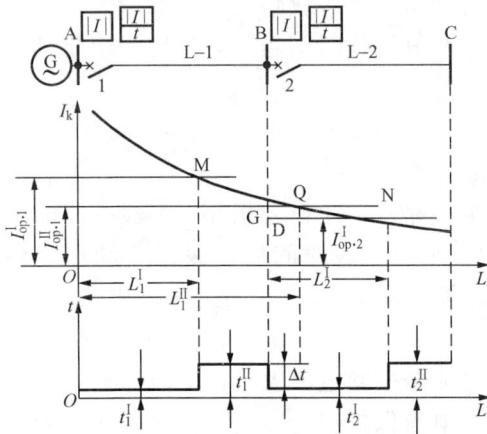

图 6-14　带时限电流速断与瞬时电流速断的配合

线路瞬时电流速断保护的保护范围。根据上述原则，现以图 6-14 为例说明如下。

线路 L-1 的带时限电流速断保护的动作电流应为

$$I_{op \cdot 1}^{II} > I_{op \cdot 2}^{I}$$
$$I_{op \cdot 1}^{II} = K_{rel} I_{op \cdot 2}^{I} \qquad (6-8)$$

式中　　K_{rel}——可靠系数，取 $1.1 \sim 1.2$；

$I_{op \cdot 2}^{I}$——相邻线路 L-2 的瞬时电流速断保护的动作电流。

为了保证选择性，还必须使线路 L-1 的带时限电流速断保护的动作时间 t_1^{II}，比线路 L-2 的瞬时电流速断的动作时间 t_2^{I} 大一个时间级差，即

$$t_1^{II} = t_2^{I} + \Delta t \qquad (6-9)$$

通常 t_2^{I} 近似为 0，故 t_1^{II} 一般为 0.5s。

为了使带时限电流速断保护在最小运行方式下发生两相故障时，仍能可靠地保护本线路全长，故必须以本线路末端作为灵敏度校验点，其灵敏系数为

$$K_{sen} = \frac{I_{k \cdot min}}{I_{op \cdot 1}^{II}} \qquad (6-10)$$

式中　　$I_{k \cdot min}$——被保护线路末端短路时的最小短路电流；

$I_{op \cdot 1}^{II}$——带时限电流速断保护的动作电流。

以上述保护整定方式进行保护配合，可以类推到其他线路上去。按规程要求，带时限电流速断保护的灵敏度 $K_{sen} > 1.25$。

四、阶段式电流保护

（一）三段式电流保护的构成

通常情况下，为了对线路进行可靠而有效的保护，将瞬时电流速断、带时限电流速断保护和定时限过电流保护相互配合，构成三段式电流保护。图 6-15 所示为三段式电流保护动作时限配合关系图。

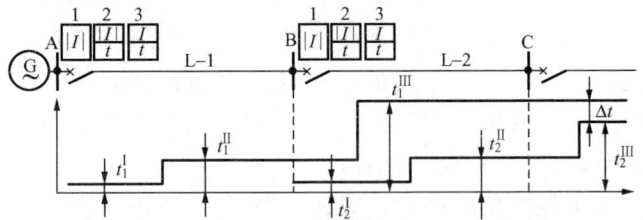

图 6-15　三段式电流保护动作时限配合关系

第一段为瞬时电流速断保护装置，它的保护范围为线路的首端，动作时限为 t_1^{I}，它由中间继电器固有动作时间决定。第二段为带时限电流速断保护装置，它的保护范围为线路 L-1 的全长并延伸到相邻线路 L-2 的首端部分，其动作时限为 $t_1^{II} = t_2^{I} + \Delta t$。瞬时电流速断和带时限电流速断装置是线路 L-1 的主保护。第三段保护为定时限过电流保护装置，保护范围包括 L-1 及 L-2 全部甚至更长，动作时限为 t_1^{III}，并且 $t_1^{III} = t_2^{II} + \Delta t$，$t_2^{III}$ 为相邻线路 L-2 过电流保护的动作时限。

（二）三段式电流保护的原理接线

如图 6-16 所示，KA1、KA2、KS1 构成第一段电流速断保护；KA3、KA4、KT1、KS2 构成第二段保护，即带时限电流速断保护装置；KA5、KA6、KT2、KS3 构成第三段保护，即定时限过电流保护装置。KM 为保护出口中间继电器。任何一段保护动作时均有相应的信号继电器掉牌，从掉牌指示可知道哪段保护动作，从而分析故障范围。

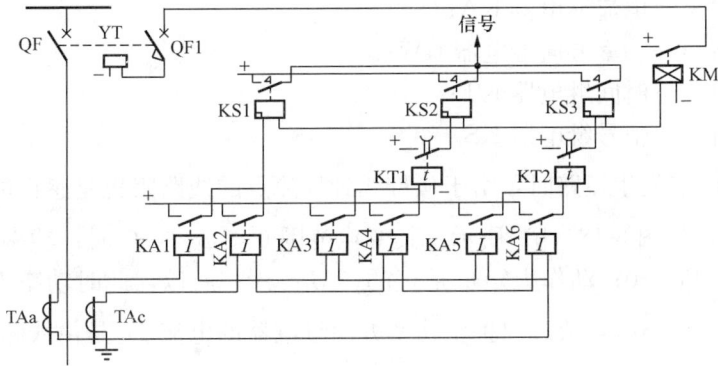

图 6-16　三段式电流保护接线图

五、方向过电流保护

为适应双（多）电源网络双向送电的运行状况，需要装设具有判别电流方向的方向电流保护来处理多电源网络线路中的故障。

（一）方向过电流保护时限特性

方向过电流保护的时限特性如图 6-17 所示。电网中各保护按其同一动作正方向可分为两组，保护 1、3、5 为一组，保护 2、4、6 为另一组，各方向保护时限的配合同样按阶梯原则来整定。这样，当 L-2 线路上发生短路时，因流过保护 2、5 的短路功率的方向是由线路指向母线，方向元件闭锁，保护不动。而保护 1、3、4、6 上，因流过的短路功率是由母线指向线路，为正方向，保护都启动。但由于 $t_1 > t_3$，$t_6 > t_4$，故保护 3、4 先动作，跳开相应的断路器 3、4，保证了动作的选择性。

（二）方向过电流保护的组成

方向过电流保护的组成如图 6-18（a）所示，由以下四个基本元件组成：

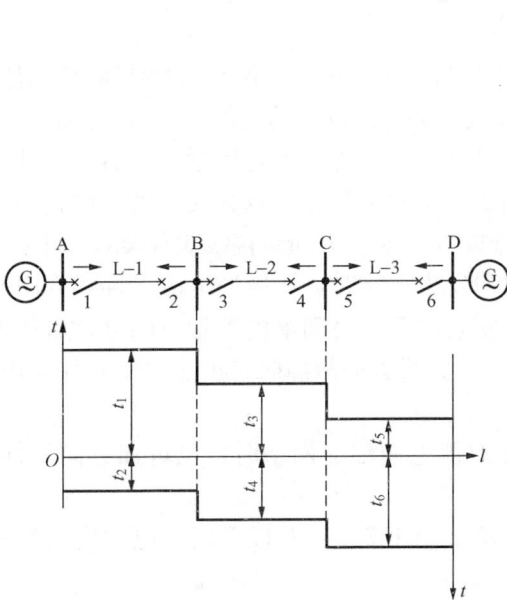

图 6-17　方向过电流保护的时限特性

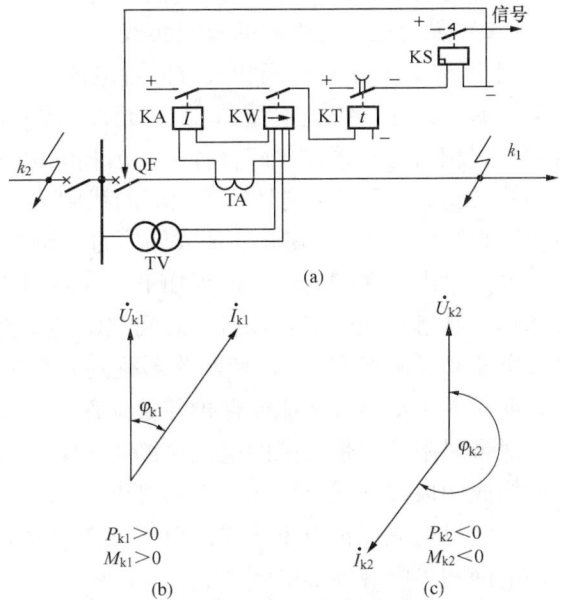

图 6-18　方向过电流保护原理接线及相量图
（a）原理图；（b）正向短路相量图；（c）反向短路相量图

（1）启动元件——电流继电器 KA；

（2）方向元件——功率方向继电器 KW；

（3）时限元件——时间继电器 KT；

（4）信号元件——信号继电器 KS。

当在正方向 k_1 点发生短路时，由于从母线到故障点的线路阻抗是感性的，所以 $\dot{I}_{k1}$ 滞后 $\dot{U}_{k1}$ 的 φ_{k1} 小于 $90°$，如图 6-18（b）所示。其变化范围 $0°\leqslant\varphi_{k1}\leqslant90°$ 时：功率方向继电器感受到的功率是正的，$P_{k1}>0$；动作力矩也是正的，$M_{k1}>0$。所以，此时功率方向继电器动作。当在反向 k_2 点发生短路时，流过保护中功率方向继电器的电流 $\dot{I}_{k2}$ 是由线路流向母线，与规定的由母线流向线路的正方向相反，即与上述 k_1 点短路时的 $\dot{I}_{k1}$ 相比，是负的，相差 $180°$，如图 6-18（c）所示。$\dot{I}_{k2}$ 与 $\dot{U}_{k2}$ 的夹角大于 $90°$，其变化范围 $180°\leqslant\varphi_{k2}\leqslant270°$，继电器感受到的功率是负的，$P_{k2}<0$，力矩也是负的，$M_{k2}<0$，所以功率方向继电器不动作。这就是功率方向继电器判别短路功率方向的基本原理。

若当输入到功率方向继电器中的电流和电压相量 $\dot{I}_k$ 与 $\dot{U}_k$（其夹角为 φ_k），分别经电抗变换器和中间变压器，进行电量变换和组合形成继电器比较回路所需要的交流电压量 $\dot{K}_I\dot{I}_k$ 和 $\dot{K}_U\dot{U}_k$ 时，根据幅值比较方式构成功率方向继电器，则继电器的动作条件为

$$|K_I\dot{I}_k+K_U\dot{U}_k|\geqslant|K_I\dot{I}_k-K_U\dot{U}_k|\tag{6-11}$$

根据相位比较回路构成时，其动作条件为

$$-(90°+\alpha)\leqslant\varphi_k\leqslant90°-\alpha\tag{6-12}$$

其中 α 为功率方向继电器内角，一般可取 $45°$ 或 $30°$。

幅值比较方式与相位比较回路均可实现对方向的判别，构成功率继电器，且两者的动作条件是等价对应的。

（三）方向过电流保护的原理接线

图 6-19（a）所示是两相式方向过电流保护的原理接线图。KA1、KA2 是测量启动元件，KW1、KW2 是功率方向元件，方向元件采用 $90°$ 接线。必须注意启动元件和方向元件的触点采用"按相启动"接线，即将各个同名相的电流元件和方向元件的触点串联，然后与其他相回路并联起来，再串接到时间继电器的线圈上，如图 6-19（b）所示。这样接线的目的是为了避免受非故障相电流的影响而造成保护的误动作，若按图 6-19（c）所示接线就有误动的可能。

方向过电流保护的动作过程如下：在线路正方向发生故障时，相应的电流元件和方向元件动作，其触点同时闭合，启动时间继电器。经一定延时后，时间继电器触点闭合，启动信号继电器和跳闸线圈 YT，使断路器跳闸并发出信号。在反方向故障时，虽然电流元件动作，但方向元件不动，故不能使保护装置动作。

对带时限或不带时限的电流速断保护，当用在双侧电源辐射网络时，也可加方向元件，从而构成两段式（或三段式）方向过电流保护。

方向过电流保护由于接线简单、动作可靠，广泛地用于 35kV 及以下两侧电源供电的辐射形电网和单电源环形电网中。

六、小电流接地系统的接地保护

在 6～35kV 的电力网中，系统中性点的运行方式多为不接地或经消弧线圈接地。在这种

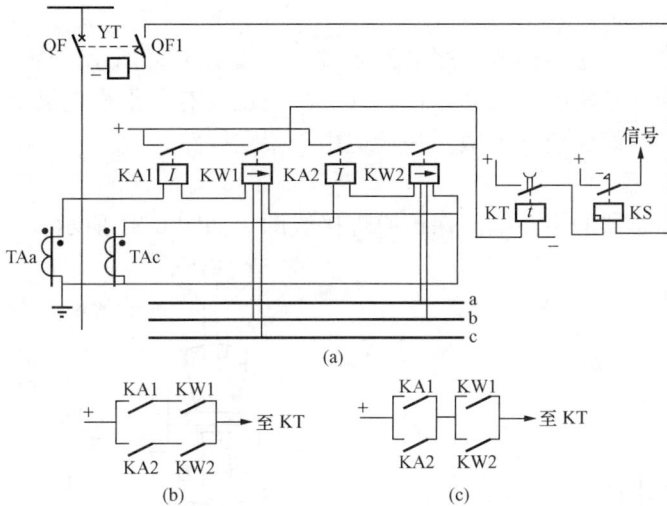

图 6-19　方向过电流保护原理接线图

(a) 两相式原理接线图；(b) 按相启动接线；(c) 非按相启动接线

系统中发生单相接地时，并未构成直接的短路回路，故障电流只是各元件对地分布电容所流过的电流，数值很小，而且三相之间的线电压仍是对称的，对负荷供电影响不大，仍可继续短时间运行 1～2h。但此时未故障的另两相对地电压升高 $\sqrt{3}$ 倍，为了防止故障继续发展（两点或多点接地短路），应及时发出信号，以便运行人员采取措施消除接地故障。

发生一点接地后流经故障线路的零序电流，其数值等于全系统非故障元件对地电容电流之总和（不包括故障线路），而容性无功功率的方向指向母线（恰与非故障线路相反）。若以母线为参照，通过故障和非故障线路的零序电容电流数值及其方向不同的特征区别，为保护构成提供依据。

根据小接地系统中单相接地时零序分量的特点，可设置零序电压保护、零序电流保护或零序功率方向保护。

（一）绝缘监察装置

在中性点不接地系统中，任一相发生接地都会使接地相电压下降而非接地相电压升高到线电压，并出现零序电压，利用它可实现接地保护。由于此类保护没有选择性，所以称为无选择性绝缘监察装置。

绝缘监察装置（交流）通过测量相电压的变化和开口三角形处出现的零序电压值，使过电压继电器动作，发出接地信号。

绝缘监察装置的优点就是简单，但需要用试拉线路的方法寻找故障，所以对于重要用户或者不允许短时停电的线路不能采用这种装置。

（二）零序电流保护

根据发生一点接地后，流经故障线路的零序电流，其数值等于全系统非故障元件对地电容电流之总和（不包括故障线路）的特征，通过区别故障和非故障线路的零序电容电流数值，可构成零序电流保护。

零序电流保护反应单相接地时出现的零序电流分量，使保护装置动作。所以，要在线路上都装设反应零序电流的电流互感器，以测量其故障时的零序电流。测量零序电流的方法有两种。

1. 零序电流滤过器

用三只单相的电流互感器构成零序电流滤过器，如图 6-20 所示。因为三只单相的电流互感器有误差，所以即使三相电流对称，在它的二次侧也会有不平衡电流输出，而单相接地时的电容电流并不大，故而反应不灵敏，一般适用于架空线路。

2. 零序电流互感器

采用零序电流互感器的零序电流保护原理接线图，如图 6-21 所示。

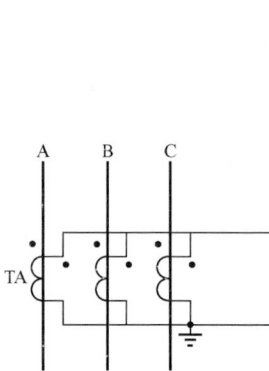

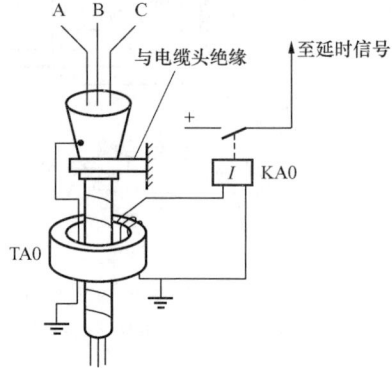

图 6-20　零序电流滤过器接线图　　　　图 6-21　零序电流互感器的零序电流保护原理接线图

保护装置由零序电流互感器 TA0 和零序电流继电器 KA0 所组成。零序电流互感器的一次绕组是被保护的三相电缆，二次绕组绕在方形或圆形的铁芯上，电流继电器接在二次绕组上。这种结构比较对称，不平衡电流可大为减小，只适用于电缆线路。只有当母线上并联线路数目较多时，此类保护才有足够的灵敏度；若线路数目少，实现这种保护是有困难的。这时可利用接地时故障相和非故障相电流方向相反的原理实现零序功率方向保护。

（三）零序功率方向保护

图 6-22 中的 TV 为三相五铁芯柱电压互感器，其二次绕组接成开口三角形，由开口三角绕组可测取零序电压。原理接线如图 6-23 所示，开口三角绕组构成了零序电压滤过器。TV 的一次绕组接成星形，且中性点接地，以便在另一个二次绕组取得相电压。开口三角形绕组 L、N 两端为 $3U_0$ 输出端。

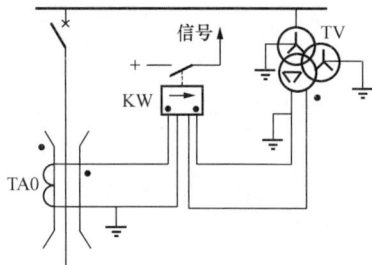

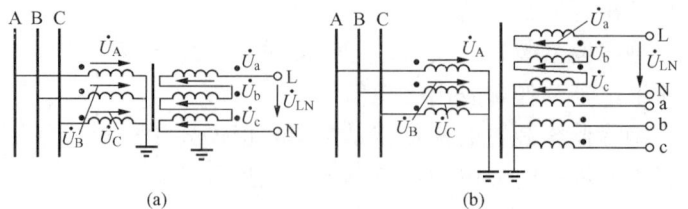

图 6-22　零序功率方向　　　　　图 6-23　零序电压滤过器的原理接线图
保护原理接线图　　　　（a）由三个单相电压互感器组成；（b）由三相五铁芯柱电压互感器组成

该原理构成的接地保护可在每回线上各装设一套。此外，也可在变电站中装设一套共用保护装置。共用装置的电压回路固定接在母线电压互感器二次侧开口三角形两端的 $3U_0$ 上，电流回路则通过切换开关接到各回出线的电流互感器零序电流回路中。在发生接地故障时，

变电站反应 $3U_0$ 的电压继电器动作，发出信号，再由值班人员切换电流回路开关。当切换到接地线路时，零序功率方向元件动作，发出信号。ZD-4 型小电流接信号装置就是属于这种共用接地保护装置。

七、35kV 线路保护回路接线实例

如图 6-24 为 35kV 电压等级的线路保护回路展开式原理接线图，其中包括交流电流回路、交流电压回路、直流回路和跳闸回路、信号回路。

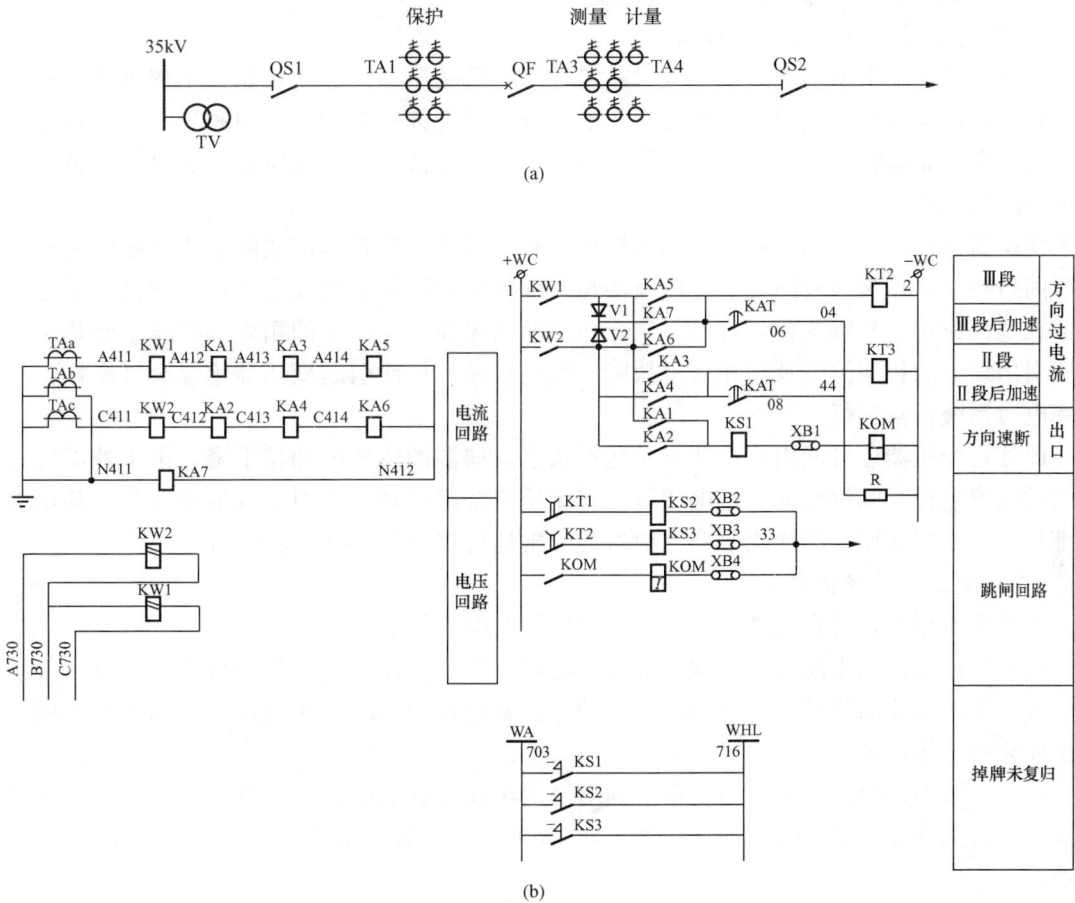

图 6-24　35kV 电压等级的线路保护回路接线图

主要配置的保护有带方向的瞬时速断保护（方向一段）、带方向的限时速断保护（方向二段）、带方向的定时限过电流保护（方向三段）。

方向一段保护主要元件有电流继电器 KA1、KA2，功率方向继电器 KW1、KW2，信号继电器 KS1，中间出口继电器 KOM。功率方向继电器测量端采用 90°接线，即接入二次相电流和其他相的二次线电压；电流继电器和功率方向继电器触点之间采用"按相启动原则"接线。保护瞬时动作于跳闸，并发信号。

方向二段保护主要元件有电流继电器 KA3、KA4，功率方向继电器 KW1、KW2，时间继电器 KT1，信号继电器 KS2，中间出口继电器 KOM。保护短延时动作于跳闸，并发信。

方向三段保护主要元件有电流继电器 KA5、KA6、KA7，功率方向继电器 KW1、KW2，

时间继电器 KT2，信号继电器 KS3，中间出口继电器 KOM，保护长延时动作于跳闸并发信。

当线路自动重合闸装置动作后，由 KAT 后加速继电器动作，接通方向二段保护和方向三段保护出口回路，若有故障，加速保护跳闸。

第三节　电力变压器保护

一、电力变压器运行状态及保护配置

（一）变压器故障及异常运行状态

变压器是供配电系统中重要电气设备之一。尽管变压器是静止设备，结构可靠，故障机会比较少，但运行经验表明，在实际运行中仍可能发生各种类型的故障和异常运行状况，给系统的安全可靠运行带来严重影响，所以必须根据变压器的容量及重要性装设性能良好、运行可靠的保护装置。

变压器的故障可分为油箱内部和油箱外部故障两种。油箱内部故障主要有相间短路、单相匝间短路、单相接地故障等。变压器油箱内部故障，不仅会烧毁变压器，而且由于绝缘物和油在电弧作用下急剧气化，容易导致变压器油箱爆炸。变压器油箱外部故障主要是绝缘套管和引出线上的相间故障及单相接地故障。此类故障有可能引起变压器绝缘套管爆炸，从而破坏电力系统正常运行。

此外，变压器还可能出现一些异常运行状态，如漏油造成的油位下降；由于外部短路引起的过电流或长时间过负荷、过电压等，使变压器绕组过热，绕组绝缘加速老化，甚至引起内部故障，缩短变压器的使用寿命。对这类异常运行也应采取措施加以消除。

（二）变压器的保护配置

根据变压器容量及在系统中的作用，其保护的配置如下：

（1）气体保护用来反应变压器的油箱内故障。当变压器油箱内发生故障时油分解产生气体，或当变压器油面降低时，气体保护应动作。容量在 800kV·A 及以上的油浸式变压器一般都应装设气体保护。

（2）纵联差动保护用来反应变压器内部及引出线套管的故障。容量在 10000kV·A 及以上单台运行的变压器和容量在 6300kV·A 及以上并列运行的变压器，都应装设纵联差动保护。

（3）电流速断保护。容量在 10000kV·A 以下单台运行的变压器和容量在 6300kV·A 以下并列运行的变压器，一般装设电流速断保护。

（4）过电流保护用来反应变压器内部和外部的故障，作为纵联差动保护或电流速断保护的后备保护。

（5）过负荷保护用来防止变压器的对称过负荷。保护装置只接在某一相的电路中，并且动作于信号。

（6）温度信号装置是为了监视变压器的上层油温不超过规定值（一般为 85℃）而装设。当超过油温规定值时，温度信号装置动作发出信号或自动开启变压器冷却风扇。

二、变压器气体保护

电力变压器利用变压器油作为绝缘和冷却介质，因此当变压器油箱内部发生各种故障时，短路电流都会产生电弧，使变压器油和其他绝缘物分解，产生大量的气体，利用这些气体

形成的压力或冲力使保护动作，这种反应气体形成的压力而动作的保护装置，叫作气体保护。

　　气体保护的主要元件是气体继电器。气体继电器安装在变压器油箱与油枕之间的连接管道中，如图 6-25 所示。为了使气体在管道中更好地流动，在安装具有气体继电器的变压器时，变压器顶盖与水平面间应具有 1%～1.5% 的坡度，通往继电器的连接管应具有 2%～4% 的坡度。这样当变压器发生内部故障时，可使气流易于进入储油柜（油枕），并能防止气泡积聚在变压器的顶盖内。

　　目前国内中小型变压器采用的气体继电器是 QJI-80 型。这种气体继电器的结构，如图6-26 所示。它用开口杯代替了老式的密封浮筒，用干簧触点代替了水银触点，从而有效地防止了由于浮筒漏油而产生的误动作，并提高了气体继电器的防震性能。

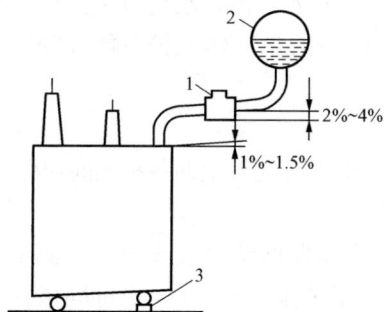

图 6-25　气体继电器安装示意图
1—气体继电器；2—储油柜；3—垫片

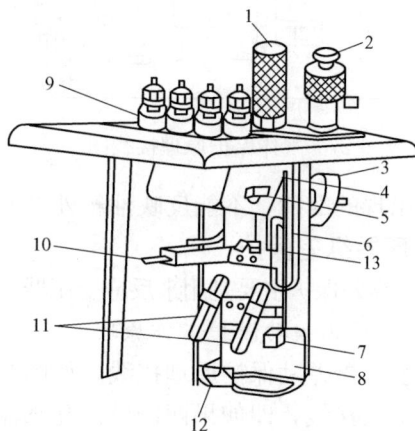

图 6-26　QJ1-80 型气体继电器结构图
1—探针；2—放气阀；3—重锤；4—开口杯；5、7—永久磁铁；
6—干簧触点；8—挡板；9—接线端子；10—流速整定螺杆；
11—干簧触点（重瓦斯）；12—终止挡；13—弹簧

　　QJI-80 型气体继电器分轻瓦斯和重瓦斯两部分。轻瓦斯部分主要由开口杯 4、固定在开口杯上的磁铁 5、干簧触点 6 构成。重瓦斯部分主要由挡板 8、固定在挡板上的磁铁 7、重瓦斯干簧触点 11 及流速整定螺杆 10 构成。

　　正常运行时继电器内充满了油，开口杯内也充满了油。由于开口杯在油内重力所产生的力矩比平衡重锤 3 产生的力矩小，因此开口杯处于向上翘起的状态，与开口杯固定在一起的永久磁铁 5 处于远离轻瓦斯干簧触点 6 位置，所以该干簧触点处于打开状态。

　　当发生轻微故障时，气体聚集在继电器的上部，油面下降，开口杯露出油面，这时开口杯在空气中的重力加上杯内油的重力所产生的力矩，大于平衡重锤所产生的力矩，于是开口杯降下来，使固定在开口杯上的永久磁铁接近干簧触点。当气体聚积到一定容积时，干簧触点接通，发出轻瓦斯信号。可通过改变轻瓦斯平衡重锤的位置，使轻瓦斯触点动作的气体容积在 250～300cm³ 的范围内调整。

　　正常情况下，重瓦斯挡板 8 在弹簧 13 的作用下处于垂直位置，固定在挡板上的永久磁铁 7 远离重瓦斯干簧触点 11。当变压器油箱内发生严重故障时，油、气流冲击挡板的力量大于弹簧 13 的弹力时，挡板倾斜了一个角度，使固定挡板上的永久磁铁靠近重瓦斯的两对干簧触点，干簧触点接通，发出跳闸脉冲。重瓦斯动作的油流速度可利用流速整定螺杆 10 在

0.7～1.5m/s 的范围内调整。

气体保护的原理接线如图 6-27 所示。气体继电器触点 KG1 由开口杯控制，构成轻瓦斯保护，其动作后发出预告信号。气体继电器的另一触点 KG2 由挡板控制，构成重瓦斯保护，其动作后经信号继电器 KS 启动中间继电器 KM，KM 的两对触点分别使断路器 QF1、QF2 跳闸。

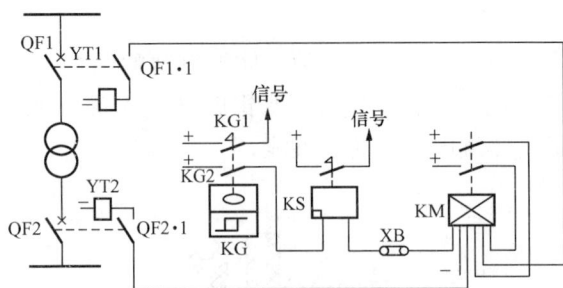

气体保护具有灵敏度高、动作迅速、接线简单等特点，特别是当变压器内匝间短路的匝数很少时，故障回路的电流虽然很大（这时将造成严重过热），但反应在外部电路的电流变化很小，这时差动保护可能不动作，而气体保护却能可靠地动作。因此，对于变压器油箱内部的各类故障，气体保护较差动保护更加灵敏可靠。但应注意的是气体保护只能反映变压器油

图 6-27　气体保护原理接线图

箱内部范围出现的故障，不能反映油箱外部的故障。

三、变压器纵差保护

变压器的纵差保护主要是用来反应变压器绕组内部及其引出线上发生的各种相间短路故障。

（一）变压器纵差动保护工作原理

双绕组变压器差动保护原理接线，如图 6-28 所示。变压器两侧都装设电流互感器，其二次绕组按环流法接线，即如果两侧电流互感器的同极性端都朝向母线侧，则将同极性端子相连，并在两边线之间并联接入电流继电器。在继电器线圈中流过的电流是两侧电流互感器二次电流之差，也就是说差动继电器是接在差电流回路中的。

从理论上讲，正常及外部故障时，差电流回路中的电流为零。实际上由于两侧电流互感器的特性不可能完全一致等原因，在正常和外部短路时差动回路中仍有差电流，即不平衡电流。此时流过差动继电器的电流为

$$\dot{I}_{KD} = \dot{I}_1 - \dot{I}_2 = \dot{I}_{unb} \quad (6\text{-}13)$$

要求不平衡电流尽可能地小，确保继电器不会误动作。当变压器内部发生相间故障时，在差电流回路中由于 $\dot{I}_2$ 改变了方向或等于零（无电源侧），这时流过继电器的电流为 $\dot{I}_1$ 与 $\dot{I}_2$ 之和，为全部的二次侧短路电流之和，即

$$\dot{I}_{KD} = \dot{I}_1 + \dot{I}_2 = \dot{I}_k \quad (6\text{-}14)$$

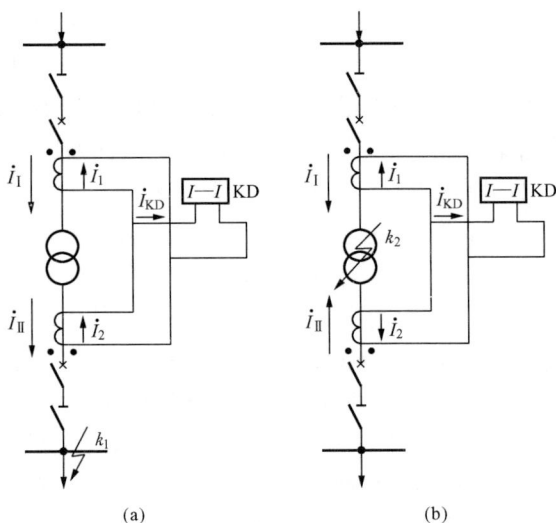

图 6-28　双绕组变压器差动保护单相原理接线图
(a) 正常运行和外部故障时的情况；(b) 内部故障时的情况

这会使差动继电器 KD 可靠动作。由图可见，变压器的差动保护范围是构成变压器差动保护的电流互感器之间的电气设备，以及连接这些电气设备的导线。由于差动保护对区

外故障不会动作，因此差动保护不需要与保护区外相邻元件在动作值和动作时限上互相配合，所以在区内故障时可瞬时动作以切除故障。

（二）产生不平衡电流的主要因素及解决措施

由于变压器在结构和运行上的特殊性，使它实际上在保护范围内没有故障时也可能有较大的不平衡电流流过继电器，所以必须设法减小和躲过不平衡电流，以防纵差保护误动。

产生不平衡电流的主要原因是：变压器各侧的额定电压和电流大小及相位不同；变压器空载合闸时在电源侧有很大的励磁涌流出现；变压器两侧作差动用的电流互感器不可能采用同型号、同规格；变压器各侧电流互感器的实际变比与计算变比不一致；变压器在运行中带负荷调整分接头等因素。

考虑以上因素，变压器差动保护中，计算区外故障时可能出现的一次侧最大不平衡电流为

$$I_{unb.\,max} = (K_{SS} \times 10\% + \Delta U_{adj} + \Delta f_w)I_{k.\,max} \tag{6-15}$$

式中　K_{SS}——同型系数，当两侧电流互感器型号相同时，取 0.5；型号不同时，取 1；

ΔU_{adj}——调压分接头相对于额定抽头的最大变化范围；

Δf_w——由于继电器平衡线圈的整定匝数与计算匝数不同所引起的相对误差，一般取 0.05 进行计算；

$I_{k.\,max}$——通过变压器调压侧的最大外部短路电流。

所以变压器差动保护在进行整定时，需躲过这个最大不平衡电流值。为了减少以上因素的影响，根据实际情况，可以采用"相位补偿法""修正互感器变比""采用自耦变压器""利用平衡线圈"等调整方法解决变压器纵差保护中不平衡电流问题。

（三）变压器的励磁涌流

变压器空载合闸或外部短路故障切除后电压恢复时，由于铁芯中总磁通不能突变，在变压器电源侧绕组中将产生很大的励磁电流。严重情况下，变压器铁芯处于高度饱和状态，励磁电流剧烈增大，可达到变压器额定电流的 6～8 倍，其波形呈尖顶波，并几乎全部偏于时间轴一侧，且含有大量高次谐波分量。而此电流只流过变压器电源侧绕组，因此在差电流回路中必然要出现较大的不平衡电流。

以试验数据的分析结果表明，励磁涌流与短路电流比较有如下特点：

（1）波形中含有非周期分量，且偏于时间轴的一侧。

（2）波形包含有大量的高次谐波，以二次谐波为主。

（3）波形出现间断，即有间断角。

根据以上特点，在变压器纵联差动保护中防止励磁涌流影响的方法有以下几种：

（1）采用具有速饱和铁芯的差动继电器，目前较广泛地采用带短路线圈的中间速饱和变流器的 BCH 系列差动继电器构成的保护。

（2）采用以二次谐波制动原理的差动保护。

（3）鉴别短路电流和励磁涌流波形的差别，采用间断角制动方式的差动保护。

（四）双绕组变压器差动保护的原理接线图

双绕组变压器差动保护的三相原理接线，如图 6-29 所示，KD1、KD2、KD3 均是 BCH-2 型差动继电器，KS 信号继电器发出差动保护动作信号，KM 是出口继电器，动作后作用于变压器两侧断路器 QF1 和 QF2 跳闸。其中每只 BCH-2 型差动继电器的内部接线如图 6-30 所示，且接线相同。

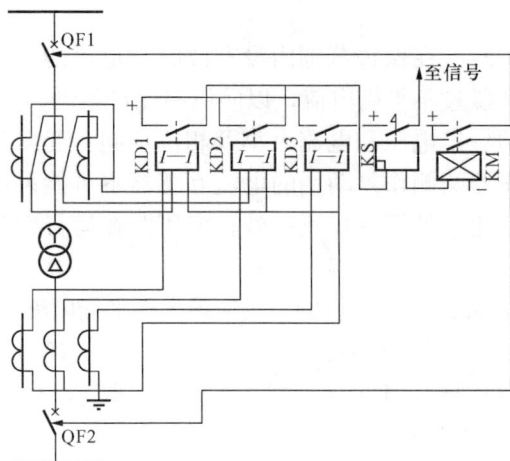

图 6-29　双绕组变压器采用 BCH-2 型差动
继电器构成纵差保护的三相接线图

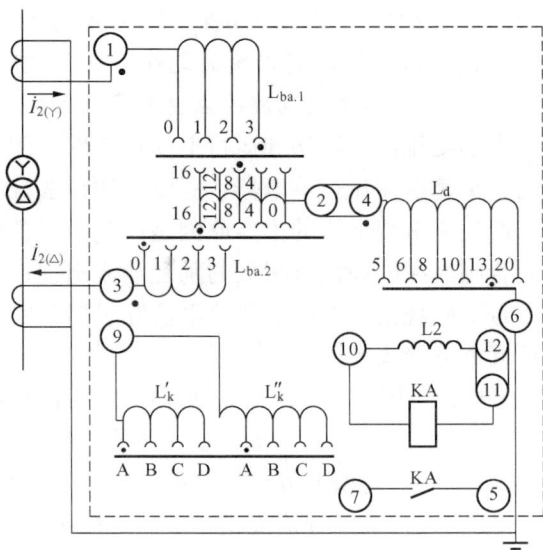

图 6-30　双绕组变压器采用 BCH-2 型差动
继电器构成纵差保护的单相接线图

BCH-2 型差动继电器是由带短路线圈的中间速饱和变流器和执行元件 DL-11/0.2 型电流继电器构成的。速饱和变流器的导磁体是三柱铁芯，其铁芯截面较小，容易饱和。在铁芯的中间柱上绕有差动线圈 L_d 和两个平衡线圈 $L_{ba.1}$ 及 $L_{ba.2}$。短路线圈 L'_k 和 L''_k 分别绕在中间柱和左侧柱上，两个短路绕组的匝数成倍数关系，且匝数越多制动特性越强，保护动作电流就越大。

当变压器内部故障，以周期分量为主的短路电流正常传感到二次侧，两个短路线圈的作用互相抵消，不影响励磁传变，因而保护快速动作跳闸。

而当变压器外部故障励磁涌流出现时，由于含有比较大的非周期分量使速饱和变流器铁芯迅速饱和，励磁传变关系变差，此时两个短路线圈的作用效果为对周期分量磁通的传变，去磁作用大于助磁作用，所以差动继电器的动作电流相对增大，因而保护装置不容易动作，即躲过励磁涌流及不平衡电流的影响。另外可通过平衡线圈的匝数调整平衡两臂电流不等引起的不平衡电流。

四、变压器的电流保护

（一）变压器电流速断保护

对于小容量变压器，除了应装设反映变压器内部的故障最灵敏而快速的气体保护外，可在电源侧装设电流速断保护，以快速反应油箱外部电源侧套管及引出线的故障。它与气体保护互相配合，构成小容量变压器的主保护。

图 6-31 为变压器电流速断保护的原理接线图，电流互感器装于电源侧。对于 35kV 及其以下的小接地电流系统，保护仍采用两相不完全星形接线方式。

（二）变压器过电流保护

为了反映变压器外部短路引起的过电流，并作为变压器本身故障的后备保护，变压器均装设过电流保护。对于单侧电源的变压器，过电流保护的电流互感器安装在电源侧，这样当变压器内部故障且差动（或速断）等快速动作的保护装置拒动时，则由过电流保护经过整定时限动作跳变压器两侧的断路器。

过电流保护可根据变压器容量的大小和保护装置对灵敏度的要求，采用过电流保护、带低电压启动的过电流保护、复合电压启动的过电流保护中的一种。对中小型变压器，一般采用前两种方式。

过电流保护的单相原理接线如图 6-32 所示。这种保护一般用于容量较小的降压变压器，保护装置的动作电流应按躲过变压器可能出现的最大负荷电流（包括电动机自启动的最大电流）来整定。

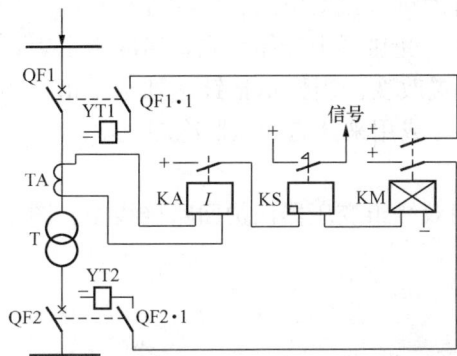

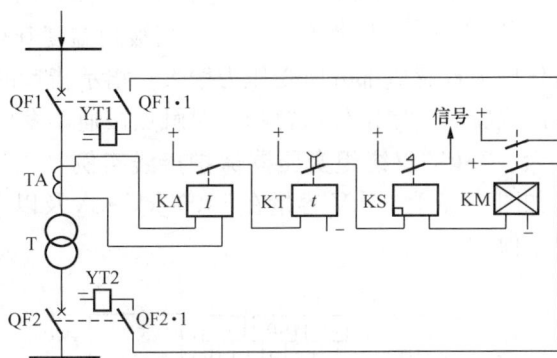

图 6-31　变压器电流速断保护原理接线图　　　　图 6-32　变压器过电流保护原理接线图

在过电流保护灵敏度不能满足要求时，可以采用低电压启动的过电流保护。双侧电源变压器或多台并列运行的变压器，为了降低电流元件的动作值，一般均采用低电压启动的过电流保护，原理接线如图 6-33 所示。其动作电流可按躲过变压器的额定电流来整定。低电压继电器的动作电压值应小于正常情况下的最小工作电压。

在低电压启动的过电流保护灵敏度不能满足要求时，也可以采用复合电压启动的过电流保护，以提高不对称相间短路故障时保护的灵敏度。

（三）过负荷保护

变压器的过负荷电流一般是三相对称的，所以过负荷保护只需在一相上装一个电流继电器，且可与过电流保护合用一组电流互感器。过负荷保护发信时限大于过电流保护动作时限 1～2 个时限级差，用来防止在外部短路或在短时过负荷时误发信号。

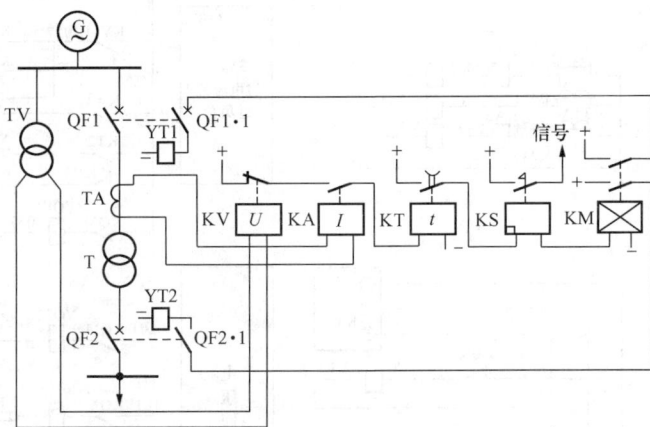

图 6-33　低电压启动过电流保护原理接线图

五、变压器的温度信号装置

变压器油的温度越高，劣化速度越快，使用年限减少。当油温达 115～120℃时，油开始劣化，而到 140～150℃时劣化更明显，以致不能使用。油温越高将促使变压器绕组绝缘加速老化影响其寿命。运行中规定变压器上层油温最高允许值为 95℃，正常情况下不应超过

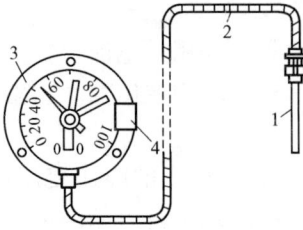

图 6-34　压力式温度计
1—受热器；2—连接细管；
3—温度指示表计；4—接线盒

85℃，因此运行中对变压器的上层油温要进行监视。

变压器油温的监视采用温度信号装置。其基本元件是带有电触点的压力式温度计，该温度计是按流体压力原理工作的。由受热器、连接细管和温度指示表计组成，压力式温度计如图 6-34 所示。受热器插在变压器顶盖温度计孔内。温度指示表计是一只灵敏的流体压力计，有标尺和可动指示指针及两个定位指针。连接管是铜质细管，外面包有蛇皮的保护管，与受热器组成一体，内充有乙醚（或氯甲烷、丙酮等）。

当被测温度升高时，受热器中液体膨胀，温度指示表计中的流体压力计感应部分所受压力增大，指示指针的位置改变。当指示指针达到定位指针预先放置的位置时，使定位指针的一对触点接通，发出信号或用来开启变压器冷却风扇。

六、35kV 双绕组变压器保护接线实例

如图 6-35 为 35kV 容量在 10000kV·A 及以上的双绕组变压器保护回路接线图。图中包括以下保护：

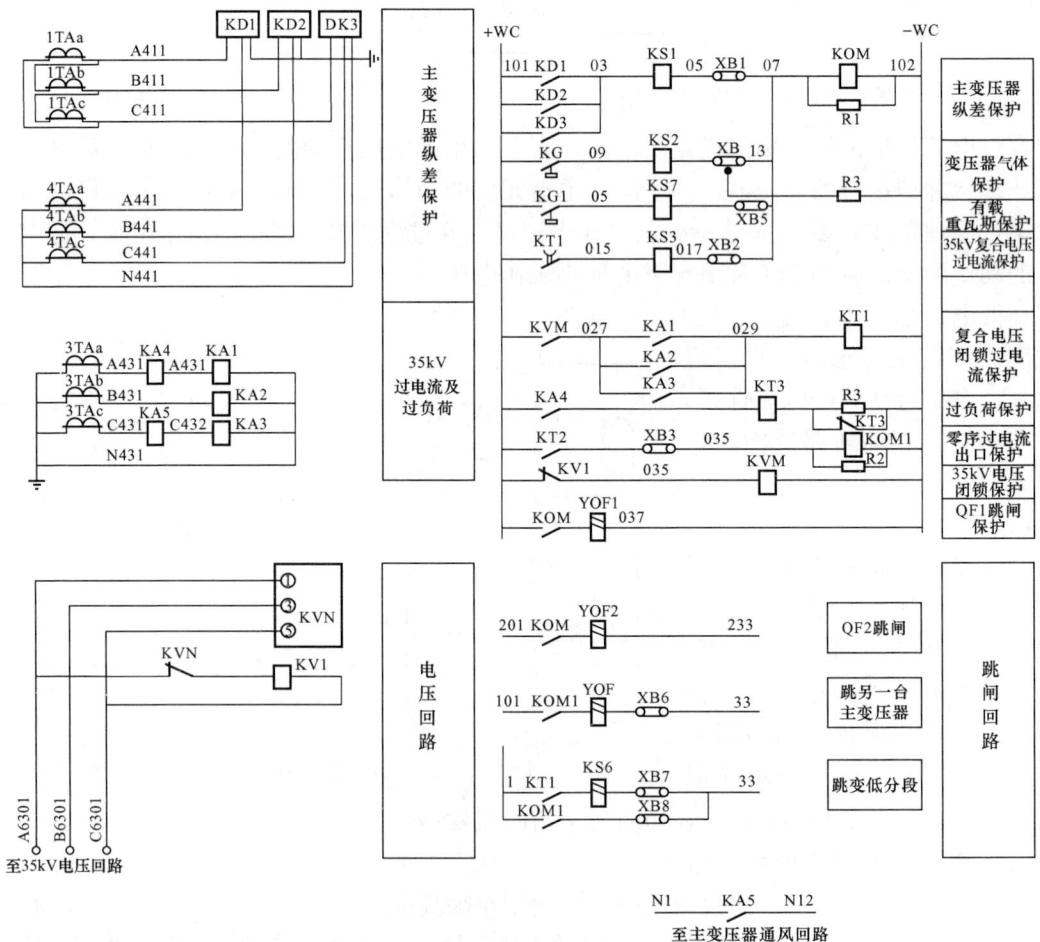

图 6-35　35kV 电压等级双绕组变压器的保护回路接线图

（1）差动保护由 BCH-1 型差动继电器 KD1、KD2、KD3 和信号继电器 KS1 组成，作为变压器相间短路的主保护之一，瞬时动作于变压器两侧断路器跳闸。

（2）变压器气体保护由气体继电器 KG、信号继电器 KS2 组成，作为反映变压器油箱内部各种故障的主保护之一。瞬时动作于变压器两侧断路器跳闸，也可由切换片 XB 改为动作于发信号。

有载调压变压器重瓦斯保护由气体继电器 KG1、信号继电器 KS7 组成，作为反映变压器有载调压部分故障的保护，在需要时接通连片 XB5，瞬时动作于变压器两侧断路器跳闸。

（3）复合电压启动的过电流保护由电流继电器 KA1、KA2、KA3 及电压继电器 KV1、负序电压继电器 KVN1、中间继电器 KVM、时间继电器 KT1、信号继电器 KS3 等元件组成。作为变压器的后备保护，反映变压器内部及外部的相间短路故障，延时动作于跳闸。

（4）过负荷保护主要用来反映变压器对称过负荷，由电流继电器 KA4、时间继电器 KT3、信号继电器 KS4 组成，保护延时发信。

第四节　电动机及电容器保护

一、电动机的保护

（一）电动机的保护配置

电动机的故障主要是定子绕组的相间短路、单相接地和匝间短路。

工业企业大部分使用中、小型电动机电压在 500V 以下且容量在 75kW 及以下的电动机，一般采用熔断器作为电动机的相间故障保护和单相接地保护。当不能采用熔断器时，才装设专用的保护装置。

3～10kV 异步电动机和同步电动机应装设相间短路保护，并根据有关规定装设单相接地保护、过负荷保护和低电压保护。同步电动机还应装设失步保护，在特殊情况下装设防止非同步冲击的断电失步保护。3～10kV 电动机的继电保护配置见表 6-2。

表 6-2　　　　　　　　　　3～10kV 电动机的继电保护配置表

电动机容量（kW）	保护装置名称						
	电流速断保护	纵联差动保护	过负荷保护	单相接地保护	低电压保护	失步保护	断电失步保护
异步电动机＜2000	装设	当电流速断保护不能满足灵敏性要求时装设	生产过程中易发生过负荷或自启动条件严格时应装设	单相接地电流大于5A 时装设，大于 10A 时一般动作于跳闸，小于 10A 时可动作于跳闸或信号	根据需要装设		
异步电动机≥2000		装设					
同步电动机＜2000	装设	当电流速断保护不能满足灵敏性要求时装设				装设	根据需要装设
同步电动机≥2000		装设					

（二）电动机的相间短路保护

电动机速断保护的动作电流可按躲过电动机的启动电流来整定，而电动机的启动电流比额定电流大得多，这就降低了灵敏度，对电动机内部保护区很小。因此，容量为 2000kW 及以上的电动机，应装设纵联差动保护；容量为 2000kW 以下且具有六个引出线的重要电动机，当速断保护的灵敏度不符合要求时也可装设纵联差动保护。

1. 由两个 DL 型电流继电器构成的纵联差动保护

由 DL 型电流继电器构成的纵联差动保护如图 6-36 所示。保护装置经中间继电器作用于跳闸，一方面是因为 DL 型电流继电器触点容量小，不能直接跳闸；另一方面是因为中间继电器具有不大的延时，其延时最好在 0.1s 左右，这样可以躲过电动机在启动时非周期分量的影响。

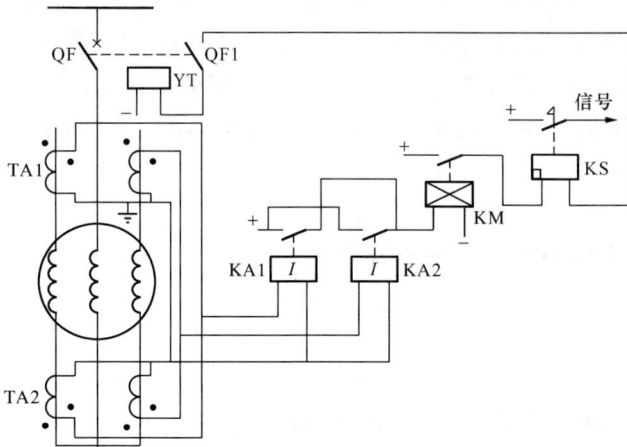

图 6-36　由 DL 型电流继电器构成的纵联差动保护

2. 由 BCH-2 型继电器构成的纵联差动保护

由 BCH-2 型继电器构成的纵联差动保护如图 6-37 所示。差动保护选用的电流互感器，即使型号相同、标准变比相等，二次侧仍可能有不平衡电流，在电动机启动时不平衡电流很大，而且启动电流中的非周期分量使保护的动作有一个不大的延时。为了提高保护的灵敏度和改善保护的性能，采用 BCH-2 型继电器构成差动保护，利用加强型速饱和变流器的助磁特性来躲过启动电流中非周期分量的影响。

（三）电动机的单相接地保护

在小电流接地电网中的高压电动机，若发生单相接地故障，接地电流大于 5A 时，应装设单相接地保护。单相接地电流为 10A 及以上时，保护装置一般动作于跳闸；单相接地电流为 10A 以下时，保护装置可动作跳闸或发信号。

电动机单相接地零序电流保护装置的原理接线如图 6-38 所示。保护装置接于零序电流互感器上，测量零序电流的继电器可以采用 DD-11 型或 DL-11 型。电动机单相接地保护动作电流按大于外部发生接地故障时被保护回路的电容电流整定。

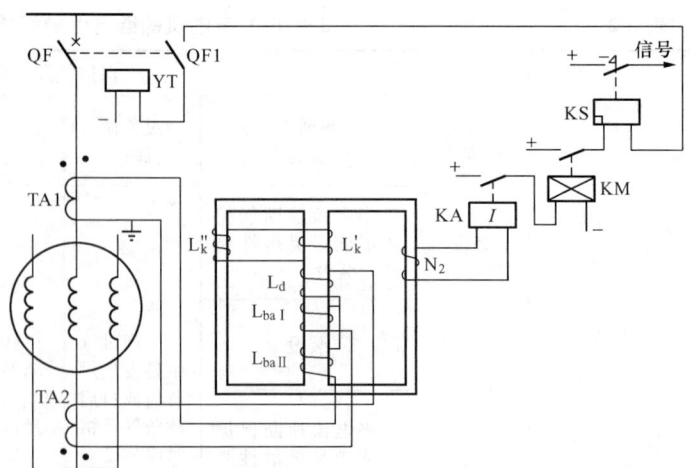

图 6-37　由 BCH-2 型继电器构成的纵联差动保护

（四）电动机的过负荷保护

当电动机的定子电流或转子电流超过额定值时，电动机处于过负荷状态，必然引起电动机绕组温度升高，促使绝缘老化，缩短电动机的使用寿命。但电动机一般并非连续运行在额定负荷下，且周围的冷却空气温度也低于容许温度，同时电动机本身具有一定的过负荷能力，所以短时的过负荷是完全允许的。

电动机的过负荷能力取决于过电流倍数的大小，它与允许通过时间的关系为

$$t = T \frac{\alpha - 1}{K^2 - 1} \qquad (6\text{-}16)$$

式中　t——过负荷允许的时间，s；

　　　T——发热时间常数；

　　　α——热值系数，一般取 1.3 左右；

　　　K——过电流倍数，即通过电流与额定电流之比。

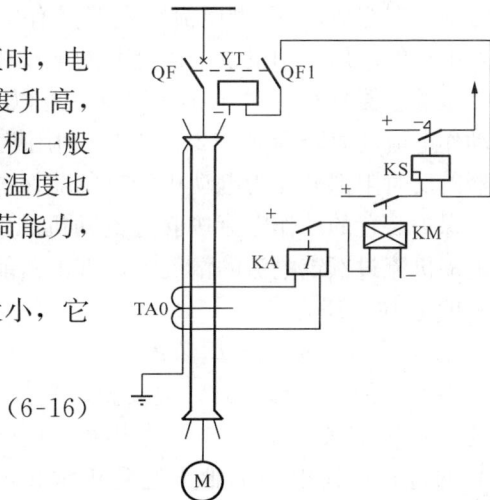

图 6-38　电动机单相接地零序
电流保护原理接线图

当发热时间常数 T 为某一定值时，电动机及热继电器的过负荷特性如图 6-39 曲线 1 所示。由曲线 1 可见，当过负荷的倍数较小时，允许过负荷的时间长；当过负荷倍数大时，允许过负荷的时间短。因此，电动机过负荷保护的特性应与电动机过负荷特性相配合，既能保护它不允许的过负荷情况，又应充分利用电动机的过负荷能力，提高经济性。

电动机的过负荷保护装置可以用以下几种继电器组成。

1. 采用热继电器的过负荷保护

工矿企业中的小型电动机多采用热继电器作为电动机的过电流和过负荷保护。其控制线路如图 6-40 所示，热元件 KH 串接于电动机的 A、C 两相中，热继电器的动断触点串接于接触器 KM 的线圈回路中，当电动机过电流而使绕组发热时，串接在控制回路内的动断触点断开接触器线圈回路的电源，使电动机停止运行。

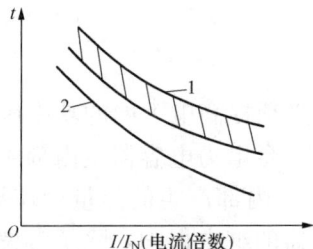

图 6-39　电动机及热继电器的过负荷特性曲线
1—电动机过负荷特性；2—热继电器过负荷特性

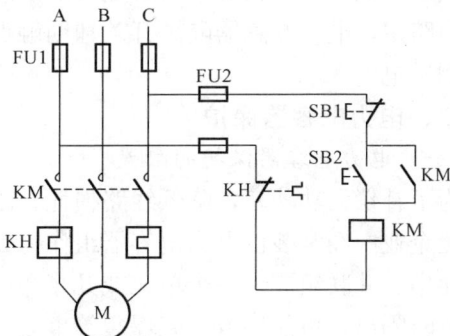

图 6-40　电动机带过电流和过负荷保护的控制电路

我国目前应用的主要热继电器的特性如图 6-39 中曲线 2 所示，它位于电动机过负荷特性曲线 1 的下面，因此既能起到过负荷保护的作用，又能利用电动机的过负荷特性。

2. 由 GL 型继电器组成的过负荷保护

电动机的过负荷保护装置可以由 DL 型电流继电器和时间继电器组成，也可以由 GL 型

电流继电器组成。GL 型电流继电器具有反时限特性，与电动机的过负荷特性曲线相似，所以发电厂的厂用电动机或工矿企业的电动机，一般过负荷保护都选用 GL-14 型电流继电器。此类型继电器具有两对独立的触点，可以分别作用于信号和跳闸，而且动作时限长（其 10 倍动作电流的时限为 8、12、16s），利用继电器的瞬动元件作为电动机的相间短路保护，继电器的反时限部分作为电动机的过负荷保护，动作于信号。

保护装置的动作电流按躲过电动机的额定电流整定，并考虑到当短时间过负荷消失时，在电动机流过额定电流的情况下，继电器能够返回，整定动作时限躲过电动机带负荷启动时间一般选 10～15s。

（五）电动机的低电压保护

当电压消失或降低时，电动机的转速下降。待电压恢复时，在电动机的绕组内开始通过比额定电流大几倍的自启动电流，这样大的电流将使电力网的电压降加大，延长电压恢复的过程，使电动机难于达到正常转速，严重时甚至不能自启动。所以为了保证重要电动机的自启动，必须在非重要的电动机及不允许或不需要自启动的电动机上装设低电压保护，在电压消失或降低时动作，将这些电动机从电力网上切除，以减小电力网的电压降。

3～6kV 电动机低电压保护的接线如图 6-41 所示。当电压下降到低电压继电器的整定电压时，KV1、KV2、KV3 动作，其动断触点闭合，启动时间继电器 KT1，发出次要电动机跳闸和信号脉冲；当电压再继续下降时，又使低电压继电器 KV4 动作，其动断触点闭合，启动时间继电器 KT2，其触点开断，发出重要电动机跳闸和信号脉冲。

如果只是熔断器熔断（如 A 相），则 KV1 的动断触点闭合，动合触点开断，但由于 KV2、KV3 动断触点仍闭合，则可启动中间继电器 KM1，将两个时间回路中 KT1 和 KT2 闭锁，从而防止误跳闸。如果三相熔断器同时都熔断，这时尽管 KV1、KV2 都误动作，但由于 KV3 接在分路熔断器上，没有动作。KV3 的动合触点闭合着，因而使 KM1 线圈带电，其动断触点开断，仍起到闭锁作用而防止误跳闸。当电压互感器一次侧的隔离开关 QS 断开时，其二次侧隔离开关的辅助触点 QS1 断开，使保护失去电源，因而不至于误动作。在交流电压回路中，电压互感器隔离开关辅助触点 QS1～QS6 的作用是防止电压互感器停用后由二次侧倒送电。

二、电力电容器保护

（一）电力电容器保护的配置

为了补偿无功功率，降低线路损耗，改善电能质量，必须提高电力网的功率因数，因此在工业企业中经常装设电力电容器组作为无功补偿装置。一台电力电容器组内部由很多电容器单元串、并联组成。一个单元或几个单元击穿或损坏时，内部产生的热量会使箱壳膨胀，若不及时隔离，可能导致箱壳爆裂等事故。所以电力电容器的继电保护，除了考虑主绝缘破坏及引线小母线等短路故障外，还需考虑电容器内部单元的故障。

电容器的保护包括内部保护和外部保护。内部保护作为单台电容器内部击穿时的保护，使电容器内部串联元件未全部击穿之前将其从电源上断开；外部保护用以保护电容器回路中的短路故障，并作为内部故障的后备保护。

目前对移相电容器的保护主要有熔断器保护、电流保护、差动保护、平衡保护等。电力电容器组保护装置的装设原则如下：

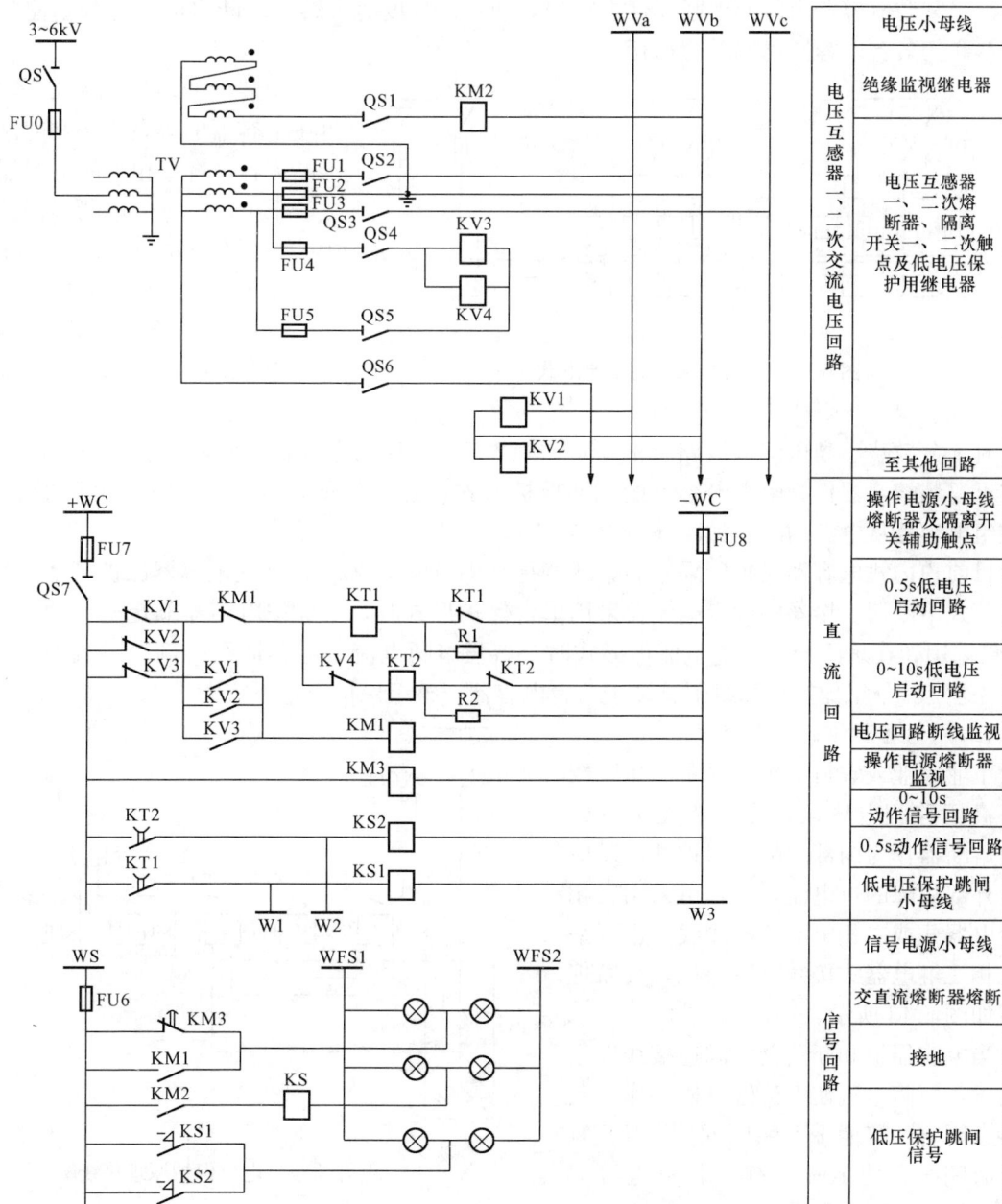

图 6-41 3～6kV 电动机低电压保护接线图

（1）速断电流装置保护装设。

（2）对电容器内部故障及其引出线短路采用熔断器保护时，可不装设。

（3）当电压可能经常超过 110％额定值时，宜装设。

（4）电容器与支架绝缘时可不装设。

（5）若容量小于 400kvar，可以由带熔断器的负荷开关进行保护。

（二）熔断器保护

当装设的电容器数量不多时，可在每台电容器的外部装设一个熔断器，如图 6-42（a）

所示。当某台电容器内部的串联元件击穿损坏到一定程度时，熔件熔断将电源断开，使其他与其并联的各台电容器仍能继续运行。

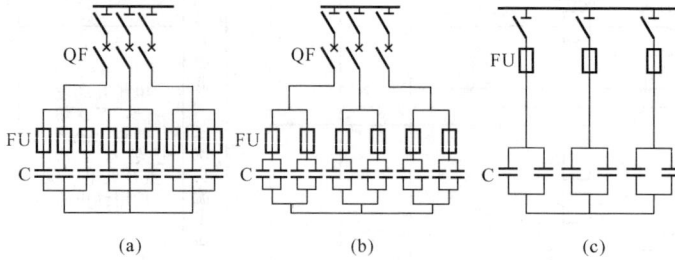

图 6-42　熔断器保护的主要形式

(a) 单台保护；(b) 分组保护；(c) 整组保护

当装设的电容器数量多时，可按电容器的容量大小和熔断器的断流容量将每相中的电容器分成若干组，而每个熔断器保护其中一组电容器，见图 6-42（b）。当其中有一台电容器击穿损坏时，熔件熔断将该组电容器全部从电源断开，以防止故障的发展。

对于分散装于高压配电线路上的 10kV（或 6kV）移相电容器，其容量在 150kvar 以下时，可只装熔断器作为整组电容器的主要保护形式。发生电容器的内部故障和相间短路时，将整组电容器从电源切除，如图 6-42（c）所示。

目前户内式电容器保护所采用的熔断器是 RN1 型熔断器，户外式电容器保护可采用 RW 型跌落式熔断器。熔丝的额定电流在采用单台保护形式时，一般按电容器额定电流的 1.5～2.0 倍选用；在采用分组和整组保护形式时，熔丝熔断电流按电容器组的额定电流的 1.3～1.8 倍选定。分组保护时每组不宜多于 5 台电容器，整组保护容量不宜大于 150～300kvar。

（三）电容器组的过电流保护

工业企业或农村供配电站的 10kV 或 6kV 高压移相电容器，除了装设单台或分组熔断器作为内部故障的保护外，还应装设外部故障的过电流保护，可采用二相二继电器式或二相电流差的接线，也可采用三相三继电器式接线电流保护，其原理接线如图 6-43 所示。

当电容器组和断路器之间连接线发生短路时，故障电流使电流继电器动作，其动触点闭合，接通 KT 线圈回路，KT 触点延时闭合，使 KM 动作，其触点接通

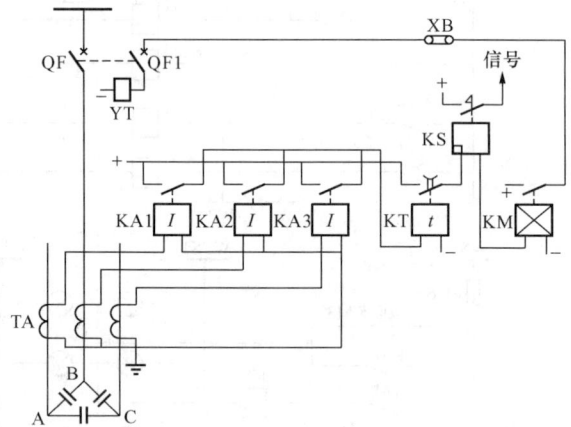

图 6-43　电容器组过电流保护原理接线图

YT 线圈，使断路器 QF 跳闸。过电流保护也可作电容器内部故障的后备保护，但只有在一台电容器组内部的串联元件全部击穿而发展成为相间故障时才能动作。

（四）电容器组的横联差动保护

1. 分相式横联差动保护

电容器组的横联差动保护用于保护双三角形连接电容器组的内部故障，其原理接线如图 6-44 所示。在 A、B、C 三相中，每相都分成两个臂，在每个臂中接入一只电流互感器，同一相两臂电流互感器二次侧按电流差接线，即流过每一相电流继电器的电流是该相两臂电流之差。它是根据比较两臂中电流的大小来工作的，所以叫作差动保护。各相差动保护分相装设，而三相电流继电器触点接成并联形式。

由于电容器组接成双三角形接线，对于同一相的两臂电容量要求比较严格，应尽量做到相等，因此正常运行情况下两臂中的电流相等，即 $\dot{I}_A=\dot{I}'_A$，$\dot{I}_B=\dot{I}'_B$，$\dot{I}_C=\dot{I}'_C$，对于同一相两臂中的电流互感器变比 K_{TA} 相同，且特性尽量一致，则流过继电器的电流为

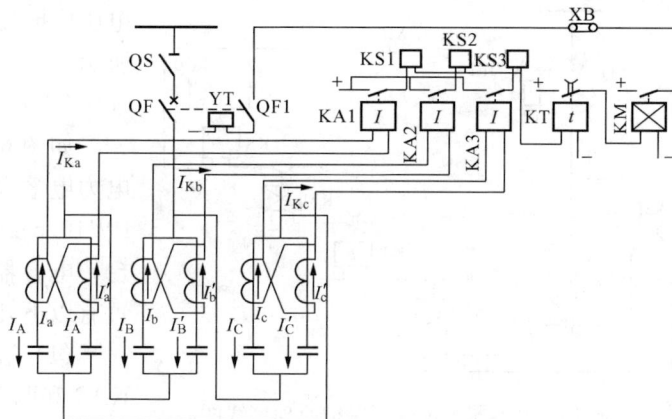

图 6-44　电容器组横联差动保护原理接线图

$$\dot{I}_{Ka}=\dot{i}_a-\dot{i}'_a=\frac{\dot{I}_A-\dot{I}'_A}{K_{TA}}=0$$

$$(6-17)$$

同理 $\dot{I}_{Kb}$ 和 $\dot{I}_{Kc}$ 也为零，故正常运行情况下电流继电器都不会动作。如果在运行中任意一个臂中的某一台电容器内部有部分串联元件击穿时，则该臂的电容量增大，其容抗减小，故该臂的电流增大，使两臂的电流失去平衡。当两臂的电流之差大于整定值时电流继电器动作。经过一定时间后，中间继电器动作，作用于跳闸，将电源断开。信号继电器 KS1～KS3 分别作为 A、B、C 相的故障指示。

2. 单继电器式横联差动保护

电容器差动电流保护也可采用单继电器式横联差动保护，也称中性线电流平衡保护。中性线电流平衡保护用于保护双星形接线电容器组的内部故障，其原理接线如图 6-45 所示。

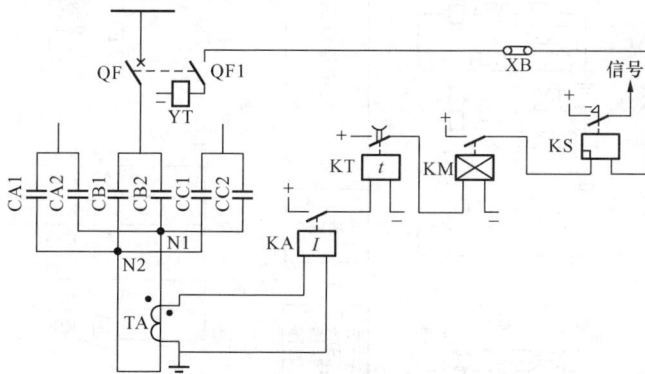

图 6-45　电容器组中性线电流平衡保护原理接线图

从图 6-45 可见，在两个星形的中性点 N1 和 N2 之间的连线上，接入电流互感器 TA，其二次侧接入电流继电器 KA。这种接线方式的原理实质仍是比较每相并联支路中电流的大小。当两组电容器各对应相容量的比值相等，即 $C_{A1}/C_{A2}=C_{B1}/C_{B2}=C_{C1}/C_{C2}$ 时，中性线连接线上的电流为零，而当其中任一台电容器内部故障有 70％～80％串联元件击穿时，中性点连接线上出现的不平衡电流使电流继电器动作，先后启动时间继电器和中间继电器，使断路器跳闸。

（五）电容器组的过电压保护

为了防止在母线电压波动幅度比大的情况下，导致电容器组长期过电压运行，应装设过

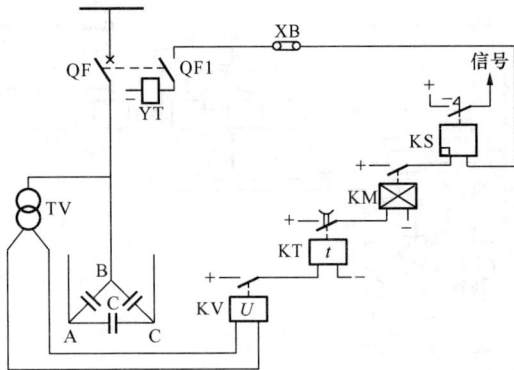

图 6-46　电容器组过电压保护原理接线图

电压保护装置，过电压保护原理接线如图 6-46 所示。

（六）10kV 电容器组保护原理接线实例

如图 6-47 为电压 10kV、容量 720kvar 的电力电容器组保护原理接线图，电容器为 BW10.5-24-1 型，单台容量 24kvar，共 30 台，电容器组额定电流为 41.6A。保护的配置有以下几种：

（1）装设两个 DL-11 型电流继电器 KA1、KA2 和两个变比为 50/5 的电流互感器，组成无时限过电流保护。

（2）电容器组为三角形联结，在每相的两个并联分支上，各装设一个变比为 30/5 的电流互感器和接于相电流差的 DL-13 型电流继电器 KA3、KA4、KA5，组成横联差动保护。

（3）装设零序电流互感器及相应的电流继电器 KEP 组成单相接地保护，动作于跳闸。

（4）装设 DL-11 型电压继电器 KV 作为过电压保护，延时作用于跳闸。

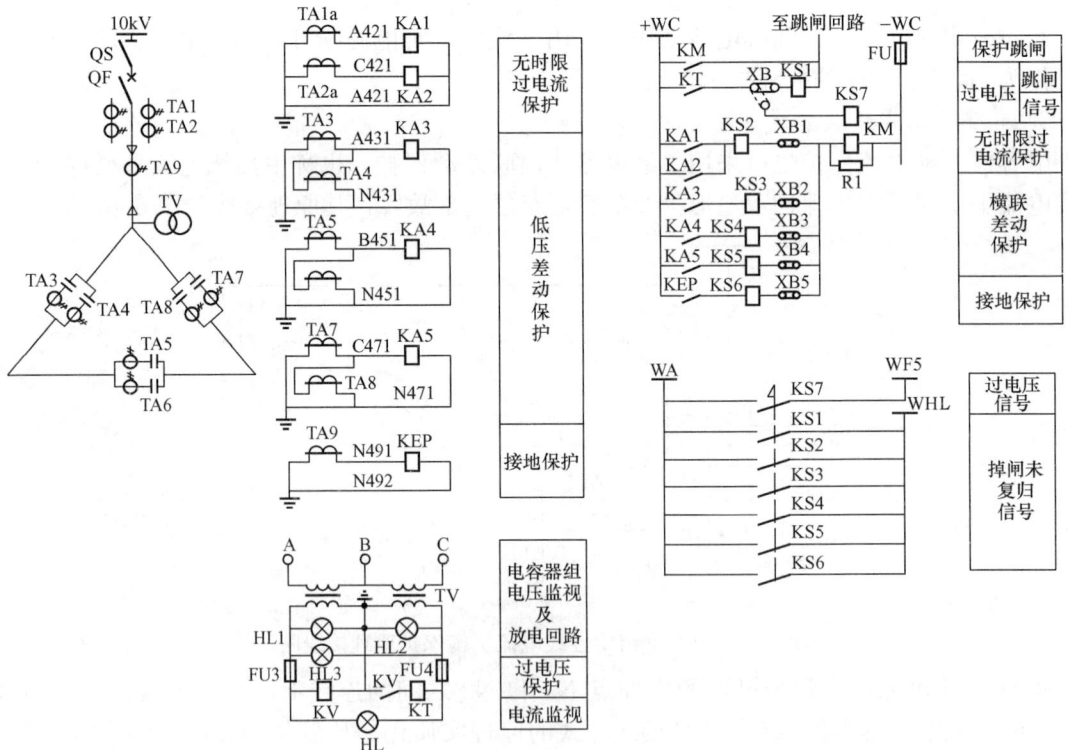

图 6-47　10kV 电容器组保护原理接线图

第五节　微机型继电保护装置

一、微机型保护原理和特点

微机型继电保护（简称微机保护）是电力系统计算机技术在线应用的主要成果。近年来，微机保护在电力系统中已得到普遍应用。微机保护具有可靠性高、灵活性大、性能稳定、功能强大、运行维护方便的优点。

微机保护系统有极强的综合分析和判断能力，元件数量少、芯片损坏率低，可以实现常规保护很难做到的自动诊断纠错、多微机系统互检以防止误动和拒动，其可靠性比传统保护高。

微机保护的硬件是通用的，保护特性和功能主要由软件决定，只要替换软件芯片就可以提供不同原理的保护特性和功能，而且软件程序可以实现自适应方式，可依靠运行状态而自动改变整定值和特性，从而灵活地适应电力系统不同运行方式下对保护系统的要求。

微机保护易于实现保护多功能，通过打印机、显示器可以提供电力系统故障前后的多种信息。例如，一台微机距离保护装置在硬件配置合理的前提下，只需修改软件，便可使其不但具有距离保护的功能，还可具有故障测距、故障录波、重合闸等功能，并可实现远方调节定值或投、切保护等功能。

目前，包括调度中心、变电站、水电站等在内的电力系统的保护、检测、远动、信号等控制功能均可由计算机实现，只要微机保护备有适当的通信接口，就可以很方便地实现综合自动化，并为微机保护提供新功能，如自适应保护功能和其他辅助功能。

由于计算机系统只作数字运算或逻辑运算，因此，微机保护工作原理是：当电力系统发生故障时，故障电气量通过模拟量输入系统转换成数字量，然后送入计算机的中央处理器CPU系统，对故障信息按相应的保护算法和程序进行运算，且将运算结果随时与给定的整定值进行比较，判别是否发生区内故障。一旦确认保护区内故障发生，根据开关量输入的当前断路器和跳闸继电器的状态，经开关量输出系统发出跳闸信号，并显示和打印故障信息。

微机保护由硬件和软件两部分构成。微机保护的软件由初始化模块、数据采集模块、故障检测模块、故障计算模块、自检模块等组成。通常微机保护系统的硬件电路由六个功能单元构成，即数据采集系统、微机主系统、开关量输入输出电路、工作电源、通信接口和人机对话系统。

二、微机保护的硬件系统

微机保护系统的硬件结构如图6-48所示。这里主要介绍微机保护硬件系统中数据采集系统、微机主系统、开关量输入/输出电路、通信接口等部分的工作原理。

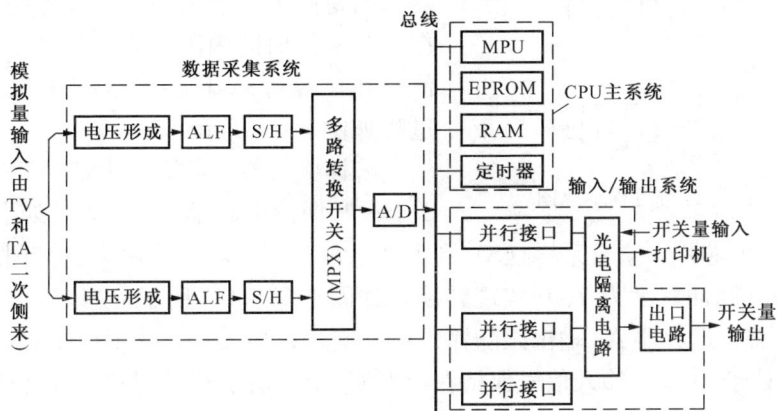

图 6-48 微机保护系统的硬件结构示意框图

（一）数据采集系统

将输入的电气模拟量转换为数字量的硬件设备即为微机保护的数据采集系统，数据采集系统又称模拟量输入系统。从图 6-48 可以看出，它由电压形成、模拟滤波器（ALF）、采样保持（S/H）、多路转换开关（MPX）与模/数（A/D）转换器几个环节组成。其作用是将电压互感器（TV）和电流互感器（TA）的二次输出电压、电流模拟量转化成为计算机能接受与识别的，而且大小与输入量成比例、相位不失真的数字量，然后送入 CPU 主系统进行数据处理及运算。

1. 电压形成回路

电压形成回路的作用是将输入电压或电流变换成适合于 A/D 转换器要求的电压 ±10V 或 ±5V。一般采用的是电磁感应原理的变换器，以便在电气上将电力系统与数据采集系统相隔离，防止电力系统的过电压对数据采集系统的干扰。

2. 模拟低通滤波器

微型机运行处理的都是数字信号，为此必须将输入的模拟量转换成数字信号，即要实现采样。所谓采样就是将一个连续时间信号 $x(t)$ 变成离散时间信号 $x_s(t)$。这个过程称作采样过程，由采样器来实现。按照耐奎斯特（Nyquist）采样定理，如果被采样信号频率为 f_0，则采样频率 f_s 必须大于 $2f_0$，否则，采样值就无法拟合还原成输入信号 $x(t)$，即出现采样失真。

在采样前用一个模拟低通滤波器（ALF）将高频分量滤掉，来降低采样频率 f_s，也可减少谐波分量的影响。一般仅用低通滤波器（ALF）滤掉 $f_s/2$ 以上的分量，以消除频率混叠，防止高频分量混到工频附近来。

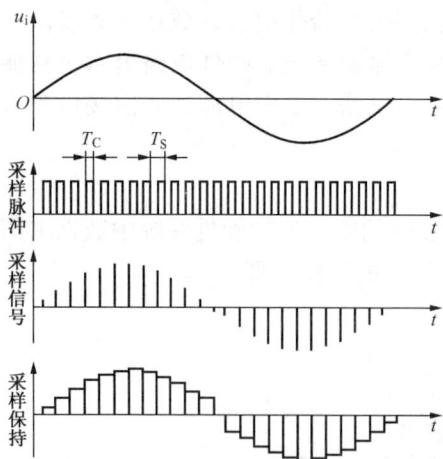

3. 采样/保持器

采样是将连续变化的模拟量通过采样器加以离散化。微机保护中的采样/保持器有两方面作用。首先是为了保证在 A/D 变换过程中输入模拟量保持不变；其次是由于在微机保护中要保证各模拟量的相位关系经过采样后保持不变，各通道必须同步采样。各通道可共用一个 A/D 转换器，而每路通道装设一个采样保持器，其作用是在一个极短时间内测量模拟信号在该时刻的瞬时值，并在等待 A/D 转换过程中保持不变，采样过程如图 6-49 所示。

图 6-49　采样/保持过程示意图

采样保持器由运算放大器 A1 和 A2、电子开关 SA 和保持电容器 C_h 组成，如图 6-50（a）所示，常采用 LF398 芯片。它有采样（S）和保持（H）两个状态，由来自定时器的实际采样控制脉冲 $S(t)$（脉冲宽度为 T_C）实现转换，如图 6-50（b）所示。当 $S(t)$ 为高电平时，SA 闭合处于 S 态，运放器 A2 输出跟随输入信号变化；当 $S(t)$ 为低电平时，SA 约经 $50×50^{-3}$ms 断开，处于 H 态，输入信号保持在电容 C_h 上。由于 C_h 泄漏极小，可以认为在 H 态期间保持着输入信号的大小，A2 输出同样跟随 C_h 上电压如图 6-50（c）所示。输出信号通过多路转换器，依次送到 A/D 转换器变成数字量。

采样/保持电路大多集成在单一芯片上，芯片内不设保持电容，需用外设，常在选$0.01\mu F$左右。常用的采样/保持芯片有 LF198、LF298、LF398 等。

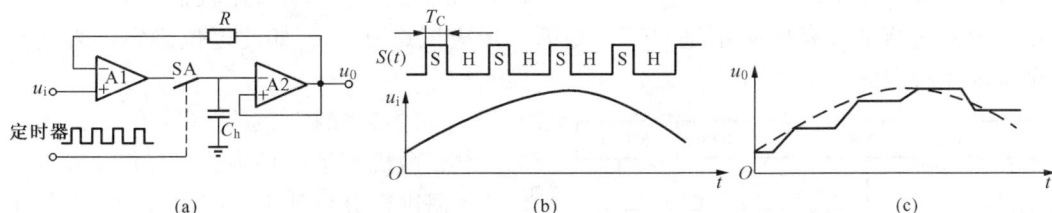

图 6-50　采样/保持器原理说明

(a) 框图；(b) 采样/保持状态；(c) 输出信号

4. 多路转换器（MPX）

多路转换器是一个由 CPU 控制的进行依次切换的多路开关。在数据采集系统中，需要进行模数转换的模拟信号量可能是几路或者十几路，利用多路开关将各路保持的采样模拟信号与 A/D 转换电路的通路轮流切换，达到分时转换的目的。常用的多路转换芯片有 AD7501（8 选 1）、AD7503（8 选 1）、AD7506（16 选 1）等。它们均为 CMOS 集成芯片，接通电阻约 $170\sim400\Omega$，接通时间为 $0.8\mu s$。

如图 6-51 所示，A0、A1、A2、A3 是四个路数选择线，CPU 通过并行接口芯片或其他硬件电路给它们赋以不同的二进制码，选通 S0~S15 中相应的一路电子开关闭合，将此路接通到输出端。

E_N（Enable）为使能端，只有在 E_N 端为高电平时多路开关才工作，否则不论 A0~A3 在什么状态，S0~S15 均处于断开状态。设置该端是为了可以用二片（或更多片）AD7506，将其输出端并联以扩充多路转换开关的路数。

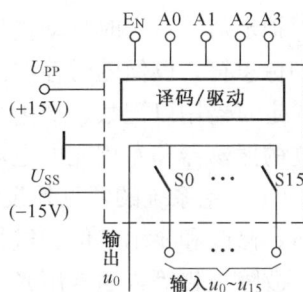

图 6-51　多路转换开关芯片

5. 模/数转换器（A/D）

模/数转换器（A/D）是数据采集系统的核心，它的任务是将 S/H 回路输出的模拟信号转换成 CPU 能进行运算的二进制数字信号，以便计算机进行处理、储存、控制和显示。常见的 A/D 转换器有逐位比较（逼近）型、积分型以及计数型、并行比较型、电压频率型（V/F）等类型。从图 6-52 中可以理解逐次逼近型 A/D 转换的基本原理。

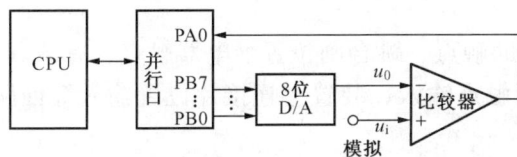

图 6-52　逐次逼近型 A/D 转换器原理框图

并行接口的 B 口 PB0~PB7 用作输出，由 CPU 通过该口往 8 位 D/A 转换器试探性地输送数据。每输一数，CPU 通过读取并行口的 PA0 的状态（"1"或"0"）来试探试送的 8 位数相对于模拟输入量是偏大还是偏小。如果偏大，即 D/A 的输出 u_0 大于待转换的模拟输入电压 u_i，则比较器输出"0"，否则为"1"。如此通过软件不断的修正送往 D/A 的 8 位二进制数，直到找到最相近的值即为转换结果。

例如逼近步骤采用二分搜索法，对于四位转换器来说，最大可能的转换输出为 1111。第一步试探可先试最大值的 1/2，即试送 1000，如果比较器输出为"1"，即偏小，则可以肯定最终结果最高位必定为 1；第二步应当试送 1100，如果试送 1000 后比较器的输出为"0"，则可以肯定最终结果最高位必定是"0"，则第三步应试送 0100。如此逐位确定，直到最低位，则全部比较完成。

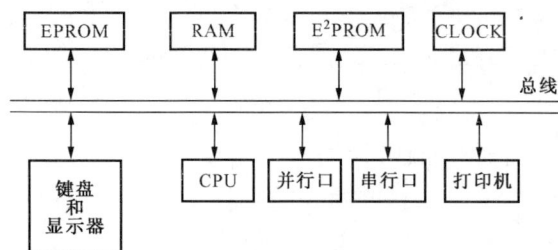

图 6-53　微机主系统框图

（二）微机主系统（CPU 主系统）

微机主系统是将数据采集单元输出的数据进行分析处理，完成各种继电保护功能。它包括中央处理器（CPU）、只读存储器 EPROM、电擦除可编程只读存储器 E^2PROM、随机存取存储器（RAM）、时钟（CLOCK）等器件，如图 6-53 所示。

CPU 执行存放在 EPROM 中的程序，完成控制及运算功能。对数据采集系统送至 RAM 区的原始数据进行处理、判断、完成各种保护功能。国内常用的有 Intel8086 型 CPU、CMS-51 系列和 CMS-96 系列单片机。部分新研制的微机保护产品有的采用了数字信号处理器 DSP，如定点、浮点系列 DSP 芯片 TMS320F206、TMS320C32 等。

存储器用来存放程序、采样数据、中间运算结果和定值等。EPROM 主要存储编写好的监控功能程序和继电保护功能程序等，必须用紫外线擦除后才能改写或加写内容。电擦除只读存储器 E^2PROM 存放保护定值，停电时不会丢失数据，可通过面板上的小键盘设定或修改保护定值，写入时自动更新原有内容。随机存储器 RAM 主要存放采样数据、中间运算结果和标志符，以便随时存取。

定时器用以记数、产生采样脉冲和时钟等，为保护装置各种事件提供时间基准，并且有独立的振荡器和专用充电电池，停电时仍能继续运行。

CPU 主系统的常见外设有小键盘、液晶显示器、串行口、打印机等，主要作为就地人机接口、修改和显示定值、进行调试、输入输出接口和通信等。打印机用于打印定值、采样数据、故障报告等，通常用光耦元件将其与 CPU 隔离以避免干扰。

（三）开关量输入/输出系统

开关量输入/输出系统用来完成各种保护的出口跳闸、信号显示、打印、报警、外部触点输入及人机对话等功能。它由多种输入/输出接口芯片（PIO 或 PIA）、光电隔离器、有触点的中间继电器等组成。

1. 开关量输入电路

开关量输入电路包括断路器和隔离开关的辅助触点、跳合闸位置继电器触点、有载调压变压器的分接头位置输入、外部装置闭锁重合闸触点输入、装置上连接片位置输入等回路，这些输入可分成两大类。

（1）安装在装置面板上的触点。这类触点包括在装置调试时用的或运行中定期检查装置用的键盘触点以及切换装置工作方式用的转换开关等。

（2）从装置外部经过端子排引入装置的触点。例如，需要由运行人员不打开装置外盖而在运行中切换的各种压板、连接片、转换开关以及其他装置和操作继电器触点等。

对于装置面板上的触点，可直接接至微机的并行口，如图 6-54 所示。只要在初始化时，规定可编程并行口的 PA0 为输入端，则 CPU 就可以通过软件查询，明确外部触点 K1 的状态。

对于从装置外部引入的触点，如果按图 6-54（a）接线，将会给微机系统引入干扰，故应经光电隔离防止干

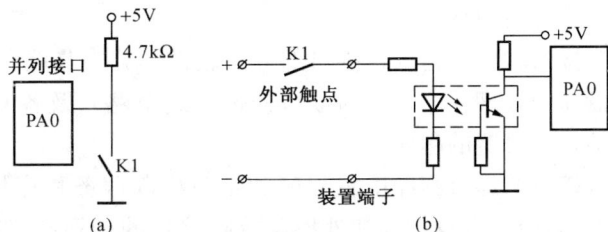

图 6-54　开关量输入电路原理图

（a）装置内触点输入回路；（b）装置外触点输入回路

扰，如图 6-54（b）所示。图中虚线框内是一个光电耦合器件，集成在一个芯片内。当外部触点 K1 接通时，有电流通过光电器件的发光二极管回路，使光敏三极管导通，并行口的 PA0 有输入脉冲，而干扰信号可以被隔离。

2. 开关输出回路

在变电站中，计算机对断路器、隔离开关的分、合闸控制和对主变压器分接开关位置的调节命令，以及告警和巡检中断都是通过开关量输出接口电路去驱动继电器，再由继电器的辅助触点接通跳、合闸回路或主变压器分接开关控制回路而实现的。不同的开关量输出驱动电路有不同。

开关输出回路如图 6-55 所示，一般采用并行接口的输出来控制有触点继电器（干簧或密封小型中间继电器），为提高抗干扰能力，可经过一级光电隔离，只要通过软件使并行口的 PB0 输出 "0"、PB1 输出 "1"，便可使 "与非" 门 H1 输出低电平，光敏三极管导通，继电器 K 被吸合，发出跳闸或信号脉冲命令。在初始化和需要继电器 K 返回时，应使 PB0 输出 "1"、PB1 输出 "0"。

（四）通信接口

在双端测量的线路保护两端进行信息交换、变电站与调度系统进行查询、远方修改定值等信息传送时，均需要由输入输出串行接口完成。

随着微机保护、监控、远动和管理于一体的变电站综合自动化系统的出现，处于该系统中的微机保护除完成自身的独立功能之外，还通过变电站主机向本地或远方（如集控中心或调度站等）传送保护定值、故障报告、事件记录等，同时远方可通过变电站主机对微机保护实行远方控制，如修改定值、投切连接片等，这些都需由通信接口如 RS-232、RS-422，甚至是以太网等实现。图 6-56 所示为变电站综合自动化调度通信结构框图。

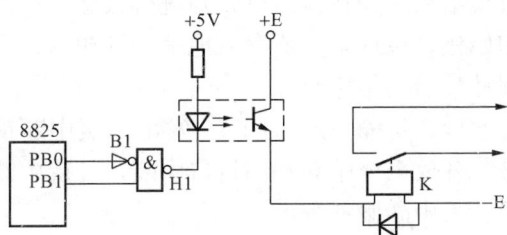

图 6-55　开关输出回路

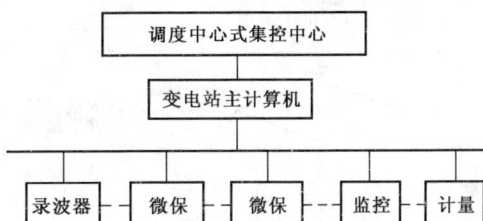

图 6-56　变电站综合自动化调度通信结构图

三、微机继电保护软件系统

微机保护的软件有接口软件和保护软件两大部分，下面简述其作用与构成。

（一）接口软件

接口软件是指人机接口部分的软件，分为监控程序和运行程序。接口的监控程序主要是键盘命令处理程序，是为接口插件（或电路）及各 CPU 保护插件（或采样电路）进行调节和整定而设置的程序。

接口的运行程序由主程序和定时中断服务程序构成。主程序主要是进行巡检（各 CPU 保护插件）、键盘扫描和处理及故障信息的排列和打印。定时中断服务程序包括软件时钟程序、以硬件时钟控制且同步的各 CPU 插件的软件时钟、检测各 CPU 插件启动元件是否正常的检测启动程序。

（二）保护软件

各保护 CPU 的软件配置一般包括主程序和两个中断服务程序。主程序通常包括初始化和自检循环模块、保护逻辑判断模块以及跳闸处理模块。保护逻辑判断和跳闸处理总称为故障处理模块。保护逻辑判断模块随不同的保护装置而异，如距离保护中保护逻辑包含有振荡闭锁程序部分，而零序电流保护则无需采用。

1. 微机保护主程序

微机保护主程序框图如图 6-57 所示。主程序主要包括初始化、自检、开放中断、自检循环等模块。

初始化指保护装置在上电或按下复位键时首先执行的程序，主要是对单片微机及可编程扩展芯片的工作方式、参数的设置，以便在后面的程序中按预定方案工作，包括 CPU 的各种地址指针的设置，并行、串行口及定时器可编程扩展芯片的工作方式、参数的设置等。

初始化完成后，对保护进行全面自检。包括对 RAM 的读写自检、E^2PROM 的定值检查、EPROM 求和自检（CRC 循环冗余码自检）、开出通道自检等。如装置不正常则显示装置故障信息，然后开放串行口中断，等待管理系统 CPU 检查自检状况，向微机监控系统及调度传送各保护自检结果。如自检通过，则进行数据采集系统的初始化（包括采样值存放地址指针初始化和可编程计数器初始化）。

此后，每隔一定时间 T_S 发出一次中断请求信号，开放采样中断和串行口中断，等待中断发生后转入中断服务程序。

在开放了中断后，主程序进入自检循环阶段。自检循环包括查询检测报告、专用及通用自检等内容。

在循环过程中不断地等待采样定时器的采样

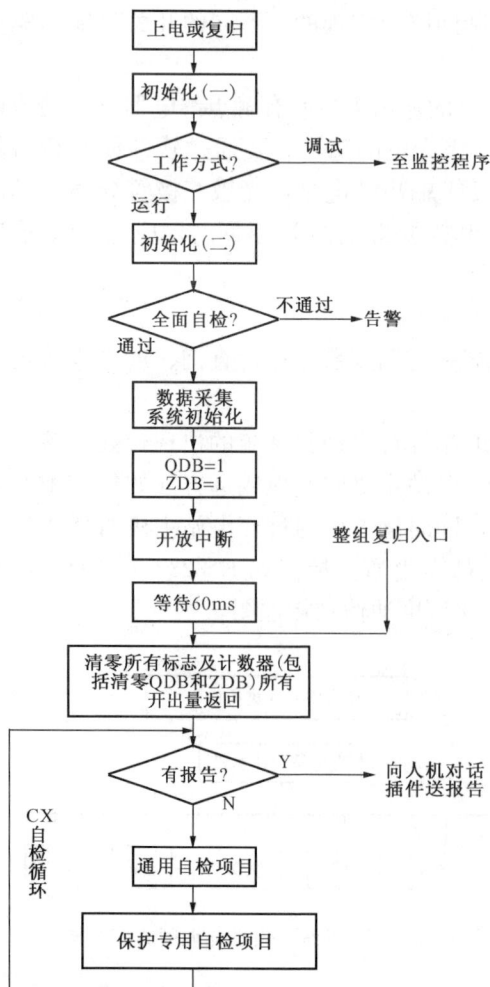

图 6-57 微机保护主程序框图

中断和串行口通信的中断请求。当保护 CPU 接到请求中断信号，在允许中断后，程序就进入中断服务程序。每当中断服务程序结束后又回到自检循环，并继续等待中断请求信号。主程序如此反复自检、中断进入不断循环阶段，这是保护运行的重要程序部分。

2. 中断服务程序

中断服务程序有定时采样中断服务程序和串行口通信中断服务程序。在不同的保护装置中，不同的采样算法或保护装置的特殊要求使得采样中断服务程序部分不同。保护的通信规约不同，造成程序也有很大差异。微机保护为满足实时控制和各系统操作优先权的问题，必须采用带层次要求的中断工作方式，微机保护采样中断服务程序框图如图 6-58 所示。

采样中断服务程序主要包括采样计算、互感器（TA、TV）断线自检和保护启动元件三个部分。

无论是运行还是采样通道调试都要进入采样计算，在计算之前，必须对三相电流（压）、零序电流（压）及线路电压的瞬时值进行采样，如每周期采样 12 个点，采样频率为 $12 \times 50 = 600 \text{Hz}$，采样后计算其瞬时值并存入随机存储器 RAM 的对应地址单元中。

在判断保护启动之前，先检查互感器（TA、TV）是否断线。在 TV 断线期间，软件中标志位 DYDX 置 "1"，并通过程序安排闭锁自动重合闸。这时保护将根据整定的控制字决定是否退出与电压有关的保护。同理，在 TA 断线期间，软件中标志位 DLDX 置 "1"，并通过程序安排闭锁某些保护（如差动保护），根据整定的控制字决定是否退出与电流有关的保护。

为提高保护动作可靠性，保护装置的出口均经过启动元件闭锁，只有在保护启动元件动作后，保护装置出口的闭锁才被解除。微机保护装置中，启动元件由软件完成，即启动元件启动后，启动标志位 KST 置 "1"。

当采样中断服务程序的保护启动元件判断保护启动，则程序转入故障处理程序。在进行故障处理程序后，CPU 的定时采样仍不断进行。因此，在执行故障处理程序过程中，每隔一定周期 T_s，程序重新转入采样中断服务程序。在采样计算完成后，检测保护是否启动过，如 KST=1，则无需再进入互感器（TA、TV）断线自检及保护启动程序部分，直接转到中断服务程序出口，然后再转回到故障处理程序。

3. 故障处理程序

故障处理程序框图如图 6-59 所示。故障处理程序包括保护的软压板投切检查、保护定值比较、保护逻辑判断、跳闸处理程序和后加速部分。

故障处理程序运行过程为：先查询软压板（即开关量定值）是否投入、其数值型定值是否超限，如果软压板未投入，则转入其他保护功能的处理程序；如果软压板已投入并超出定值，则进入该保护的逻辑判断程序，若逻辑判断保护动作，则该保护动作标志位置 "1"，报出保护动作信号，然后进入跳合闸、重合闸及后加速的故障处理程序。在各保护逻辑判断中，以 A 相、B 相、C 相为顺序进行逻辑判断和故障处理程序。

4. 中断服务程序与主程序的关系

采样中断服务程序与主程序及保护逻辑、跳闸及后加速处理程序之间的关系如图 6-60 所示。

保护 CPU 芯片有四个定时器，定时时间由初始化决定，如定时为 1.666ms 申请中断一次，在中断响应后转入采样中断服务程序。正常运行时，采样中断服务程序结束后就自动执行主程序中原来被中断了的指令。但在采样计算后如发现被保护线路或设备有故障，就会启动保护，随即修改中断返回地址，强迫中断服务程序结束后进入故障处理程序，而不再回到原来被中断的主程序那里去。

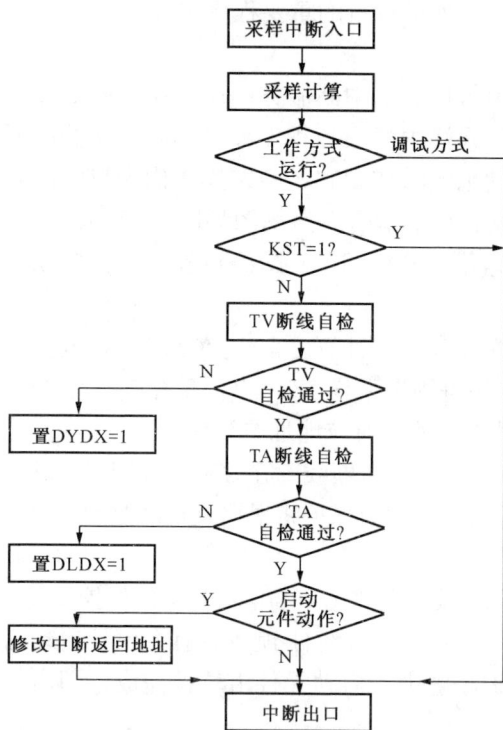

图 6-58　微机保护采样中断服务程序框图

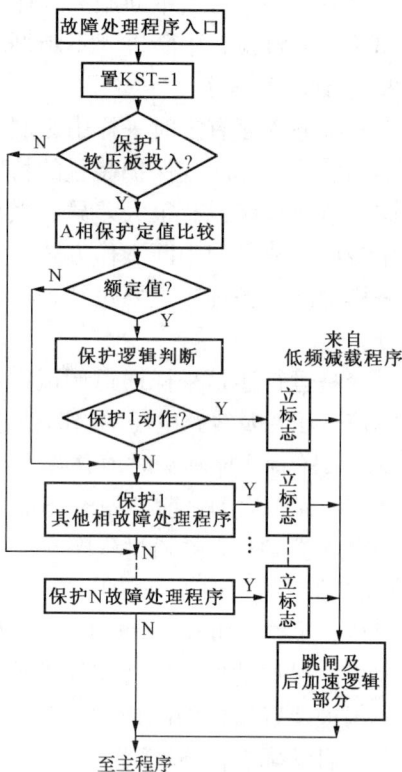

图 6-59　故障处理程序框图

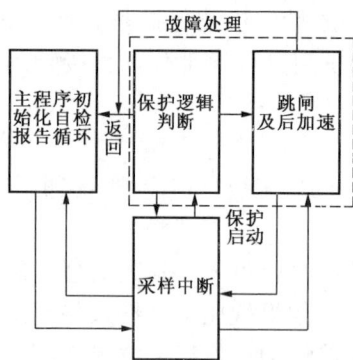

图 6-60　中断服务程序与
主程序各模块之间的关系

在执行故障处理程序时，仍然要定时进入采样中断服务程序，只是此时启动标志位 KST＝1，中断结束后就不再修改中断返回地址，中断结束后自动回到原来被中断的故障处理程序。即使是在执行跳闸后加速程序时，也要定时进入中断服务程序。这样保证保护的数据实时性和保护动作的正确性。

在进入故障处理程序后，先是进行保护逻辑判断（包括振荡闭锁），如保护逻辑判断应跳闸即进入后加速处理程序，处理结束后程序返回到主程序的自检循环部分。如保护逻辑判断不应动作，也应返回到主程序的自检循环部分。

微机保护的算法也是软件中的关键问题，微机保护算法有很多种，主要考虑的是计算的精确度和速度，速度又包括了两个方面。一是算法所要求的采样点数（或称数据窗长度），二是算法的运算工作量。精确度与速度往往是矛盾的，若要精确度高，则要利用更多的采样点，也就增加了计算工作量，降低了计算速度。目前常用的微机保护算法有正弦函数模型算法、傅立叶算法、解微分方程算法和最小二乘法等。保护软件有运行、调试和不对应状态三种工作状态，微机保护装置可根据其装置工作需要选择相应状态。

第六节　变电站综合自动化

一、变电站综合自动化

电力系统变电站综合自动化是将变电站的二次设备（包括测量仪表、信号系统、继电保护、自动装置和远动装置等）经过功能的组合和优化设计，利用先进的计算机技术、现代电子技术、通信技术和信号处理技术，实现对变电站的主要设备和输配电线路的自动监视、测量、自动控制和微机保护，以及与调度通信等综合性的自动化功能。

二、变电站综合自动化的基本功能

变电站综合自动化的基本功能主要体现在以下四个方面。

1. 微机保护子系统功能

为了保证微机保护的安全性、可靠性，微机保护应保持与通信、测量的独立性，即通信与测量方面的故障不影响保护正常工作。另外，微机保护还要求保护的 CPU 及电源均保持独立。微机保护子系统还可综合部分自动装置的功能，例如综合重合闸和低频减载功能，是为了提高保护性能、减少变电站的电缆数量。

2. 自动装置子系统功能

变电站自动装置对变电站安全、可靠运行起着重要作用，监控系统和保护系统都不能完全取代自动装置，如备用电源自动投入装置、故障录波装置、电压无功控制装置等仍需独立设置。

3. 监控子系统基本功能

监控子系统取代常规的测量系统基本功能包括：

（1）数据采集：包括模拟量、开关量和电能量的采集。

（2）事件顺序记录：包括断路器跳合闸记录、保护动作顺序记录。

（3）故障记录（故障录波）和测距、保护及自动装置信息记录。

（4）操作控制功能：通过键盘和屏幕对变电所内断路器、电动隔离开关、主变压器分接开关进行控制和操作。

（5）安全监视功能：对采集的频率、电流、电压、主变压器温度等变量不断地进行越限监视、越限告警并记录越限时间和越限值。

（6）人机联系功能：通过键盘、鼠标、显示器，可以使全站运行工况和运行参数一目了然；可对全站断路器、电动隔离开关分合操作；可显示实时主接线图、事件顺序记录、越限报警、发展趋势、保护及自动装置定值、值班记录等；可输入数据，如互感器变比、保护定值、越限定值、密码等。人机联系功能还包括打印报表及图形和数据处理。

（7）完成计算机监控系统的系统功能：如电压无功控制功能、小电流接地系统的接地选线功能、高压设备在线监测及谐波分析监视等。

4. 通信功能

综合自动化系统的现场通信功能，即供配电站层与间隔层之间的通信功能；综合自动化系统与上级调度之间的通信功能，即监控系统与调度之间通信，包括"四遥"的全部功能。

三、变电站实现综合自动化的优越性

（1）提高供电质量。变电站综合自动化系统中包括电压、无功自动控制功能，对于具备

有载调压器和无功补偿电容器的变电站，可根据实际运行工况进行实时调整与控制，大大提高电压合格率，且可使无功潮流更合理，降低了电能损耗。

（2）提高电力系统的运行管理水平。变电站实现综合自动化后，监视、测量、记录等工作都由计算机自动化，提高了测量的精确度。

（3）提高变电站的安全、可靠运行水平。变电站综合自动化系统，一般是由各个微机子系统组成，具有故障诊断功能，从而提高了变电站综合自动化系统安全、可靠运行水平。

（4）缩小占地面积，减少了控制电缆。变电站实现综合自动化以后，获得的所有数据和信号，可以由各个部分分享，同时由于硬件电路多采用大规模集成电路，结构紧凑、体积小、功能强、可以大大缩小变电站的占地面积，这样就可以节省大量的控制电缆。

（5）促进无人值班变电站管理模式的实行。变电站综合自动化系统可以收集到非常齐全的数据信息，有强大的计算机能力和逻辑判断功能，可以极方便地监视和控制变电站的各种设备。如监控系统的抄表、记录自动化，值班员可不必定期抄表、记录，实现少人值班，如果配置了与上级调度的通信功能，能实现遥测、遥控、遥调，可实现无人值班变电站管理模式。

四、变电站综合自动化系统的结构

从变电站监控系统通信网络结构的角度分析，目前变电站综合自动化系统结构类型主要分为集中式、分布式、分散分布式三类网络结构。

（一）集中式综合自动化系统网络结构

集中式就是集中采集信息、集中处理运算。集中式结构并非指由一台计算机完成保护和监控等全部功能。多数集中式结构的微机保护、微机监控与调度通信的功能是由不同的微机完成的，其网络结构为星形结构，集中式变电站综合自动化系统结构框图如图 6-61（a）所示。

（二）分布式综合自动化系统网络结构

分布式是按功能模块设计的，采用主从 CPU 协同工作方式，各功能子系统之间是不能通信的，监控主机与各功能子系统的通信采用总线（或串行通信）方式实现。分布式结构的优点是：①方便了系统扩展与维护；②局部故障不影响其他部件正常运行；③数据传输瓶颈问题得以解决，提高了系统的实时性。

分布式（集中组屏式）变电站综合自动化结构框图如图 6-61（b）所示。它多数是按功能集中组屏，所以保护屏、自动装置屏、遥测屏、遥信屏、遥控屏等功能屏柜的界线分明。它们只分别与主机通信，通信介质多数采用 RS-232、RS-422、以太网等国际通用串行接口的通信电缆。这种结构中还可以采用双总控监控方式，实现相互热备用和切换使用的功能。

这种分布式结构在安装上可分为集中组屏和局部分散式组屏两种方式。前者多用于中低压变电站；后者多用于大型高压变电站，可以按电压等级实现局部分散。

（三）分散（层）分布式综合自动化系统网络结构

分散分布式通信网络从逻辑上将变电站划分为两层，即变电站层和间隔层（间隔单元）。这是一种根据一次接线面向间隔单元的网络，所以具有分散式的特点。同时它又可以按功能组屏，例如在控制室或保护小室内按保护、测控等功能组屏，因此又是分布式。它是基于分层分布式设计思想，将计算能力安装于信息源头和信息消费点。系统网络的设计思想还体现了监控与保护的相对独立、共享信息但不共享资源，保证了保护功能的可靠性。分散分布式变电站综合自动化系统结构框图如图 6-61（c）所示。

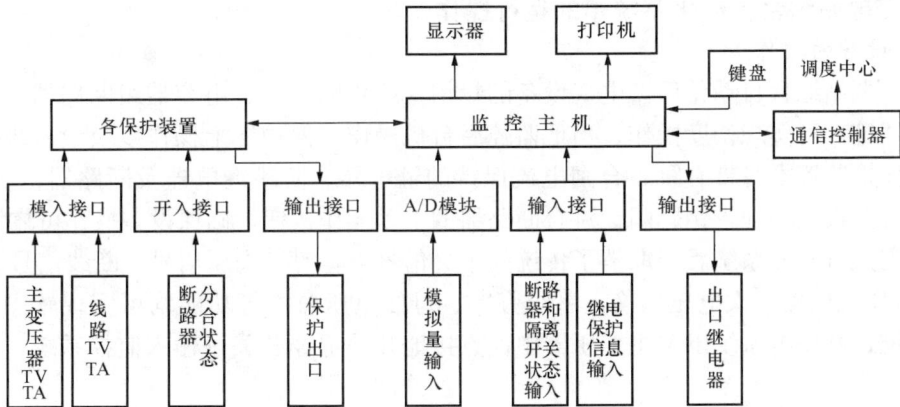

(a)

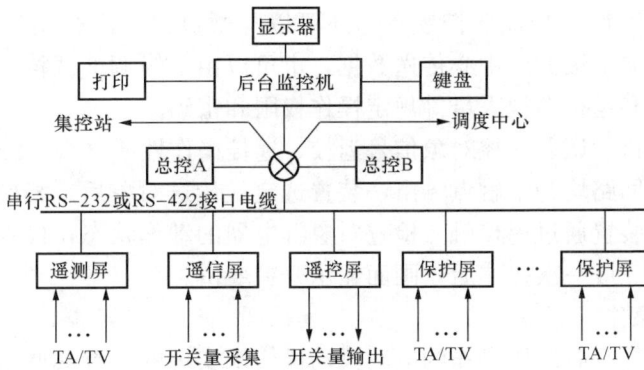

(b)

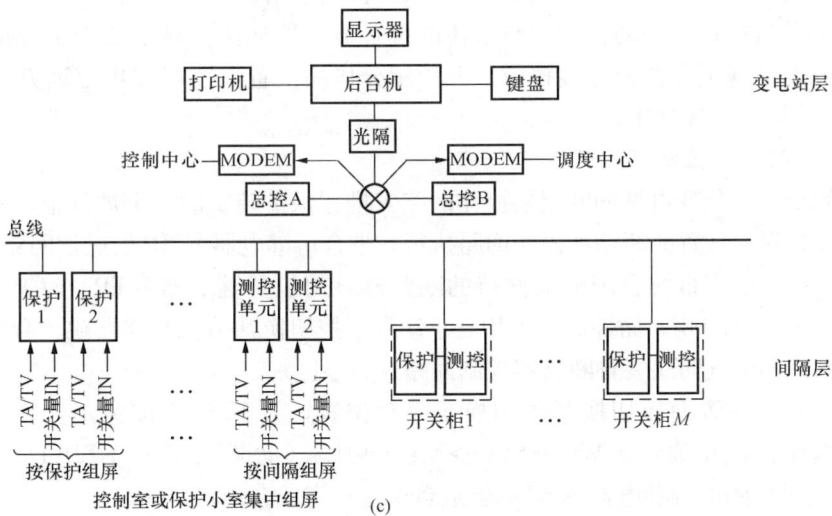

图 6-61 三种变电站综合自动化系统的结构框图

（a）集中式变电站综合自动化系统的结构框图；（b）分布式变电站综合自动化系统的结构框图；

（c）分散分布式变电站综合自动化系统的结构框图

这种网络布局的优点是：①最大限度地压缩二次设备及繁杂的二次电缆，节省了土建投资；②系统配置灵活，扩展容易；③检修维护方便；④适用于各种电压等级的变电站中，特别适用于高压变电站（220kV 及以上电压等级）中，经济效益好。

五、变电站综合自动化系统中的运行操作

（一）设备的操作

实现变电站综合自动化后，电气设备的投切（线路断路器、电容器组断路器、主变压器各侧断路器等）可实现调度操作、当地监控后台机操作、保护屏上操作以及设备现场操作四种方式。保护装置本身带有跳、合闸电流保持的继电器、防跳继电器及断路器位置继电器，在每路装置面板上增加带钥匙闭锁跳合断路器的手动操作按钮，确保设备操作可靠性。

在采用微机监控系统后，取消了传统的中央信号屏，对于失压信号，断线信号以及110、10kV侧电压互感器二次电压切换，系统频率、母线电压监察等功能均可实现软操作，并且将直流系统、站用电系统以及主变压器中性点接地开关都经开关量输入监控系统，具有远动通信功能。

（二）操作的确认

监控系统不但可以作为当地监控装置，还可以与微机保护配合实现变电站主接线图显示、监视与控制，并向上级调度中心传送数据，也可以由上级调度调控，操作权限在监控系统预先确定，对调度和运行巡视人员等规定操作权限和密码。

遥控执行具有本机测试、遥控对象信号返校、遥控操作性质（合、分）遥控执行信号输出等功能，所有输出回路均为空触点输出，装置选定被传送对象后，相应的继电器吸合，对应对象继电器动作，装置通过返校触点检查对象继电器的动作状态，检查无误后装置再发出分、合及执行命令；完成一次操作后，画面显示开关变位。

（三）有载调压操作

有载调压操作是靠有载调压操作的电动操动机构来实现的。有载调压分接开关的挡位操作，在正常情况下，可在控制室远方操作，也可以就地操作。为了在控制室内了解有载分接开关所处的分接挡位，操动机构需与远传的位置显示器连接。显示器指示分接头位置，微机监控系统同时实现远方监视分接挡位，并指示分接头位置。按规程规定远方和就地操作均分"升""降""停"三种操作。

（四）断路器的控制操作

实现综合自动化变电站的断路器操作回路安排在保护装置的一个插件上，监控系统的遥控操作也是通过保护装置的断路器操作回路执行。带合后继电器KHP的操作回路如图6-62所示。在操作回路插件中有带跳合闸电流保持的断路器跳闸位置继电器KTP、KCP，防跳跃继电器KJL，合后继电器KHP。插件面板上均有手动和遥控切换开关及断路器跳、合位，合后位指示灯。这与常规的电气防跳装置断路器控制回路有明显区别。

手动控制时装置面板切换开关切换至手动位置，按下SBC按钮，合后继电器KHP励磁，同时合闸回路接通：＋WC→SBC→V1→KJL3（动断触点）→KBP(I)→QF1→YO→－WC；YO通过合闸保持继电器KBP的触点自保持，完成合闸动作。

手动分闸时，按下SBO按钮，KHP返回，此时跳闸回路接通：＋WC→SBO→V2→KJL(I)→QF2→YOF→－WC；YOF通过KJL4触点自保持，完成分闸动作。

通过保护跳闸时，由出口继电器触点KPO、XB1压板及跳闸回路来完成保护跳闸动作；保护跳闸后，自动重合闸继电器AAR动作时，由于合后继电器KHP仍处于合后位置，KHP触点闭合，通过如下回路完成重合闸动作：＋WC→KHP（动合触点）→AAR→XB2→KJL3（动断触点）→KBP(I)→QF1→YO→－WC。

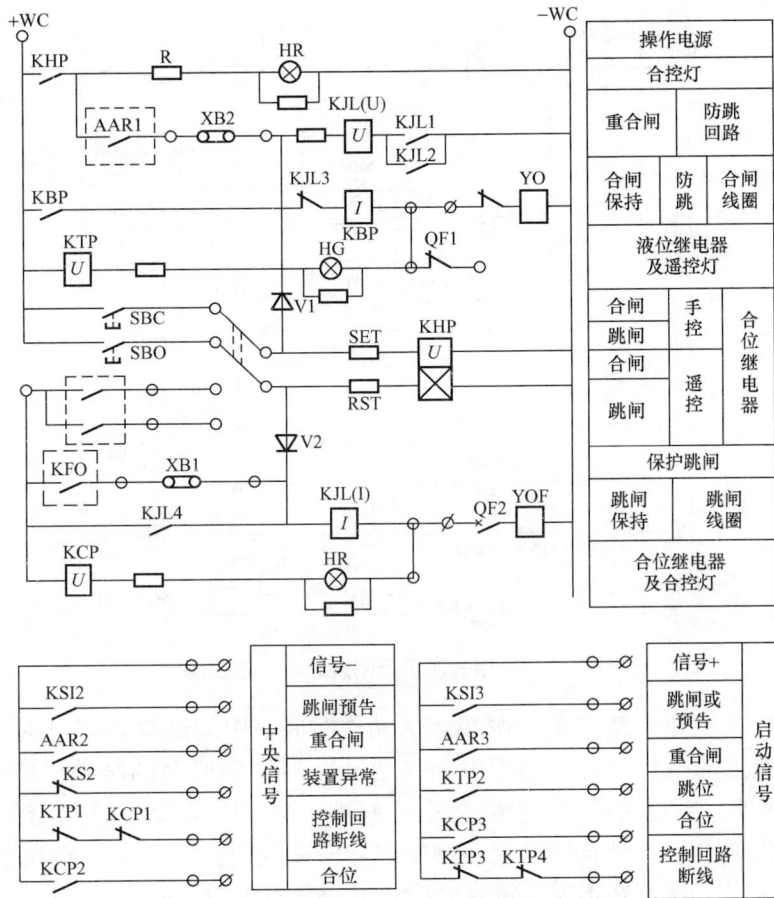

图 6-62　带合后继电器 KHP 的操作回路

跳闸回路接通时，防跳跃继电器 KJL（I）励磁，由于合闸回路仍接通，防跳继电器 KJL（U）电压线圈自保持，KJL3 动断触点打开，切断了合闸回路，实现防跳跃功能。正常运行时，如跳闸回路完好，红灯 HR 亮，KCP 励磁。退出运行时，如合闸回路完好，绿灯 HG 亮，KTP 励磁。

第七节　供配电系统自动装置

一、单电源供电线路的三相一次自动重合闸

输电线路故障，大多数是瞬时性故障，占输电线路故障的 80%～90%，例如雷电引起的绝缘子表面闪络、线路对树枝放电、大风引起的碰线、鸟害以及绝缘子表面污染等。瞬时性故障出现后，输电线路继电保护快速动作，使相应断路器迅速跳闸。自动重合闸装置就是将跳闸后的断路器自动重新投入使供电迅速回复的装置，简称 AAR 装置。

如图 6-63 所示为三相一次重合闸的原理接线图（仅适用于单电源供电线路）。它由重合闸继电器（DH 型，其内部接线如图中的虚线框内所示）、时间继电器 KT、充电电阻 R4、放电电阻 R6、电容器 C、中间继电器 KM、信号灯 HL 和限流电阻 R17、附加电阻 R5 组成。

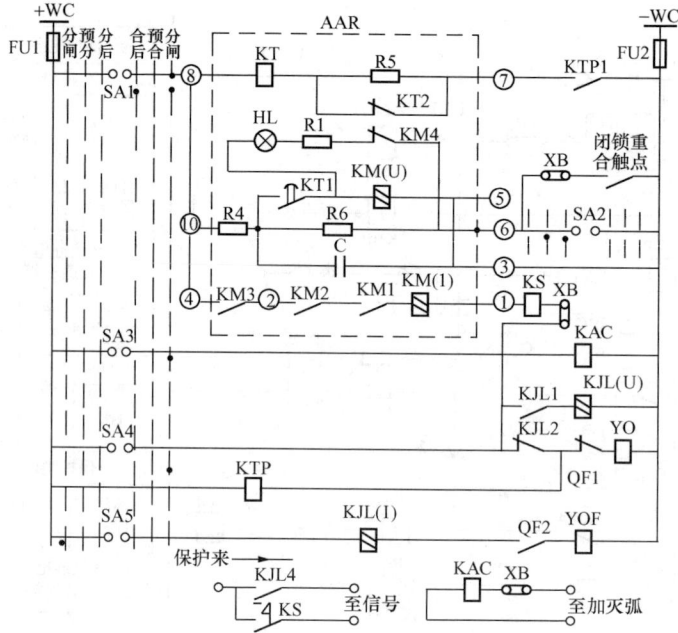

图 6-63　三相一次重合闸装置原理接线图

时间继电器 KT 是用来整定重合闸装置的动作时间，中间继电器 KM 是一种电码继电器，它是 AAR 装置的执行元件，用于发出接通断路器合闸回路的脉冲。KM 的电压线圈 KM（U）在电容器 C 放电时启动，KM 的电流线圈 KM（I）串联在断路器的合闸回路里，在合闸时起自保持作用，直到合闸结束该继电器才失磁复归。电容器 C 和充电电阻 R4，用于保证重合闸只动作一次，在不需要重合闸时，通过放电电阻 R6 放电。若信号灯 HL 熄灭表示直流电源消失或重合闸动作。自动重合闸装置的工作情况如下几种情况。

1. 线路正常运行时

断路器处于合闸状态，其动断触点 QF1 断开，跳闸位置中间继电器 KTP 失磁，KTP1 动合触点断开，这时 SA 控制开关和断路器 QF 处于对应合闸状态：SA1 接通，正电源通过 SA1、R4 对电容 C 充电，充满电时间为 $15\sim25$s，充电后重合闸处于准备动作状态，信号灯 HL 亮，指示直流控制电源 $\pm$WC 的电压正常，且说明 AAR 已充满电，具备动作条件。

2. 当线路发生瞬时性故障或断路器误跳闸时

线路发生瞬时性故障，输电线路断路器由继电保护启动跳闸，而控制开关 SA 仍然处于合闸状态，这时因控制开关 SA 和其控制的断路器位置不对应而启动重合闸装置：＋WC→KTP→QF1→YO→−WC 回路接通，跳闸位置继电器 KTP 励磁动作，其常开触点 KTP1 闭合（但这时 YO 因电流小而不会动作）接通启动回路，使 KT 励磁。一方面触点 KT2 触点断开，将 R5 接入 KT 回路，使其仍然保持动作状态并增加了 KT 的热稳定性；另一方面触点 KT1 经延时 $0.5\sim1.5$s 后接通，则有：＋WC→SA1→KT→KT2→KTP1→QF1→−WC 回路接通，KT 动作，KT1 瞬时闭合，则有：KT1→KM（U）→电容 C 回路接通，形成放电回路，使 KM（U）励磁动作，从而启动了 AAR 装置。

KM（U）励磁动作后，KM1、KM2、KM3 等触点同时接通，接通了如下回路：＋WC→SA1→KM3→KM2→KM1→KM（I）→KS→XB→KJL2→QF1→YO→−WC；断路器 QF 合

闸，其中 KM（I）电流线圈励磁，KM 继电器自保持，直到 YO 可靠合闸后 QF1 断开，KM（I）自保持才解除。因线路是瞬时性故障或误碰跳闸，重合后线路恢复正常运行，重合闸成功。

在 QF1 断开后，KTP 失励，KTP1 触点断开，KT 失磁复归。同时电容器 C 再次充电，C 充满电后，HL 信号灯亮，AAR 装置自动复归，准备第二次动作。

3. 线路上发生永久性故障时

线路上发生永久性故障时，断路器事故跳闸，重合闸装置启动。重合至永久性故障的线路时，保护再次动作，断路器再次跳闸，这时 KTP1 又接通，KT 被励磁，经延时 KT1 接通。此时，由于 R4 电阻值较大，使电容 C 充电不足（这时充电时间远小于规定的 15～25s 充电时间），因此，KM 不会被再次励磁动作，AAR 装置就不可能发出第二次合闸脉冲，从而保证了重合闸装置不再第二次动作。

同样地，若手动合闸于故障线路时，也会由于合闸到保护跳闸再到自动重合闸启动的整个时间较短，充电时间远小于规定的 15～25s 充电时间，使 AAR 装置被闭锁。

4. 防跳跃措施及闭锁重合闸

如果重合永久性故障线路时，恰好又发生 KM 触点卡住或黏住不能返回时，如不采取措施，断路器将发生多次跳、合的跳跃现象。为此在装置里采取了两个防跳措施：一个是中间继电器 KM 的触点采用 KM2 和 KM1 串联的接法；另一措施是采用电流线圈启动、电压线圈自保持的防跳继电器 KJL 组成双重防跳回路，防止断路器多次跳合。

按 AAR 装置的要求，对于输电线路自动重合闸装置在手动跳闸及遥控跳闸时不允许自动重合，自动按频率减负荷装置、母线差动保护、变压器保护装置动作时不应进行重合闸。可分别送出一个动合触点，使电容 C 通过对应触点接通对 R6 迅速放电，从而闭锁了重合闸。

5. 重合闸与继电保护的配合

在输电线路使用自动重合闸装置后，不但提高了供电的可靠性，而且提供了与继电保护配合的可能，以加速故障的切除。通常重合闸与继电保护有两种配合方式。

（1）重合闸前加速保护，是当线路上（包括邻线及以外的线路）发生故障时，靠近电源侧的保护首先无选择性瞬时动作于跳闸，而后借助自动重合闸来纠正这种非选择性动作。

（2）重合闸后加速保护，是当线路上发生故障时，首先按正常的继电保护动作时限有选择性地动作跳闸切除故障，而后 AAR 装置动作使断路器重合，同时将被加速的保护的时限解除或缩短。这样，当重合于永久性故障线路时，就能加速保护第二次动作的时限。

二、自动按频率减负荷装置

频率是衡量电能质量的主要指标之一，当电网发生短路故障，大容量机组突然切除或用电负荷突然大幅度增加时，电网频率将显著降低，致使大量用电设备不能正常运行，甚至造成电力系统崩溃，危害相当严重。因而当系统发生有功功率缺额的事故时，必须迅速地断开部分负荷，以减少系统有功缺额，使系统频率维持在正常水平或允许的范围内，电力系统自动按频率减负荷装置就是为完成此任务而设置的。

（一）自动按频率减负荷装置工作原理及基本要求

自动按频率减负荷装置的工作原理可用图 6-64 说明。假定变电站馈电母线上有多条供配电线路，按电路用户的重要性分为 n 个基本级别和 n 个特殊级。基本级是不重要的负荷，特殊级是较重要的负荷，每一级均装有自动按频率减负荷装置，它由频率测量元件、延时元件

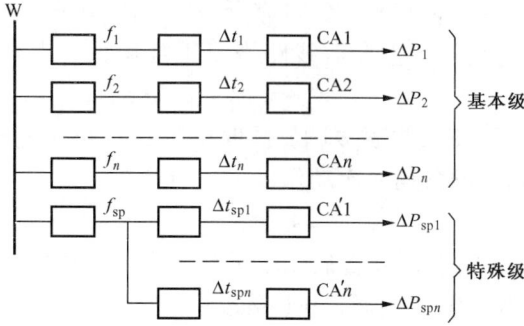

图 6-64　自动按频率减负荷装置示意图

和执行元件 CA 三部分组成。

原则上先启动基本级后启动特殊级，依次切除不重要的负荷、重要的负荷，以便限制系统频率继续下降。例如，当系统频率降至 f_1 时，第一级频率测量元件启动，经延时 Δt_1 后执行元件 CA1 动作，切除第一级负荷 ΔP_1；依次下去，若切除某部分负荷后，系统频率回升，则停止切负荷；若系统频率继续下降，则继续切负荷，直至基本级负荷全部被切除为止，此后若系统频率长时间停留在较低水平上还不能回升，则启动特殊级，以同样方式工作。

基本级第一级的整定频率一般为 47.5～48.5Hz，最后一级的整定频率一般为 46～46.5Hz 或 45Hz，相邻两级的整定时限差取 0.5～0.7Hz。当某一地区电网内的全部自动按频率减负荷装置均已动作，系统频率应恢复到 48～49.5Hz 以上。特殊级的动作频率可取 47.5～48.5Hz，动作时限可取 15～25s，时限级差取 5s 左右。

对自动按频率减负荷装置的基本要求为：

（1）能在各种运行方式且功率缺额的情况下，有计划地切除负荷，有效地防止系统频率下降至危险点以下。

（2）切除的负荷应尽可能少，应防止超调和悬停现象。

（3）变电站的馈电线路使故障变压器跳闸造成失压时，自动按频率减负荷装置应可靠闭锁，不应误动。

（4）电力系统发生低频振荡时，不应误动。

（5）电力系统受谐波干扰时，不应误动。

（二）微机型自动按频率减负荷装置硬件原理框图

微机型自动按频率减负荷装置硬件原理框图如图 6-65 所示。它由如下几部分组成。

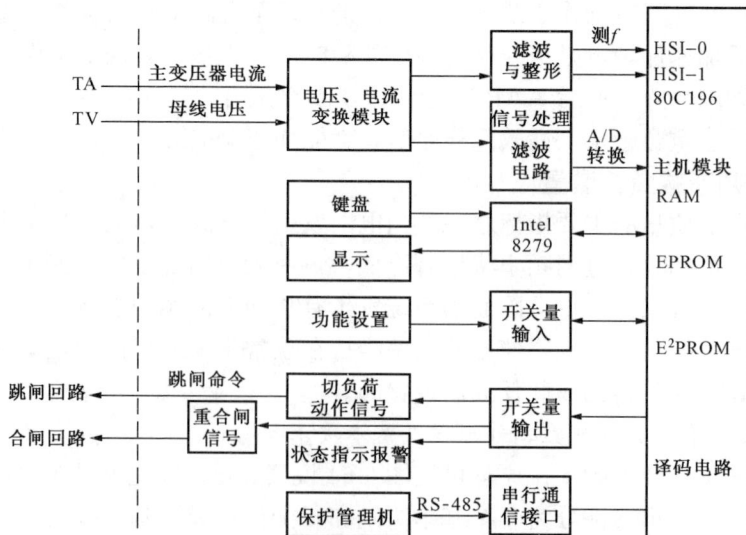

图 6-65　微机型自动按频率减负荷装置硬件原理框图

1. 主机模块

MCS-96 系列单片机中采用 80C196 的 16 位单片机，片内有可编程的高速输入/输出 HIS/HSO，可相对于内部定时器产生的实时时钟，记下某个外部事件发生的时间，一共可记录 8 个事件，内部定时器配合软件编程就能具有优越的定时功能。片内具有 8 通道的 10 位 A/D 转换器，为实现自动按频率减负荷的闭锁功能提供方便。片内的异步、同步串行口使该微机系统可以与上级计算机通信，因此，用 Intel 80C196 单片机扩展了随机存储器 RAM 和程序存储器 EPROM、以及存放定值用的可带电擦除和随机写入的 E^2PROM 和译码电路等必要的外围芯片，构成单片机应用系统。

2. 频率的检测

自动按频率减负荷装置的关键环节是测频电路。系统的电压由电压互感器 TV 输入，经过电压变换器、低通滤波和整形，转换为与输入同频率的矩形波，输入到 HIS-0 端口作为测频的启动信号；利用矩形波的上升沿启动单片机对内部时钟脉冲开始计数，利用矩形波的下降沿，结束计数；根据半周波内单片机计数值，可推算出系统的频率。整形后的信号通过两个高速输入口（HSI-0 和 HIS-1）进行检测，并将两个检测结果进行比较，以提高测频准确性，此测频方法既简单又能保证测量精确度。

3. 闭锁信号的输入

为保证装置的可靠性，使其在外界干扰下不误动，以及当变电站进、出线发生故障、母线电压急剧下降导致测频错误时，不致误发控制命令，除了采用突变量检测 df/dt 闭锁外，还设置了低电压及小电流闭锁措施，即输入母线电压和主变压器电流，由电压互感器 TV 和电流互感器 TA 输入，经电压、电流变换模块、信号处理和滤波电路进行滤波和移动电平，使其转换成满足 80C196 片内 10 位 A/D 要求的单极性电压信号，传送给单片机进行 A/D 转换。

4. 功能设置和定值修改

装置在不同变电站应用时，由于各变电站在电力系统中的地位不同、负荷情况不同，因此装置必须提供功能设置和定值修改的功能。例如：为使自动按频率减负荷按几级切负荷，各回线所处的级次设置，需投入哪些闭锁功能、重合闸投入否等，这些都属于功能设置的范围。对各级次的动作频率 f 的定值和动作时限，以及各种闭锁功能的闭锁定值，都可以在自动按频率减负荷面板上设置和修改。

5. 开关量输出

在自动按频率减负荷装置中，全部开关量输出经光电隔离可输出如下三种类型的控制信号。

（1）跳闸命令：用以按级次切除应该切除的负荷。

（2）报警信号：指示动作级次，测频故障报警等。

（3）重合闸动作信号：对于设置重合闸功能的情况，则能够发出重合闸动作的信号。

6. 串行通信接口

提供 RS-485 和 RS-232 的通信接口，可以与保护管理机等通信。

三、备用电源自动投入装置

备用电源自动投入装置是电力系统故障或其他原因使工作电源被断开后，能迅速将备用电源或备用设备自动投入工作，使原来工作电源被断开的用户能迅速恢复供电的一种自动控制装置。备用电源自动投入装置的使用是保证电力系统连续可靠供电的重要措施。

（一）备用电源的作用原理

备用电源自动投入装置主要用于 110kV 以下的中、低压供配电系统，下面以低压母线分段断路器自动投入方案（主接线如图 6-66 所示）为例，说明其作用原理。

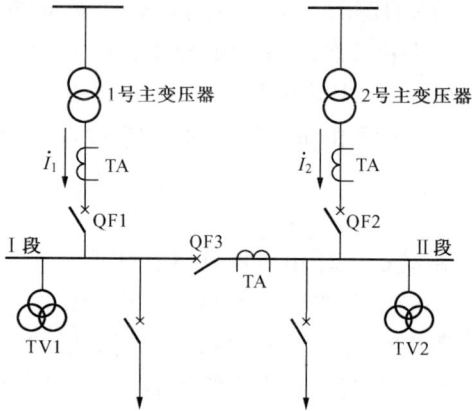

图 6-66　低压母线分段断路器
自动投入主接线方案

当 1、2 号主变压器同时运行，而分段断路器 QF3 断开时，一次系统中 1 号和 2 号主变压器互为备用电源，此方案是"暗备用"接线方案。

当 1 号主变压器故障，保护跳开 QF1，或者 1 号主变压器高压侧失压，均引起 I 段母线失压，I_1 无电流，并且 II 段母线有电压，即跳开 QF1，合上 QF3，实现 I 段母线重要负荷继续运行；同理若 II 母线失压，I_2 无电流，并且 I 段母线有电压时，即断开 QF2，合上 QF3，实现 II 段母线重要负荷继续运行。这样两台变压器互为备用，可提高对用户的供电可靠性。

在农网配电系统、小型化变电站厂用电系统中，也可使用线路间互为备用的方案，原理基本相似。

（二）备用电源自动投入装置的基本特点

对各运行方式的备用电源自动投入装置方案的基本要求如下：

（1）工作电源确实断开后，备用电源才投入。

（2）备用电源自动投入装置切除工作电源断路器时必须经过延时。

（3）手动跳开工作电源时，备用自动投入装置不应动作。

（4）应具有闭锁备用自动投入装置的功能。

（5）备用电源不满足电压条件，备用电源自动投入装置不应动作。

（6）工作母线失压时还必须检查工作电源无电流，才能启动备用自动投入，以防止电压互感器二次侧三相断线造成误投。

（7）备用电源自动投入装置只允许动作一次。

（三）微机型备用电源自动投入装置各模块功能

1. 分段断路器自动投入方式逻辑程序

如图 6-67 所示，当充电条件持续满足 15s、CD＝1 后，程序自动检测方式 I 的条件：当 I_I 无电流（$I_I<$）；工作母线无压（$U_I<$）；备用电源有压（$U_{II}>$）；方式 I 投入时控制字 MB1＝1，方式 I 启动条件满足，经 t_b 延时启动 KOF1 跳闸继电器跳开 QF1，为了使跳闸可靠，跳闸动作记忆 200ms。这时如测得 QF1 已跳开（KTP1＝1）即发出合闸脉冲，合闸继电器 YO 励磁使 QF3 合闸，合闸动作记忆 120ms，可以防止合闸

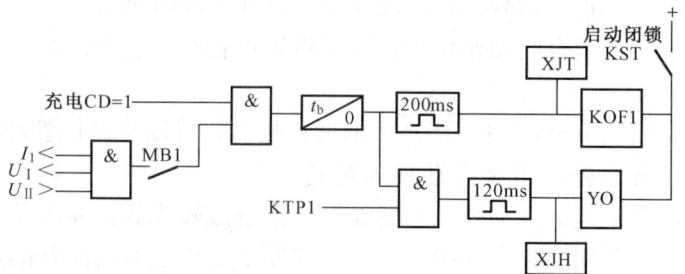

图 6-67　分段断路器自动投入方式保护程序逻辑框图

瞬时放电，以保证合闸可靠动作。

2. 联切负荷功能程序

联切负荷功能程序逻辑框图如图 6-68 所示。QF3 合闸，备用电源投入工作母线后，备用电源自动投入装置开始检测系统有无过负荷。在方式 I 时若检测 $I_1>I_{\rm LC.set}$（联切电流整定值），$I_2>I_{\rm LC.set}$ 的时间超过 $t_{\rm LC}$ 整定时间时，LC＝1，联切继电器 YOF4 动作，送出 8 对联切触点，检测系统过负荷的时间记忆（100ms 或可整定），在此期间监视备用电源的一相电流，当过负荷消失后，记忆消失，联切功能自动退出。

3. 过电流及后加速保护功能

LFP-965A 型备用电源自动投入装置有两段过电流保护及分段断路器合闸后加速功能，过电流及后加速保护逻辑关系可见

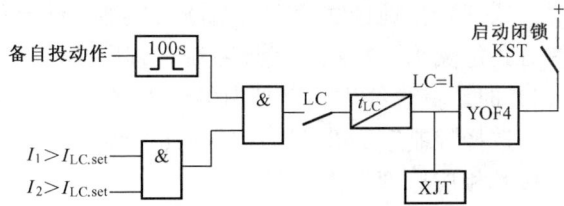

图 6-68　联切负荷功能程序逻辑框图

备自动投入装置的保护程序逻辑框图如图 6-69 所示。两相式两段过电流保护的功能经整定控制字 GL1、GL2 控制投退，后加速功能经整定控制字 JS 控制投退。

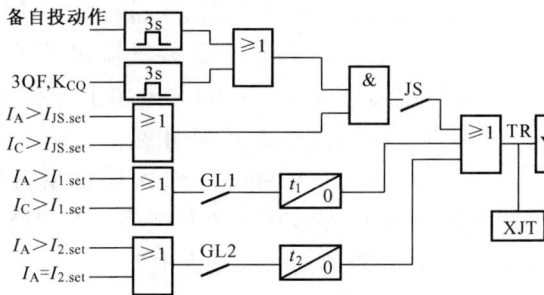

图 6-69　备自动投入装置的保护程序逻辑框图

低压分段断路器备用自动投入动作或手动合闸 QF3 时，自动投入后加速时间延时 3s，在 3s 后加速记忆时间内，如投到故障元件上，$I_{\rm A}$ 或 $I_{\rm C}$ 大于 $I_{\rm JS.set}$，后加速保护立即瞬时动作。由于后加速保护动作后逻辑标志位 TR＝1，则 YOF3 励磁跳开 QF3 断路器。

4. 备用电源自动投入装置的启动程序

为了防止备用电源自动投入装置误动作，备用电源自动投入装置必须设置启动程序。备用电源自动投入装置与保护装置的启动方式类似，在装置的跳合闸继电器的正电源上串接启动继电器 KST 的动合触点，启动继电器 KST 由启动程序控制。备用电源自动投入的启动程序逻辑框图如图 6-70 所示。

备用电源自动投入装置的启动由三个条件控制：充电完成后标志位 CD＝1 的同

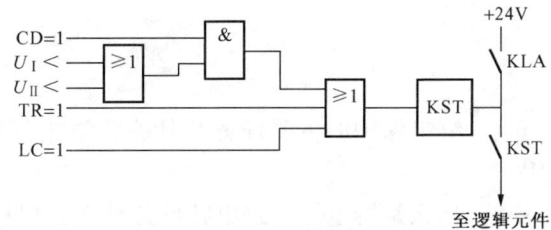

图 6-70　备用电源自动投入装置的启动程序逻辑框图

时 I 母线电压或者 II 母线电压失压；联切标志位 LC＝1；保护及后加速动作标志位 TR＝1。当充电完成，准备自动投入工作结束时，CD＝1，如 I 母线或 II 母线失压即可启动装置，这时闭锁继电器 KST 励磁，闭锁解除。

除备用电源自动投入功能经 KST 闭锁外，保护和后加速出口同样经 KST 继电器闭锁，所以在 TR＝1 时，KST 闭锁解除，准备好跳闸逻辑。在联切标志位 LC＝1 时，KST 闭锁解除，准备联切负荷。

四、ML-98H 系列微机接地选线装置

目前，在较先进的计算机监控的电力系统网络中，配置有单相接地自动选线装置，用于在不停电的情况下寻找故障线路。

ML-98H 系列微机接地选线装置适用于小电流接地系统中性点不接地、中性点经消弧线圈（老式消弧线圈、手动调节）直接接地、中性点经自动跟踪消弧线圈和阻尼电阻接地三种情况。这三种接地选线的方式由微机接地选线装置的控制字决定。当选择控制字为 0（00），选线方式定义为中性点不接地系统，程序是按基波零序电流方向原理工作；当选择控制字为 1（01）时，其选线方式定义为中性点经消弧线圈直接接地，软件按 5 次谐波判别法原理工作；当选择控制字为 2（10）时，其选线方式定义为中性点经自动消弧线圈及阻尼电阻接地，软件按其相应原理工作。

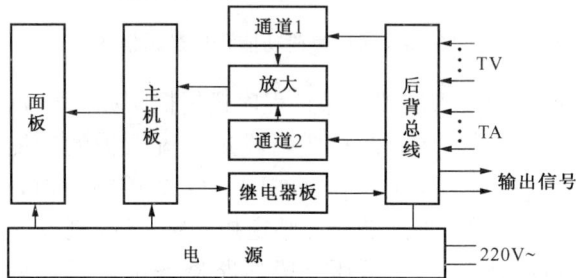

图 6-71　ML-98H 整机硬件框图

ML-98H 整机硬件框图如图 6-71 所示。系统母线电压互感器 TV 的开口三角形电压及各线路零序电流互感器 TA 的二次线分别接入后背总线板 M_{CD}、M_{XD} 和 CT_L、CT_N 端子上。装置输出开关量经继电器板送至后背的输出端子 TZ，四个母线接地信号送至 MBJ 端。

输入的 TV 和 TA 二次模拟量分别经电压、电流通道 1 和 2 变换，隔离处理。各线路零序电流 I_1 经零序电流互感器 TA 变换为二次电流 I_2，I_2 在大功率绕线电组 R_1 上转换为电压 U_1，经隔离后送入放大电路。

TA 输入电路的整定原则为：一次流过最大电流 30A（按规程规定，最大接地电流为 30A，接地电流大于 30A 时必须安装消弧线圈进行补偿），R_1 两端电压满档设计为 100mV，则 $R_1=0.1/30\Omega$，零序电流 I_1 和 TA 输入端子电压 U_1 的关系为 $I_1=U_1 \times R_1=300U_1$。此式可用于校验 TA 输入通道。

ML-98H 系列微机接地选线装置也可与自动跟踪消弧线圈成套设备配套使用。

习　题

6-1　继电保护的主要任务是什么？继电保护装置一般由哪几部分组成？它们的作用各如何？

6-2　什么是继电器？继电特性是什么？保护继电器有哪些种类？

6-3　三段式电流保护由哪些保护构成？各自有哪些特点？画出各段保护范围和动作时限特性图。

6-4　方向电流保护中方向元件的加装原则是什么？"按相启动"接线作用有哪些？功率方向继电器动作条件是什么？

6-5　中性点不接地电网单相接地时，零序电压和零序电流的分布特点是什么？

6-6　为什么说绝缘监视装置是一种无选择性的小电流接地信号装置？

6-7　气体保护反映变压器哪些故障？在安装气体继电器时应该注意哪些问题？

6-8　变压器差动保护中，产生不平衡电流的因素有哪些？如何消除这些影响？

6-9　变压器相间短路的后备保护有哪些？它们各自特点及适用范围是什么？

6-10　高、低压电动机的相间短路保护配置有什么差异？如何实现电动机单相接地保护？

6-11　移相电容器中熔断器保护的主要作用和形式有哪些？装设过电压保护的作用有哪些？

6-12　微机保护的优点是什么？其硬件构成有哪些？各元件作用为哪些？

6-13　变电站综合自动化的基本功能有哪些？主要有哪些结构类型？

6-14　三相一次自动重合闸装置怎样保证线路永久故障时只动作一次？如何防止断路器"跳跃"？

6-15　自动按频率减负荷装置主要由哪些部分构成？基本级和特殊级动作频率为多少？

6-16　备用电源自动投入装置的作用和特点是什么？ML-98H系列微机接地选线装置适合于什么网络？其选线方式有哪些？

第七章　工厂供配电系统的运行和管理

本章主要介绍工厂供配电系统的运行和管理中的有关问题，内容包括工厂功率因数的提高、供配电系统电气装置的接地与防雷措施、供配电站的运行和维护规则、供配电系统中用电安全及节电方法。

第一节　工厂功率因数的提高

一、无功功率补偿的意义

工厂中大多数用电设备都是电感性负荷（如异步电动机、工频炉等），运行时功率因数较低，需要从电网中吸收无功功率，因此，电网在供给用电设备有功功率的同时，还需供给大量无功功率。当有功功率不变的情况下，无功功率增加越多，电网的视在功率也随着增大，这时的电网的功率因数则相应地降低，给电网的运行带来以下的一些不良影响。

（1）使电网中的线路和设备容量不能得到充分利用。电网中的线路和设备运行都有一定的额定电流和额定电压，运行时输送容量不允许超额过多，倘若功率因数降低，有功功率也随之降低，会使电网中的线路和设备容量不能得到充分利用。

（2）增加电网中的线路和设备功率损耗和电能损耗。若电网的功率因数降低，在保证输送同样的有功功率时，势必就要在电网中的线路和设备中流过更大的电流，使电网中的线路和设备上出现更大的功率损耗。例如，在增大的电流通过变压器时，也加大了变压器的铜损耗，使电能损耗增加，见表 7-1。

表 7-1　　　　　　　　　各种 $\cos\varphi$ 下的铜损耗百分比

$\cos\varphi$	1.0	0.9	0.8	0.7	0.6	0.5	0.4
铜损耗百分比	100	124	158	206	282	405	650

（3）线路电压损耗过大。功率因数过低，还将使线路的电压损耗增大，结果在负荷端的电压就要下降，有时甚至低于允许值，严重影响异步电动机及其他用电设备的正常运行。特别在用电高峰季节，功率因数太低，会出现大面积地区的电压偏低，这对工业生产会产生严重不良后果。

功率因数太低对电网及工厂内部配电系统都有不良影响。从节约电能和提高电能质量出发，必须考虑对无功功率进行补偿。采取措施以提高功率因数，充分利用供配电设备的容量，增加其输电能力，减少供电网中的功率损耗和电能损耗，这是工厂供配电站经济运行中的重要内容之一。

《全国供用电规则》规定了在电网高峰负荷时，用户的功率因数应达到的标准：高压供电的工业用户和高压供电装有带负荷调整电压装置的电力用户，功率因数应为 0.90 以上；其他容量在 $100kV\cdot A$ 及以上的电力用户和大、中型电力排灌站，功率因数应为 0.85 以上。

二、提高功率因数的方法

提高功率因数的途径主要在于如何减少电力系统中各部分所需的无功功率，特别是减少负载取用的无功功率，使电力系统在输送有功功率时，可降低其中通过的无功功率。

提高功率因数的方法很多，大致可分为以下两大类。

（一）提高自然功率因数

自然功率因数是指用电设备在没有安装专门的人工补偿装置（如并联电容器等）的情况下的功率因数。也就是说，自然功率因数的高低，取决于用电设备的负荷性质，如电阻性负载的电气设备（电阻炉等），功率因数就高；而电感性负载的电气设备（电焊机、异步电动机等），功率因数就较低。为提高功率因数，就要减少系统供给的无功功率，采用下列措施降低用电设备所需的无功功率，则可使用电设备的自然功率因数有所提高。

1. 提高变压器的负荷率

变压器的功率因数不仅与负荷性质有关，而且与负荷率有关。一般变压器负荷率小于0.4的功率因数就显著下降，因此要随时注意调整变压器的负荷到最佳状态，一般负荷率在0.75～0.85比较合适。为了充分利用设备和提高功率因数，电力变压器尽量不作轻载运行。负荷太小时应更换容量小的变压器。

2. 正确选用异步电动机的规格型号

异步电动机是工厂里广泛应用的设备，取用的无功功率较大。异步电动机空载或轻载运行时，功率因数很低（甚至为0.2～0.3）；一般负荷在70%至满载时功率因数较高，额定负载时功率因数为0.85～0.89。因此，正确选用异步电动机规格避免轻载运行，对提高自然功率因数是十分有利的。

3. 限制异步电动机及电焊机空载运行

工厂中尽可能合理安排加工工艺流程，改善用电设备运行状况，使之尽可能不作或少作空载运行，也可提高自然功率因数。

4. 不调速的绕线异步电动机同步化运行

对负荷率不大于0.7并且最大负荷不大于90%额定容量的大型绕线式异步电动机，可考虑改为同步运行方式，即完成正常启动过程，转速接近正常转速后，经滑环向转子送入直流励磁电流，使异步机改作同步电动机运行。在励磁情况下可使电机取用超前电压相位的电流，从而向电网送出无功功率，不仅改善了自身的自然功率因数并可起到补偿其他用电设备所需无功功率的作用。

（二）采用无功补偿装置

采用供应无功功率的装置补偿用电设备所需的无功功率，以提高其功率因数。采用补偿方法来提高功率因数需增加新设备，也增加了投资，此外补偿设备本身也有功率损耗，所以从整体来说首先还是应采用提高用电设备的自然功率因数，但当功率因数还达不到电力系统相关部门规定的要求时，则需采用补偿装置来提高功率因数。工厂中常用补偿方式有以下几种。

1. 同步电动机的补偿方式

同步电动机在过励磁方式运行时，就会向电力系统输送无功功率，提高了工业、企业的功率因数。通常对低速、恒速且长期连续工作的容量较大的电动机，宜采用同步电动机，如轧钢机的电动发电机组、球磨机、空气压缩机、鼓风机、水泵等设备。这些设备采用同步电动机为原动机时，其容量一般在 250kW 以上，环境和启动条件均可满足同步电动机的要求，而且停歇时间较少，因此对改善功率因数能起很大的作用。但是同步电动机结构复杂，并都附有一套较复杂的启动控制设备，维护工作量大，价格也相对异步电动机来说要贵一些，对于一些小容量的高速同步电动机不宜采用。

2. 并联电容器的补偿方式

电容器等电容量较大的设备在交流电网中运行，在一个周波内（不考虑有功损耗），上半周波的充电功率和下半周波的放电功率相等，即一个周波内实际等于没有消耗能量。这种充、放电功率叫作容性无功功率。

感性无功功率的电流相量滞后于电压量相量 90°，而容性无功功率的电流却超前电压 90°。将并联电容器与感性负载或供电设备（电动机、变压器）同接在电网上，可用电容器在正弦电压作用下"发"的无功电力（电容电流），供给感性负载或供电设备所需的无功功率（磁场能），称为并联补偿，这就避免了供电线路无功电力的输送，可达到如下效益：

（1）减少线路的能量损耗。

（2）减少线路电压降，改善电压质量。

（3）提高供电系统供电能力。

由于并联电容器的有功功率损耗小（约为 0.25%～0.5%），运行与维护方便，而且能够很方便地进行增加或减少容量的工作，安装也简单，因此，在工厂企业中并联电容器被广泛地用作人工补偿装置。并联电容器补偿方式可分为以下三种：

（1）个别补偿，电容器直接安装在用电设备附近。

（2）分散补偿，电容器组分散安装在各车间配电母线上。

（3）集中补偿，电容器组集中安装在供配电站二次侧。

在工厂企业可根据其吸收无功功率的用电设备的位置、容量、运行时间长短及调整补偿操作便利的情况具体选取其补偿方式。

三、功率因数的自动调节装置

工厂用电负荷变化和电压偏移引起无功功率也随之变化，投入固定容量的并联电容器后，加权平均功率因数达到高数值，但也会经常出现欠补偿现象和过补偿现象使瞬时功率因数变差，不能达到预期节能效果。尤其是补偿以后，系统电压升得过高会给用电设备和电容器带来危害。当用电负荷的变化频率不大的情况下，通过值班人员调节投入的并联电容器的数量可以达到预期规定的功率因数的数值。但随着用电负荷变化频率加大，手工调节就很不适应，为此应设置能根据无功功率变动情况而自动调节并联电容器容量的装置。这在供配电站的低压侧中广泛应用，10kV 高压电容器组也可用此自动调节装置进行调节。

（一）功率因数自动调节装置工作原理

功率因数自动调节装置的控制电路很多，现以 GZ-J 型控制器的控制电路为例说明其工作原理，其原理接线如图 7-1 所示。

相角检测电路将负载线路中的相电流和线电压（$\dot{I}_A$ 和 $\dot{U}_{BC}$）的相角差转换成不同极性的直流输出信号，当负载线路为感性时，相角检测电路输出成为加法鉴幅器工作信号；当负载

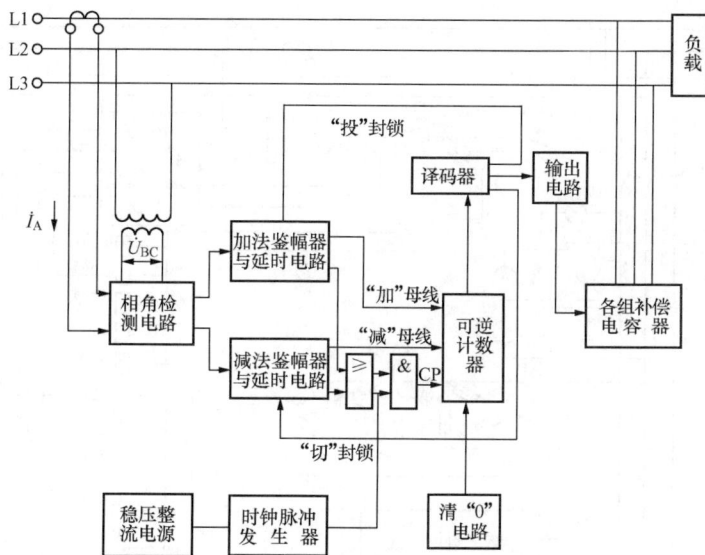

图 7-1　功率因数自动调节装置控制器原理接线图

线路为容性时输出能成为减法鉴幅器工作信号；当负载线路呈阻性时，输出为零。

线路呈电感性时，可使加法鉴幅器和延时电路工作并输出高电平，此时可逆计数器"加"母线呈高电平，而时针脉冲信号经与门并通过 CP 端进入计数器作加法运算，其结果经译码器给输出电路，使交流接触器逐步接通，投入并联电容器。投入电容器后，负载线路的功率因数会逐步得到提高，当达到 0.95 以上时，相角检测电路输出电压接近于零，计数器状态不变，功率因数就保持在此数值。

当出现过补偿时，负载线路呈容性，减法鉴幅器与延时电路工作，并输出高电平，使计数器"减"母线呈高电平，时钟脉冲信号经与门并通过 CP 端进入计数器作减法运算，其结果经译码器给输出电路，使交流接触器逐步释放，切除电容器。直到功率因数达到 0.95～1.0 之间，计数器状态不变时功率因数保持在此数值，如此反复动作，完成功率因数自动补偿。

（二）功率因数自动调节装置主电路

低压线路的功率因数自动调节装置主接线比较简单，可将功率因数自动补偿控制器直接接入，如图 7-2 所示。控制器的输出端（如 GZ-J 型控制器的"2、4、6、8、10"端）连接中间继电器（KAM1～KAM5），中间继电器触头控制交流接触器线圈（KM1～KM5），以控制电容器的投入。当刀开关 QK 接通后，再接通转换开关 QC1，则经 KT 动断触头使交流接触器线圈 KM 接至控制器 X_0 端通电，同时使功率因数表"cosφ"及 GZ-J 型控制器的电压线圈（201、202 端）接通后投入运行。当功率因数过低时，由控制器输出信号启动中间继电器（KAM1～KAM5），由中间继电器接通相应的交流接触器，交流接触器动作后就将电容器组投入运行以提高功率因数。接通交流接触器的同时断开所控制的电容器组的放电电阻 R。当功率因数过高时也是由控制器输出信号使中间继电器断开，从而使交流接触器逐步释放并切除电容器组，与交流接触器释放同时将所切电容器组的 R 接通，使切除的电容器组能进行充分地放电。

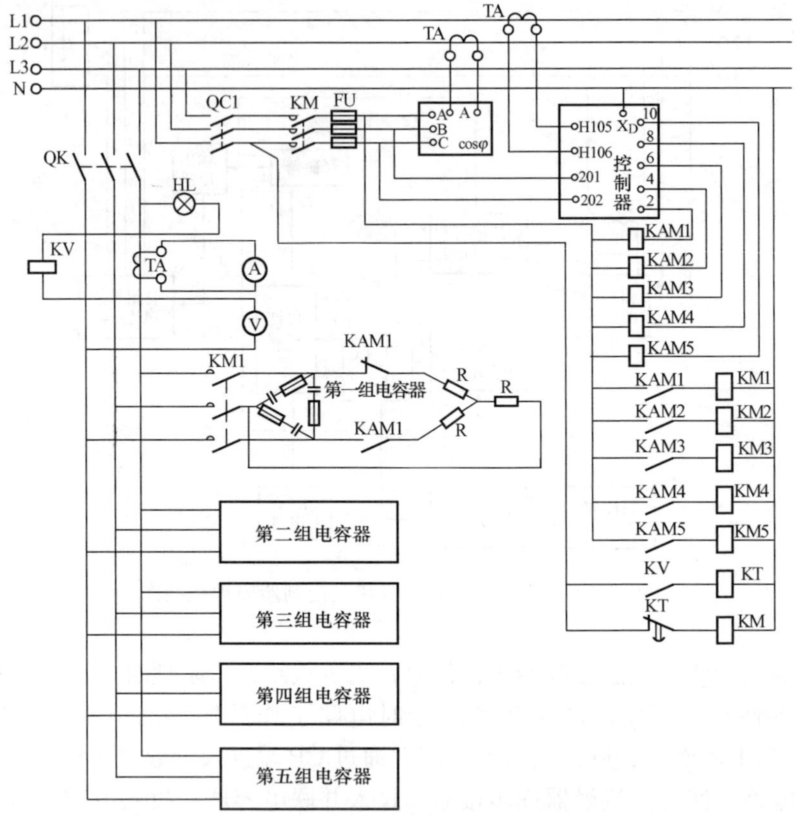

图 7-2 低压功率因数自动补偿装置主接线原理图

当电压升高不利于电容器运行时，过电压继电器 KV 动作接通时间继电器 KT 线圈经一定延时（躲过电压正常波动）后，其动断触头断开，切断交流接触器 KM 线圈回路，从而使控制器及电容器全部脱离运行。

10kV 高压电容器组也可用此控制器自动控制投切。但控制器的输入信号要取自 10kV 电压及电流互感器二次侧，输出信号要控制能频繁操作的高压真空断路器，用真空断路器投切高压电容器，用一组与高压电容器组接在同一母线上的电压互感器作放电装置，电压互感器的二次侧可接上指示灯泡，可监视放电是否终结。

第二节 电气装置的接地与防雷

一、电气装置的安全电压

（一）安全电压

我国规定安全电压额定值的等级分别为 42、36、24、12、6V。当电气设备采用了超过 24V 的安全电压等级时，必须有防止直接接触带电体的保护措施。

通常采用的安全电压为 36V 或 12V。机床照明或手提式照明灯一般都采用 36V 安全电压。在特别潮湿的环境中，或在金属容器、隧道、矿井内使用的手提式或插卡式照明灯，均应采用 12V 以下的安全电压。

（二）跨步电压

在距接地载流体 15～20m 范围内，沿径向电位的分布是不相同的，靠接地载流体越近，电位值越高，离接地载流体的水平距离愈远，电位值愈小，若人进入此区域时，两脚之间因有电位差作用于人体，危及安全。

人在距接地短路点 15～20m 的范围内，人体一步之间的电位差称为跨步电压 U_s，一般人体步距为 0.8m，故跨步电压为该区域水平距离 0.8m 之间的电位差值 $U_s=U_1-U_2$，接地散流及电位分布如图 7-3 所示。可见，当高压带电体落于附近时，出于安全考虑，切不可大步逃离。

（三）接触电压

人站在运行中的电气设备附近，若手触及漏电设备的外壳时，加于人手和脚之间的电位差称为接触电压 U_t。通常人距设备有一定距离（一步为 0.8m），人触及设备有一定高度（1.8m），故接触电压 U_t 按距漏电设备 0.8m、高度 1.8m 计算，即 $U_t=U_d-U$，如图 7-3 所示。

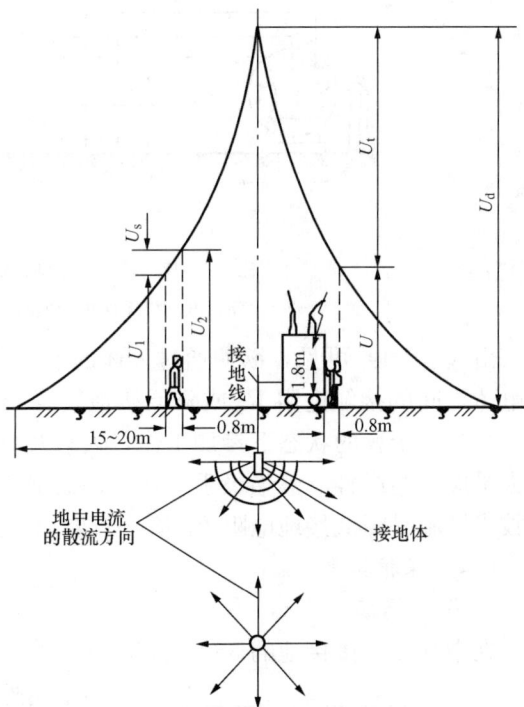

图 7-3　接地散流及电位分布示意图

为了保证人身安全，电气工程在接地装置的设计和施工时，应保证接触电压和跨步电压在允许值范围内。

二、保护接地与接零

保护接地是为了保证人身安全的接地，即将正常时不带电而故障时可能带电的电气装置的金属部分与地有良好的电气连接。按照接线方式的不同，可以分为以下两种。

（一）保护接地

图 7-4 为说明保护接地作用的原理接线图。在此小电流接地系统中，正常工作时电动机外壳不带电，对人是安全的。当绝缘损坏，某一相碰壳时，外壳带上了电压。此时人触及会有接地电流通过人体流入大地。考虑最严重的情况，若电动机对地绝缘损坏，且碰壳发生在绕组的首端，这时人触及外壳与直接触及电源线一样会发生电击的危险，如图 7-4（a）所示。图 7-4（b）中，电动机采用保护接地时，人触及同样碰壳的电动机时，接地电流将通过人体和接地装置组成的并联支路流入地中，通过人体的电流为

$$I_m = \frac{R_E}{R_m + R_E + R_t} I_d \tag{7-1}$$

式中　I_m——流过人体的电流，A；

　　　I_d——单相接地电流，A；

　　　R_m——人体电阻，Ω；

　　　R_E——接地电阻，Ω；

　　　R_t——人体与带电体之间的接触电阻，Ω。

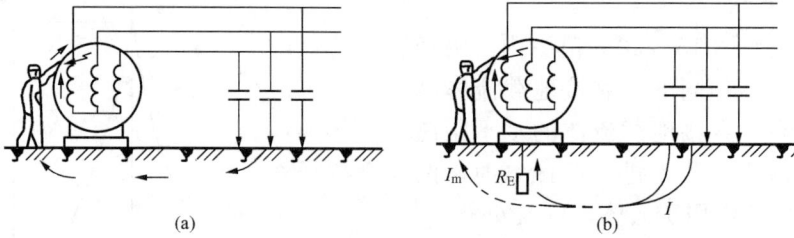

图 7-4 保护接地作用的原理接线图

(a) 电动机无保护接地时；(b) 电动机执行保护接地时

由式（7-1）可见，欲使通过人体的电流 I_m 足够的小，就必须提高人体电阻 R_m，人体与带电体之间的接触电阻 R_t 或降低接地装置的接地电阻 R_E。要提高 R_m 值，应保证人体在健康、洁净、干燥的状态下参加工作，人触及可能漏电的电气装置时，地面应铺设绝缘垫，工作人员应穿绝缘鞋、戴绝缘手套等。考虑到实际工作情况，降低 I_m 值，防止人体触电的根本技术措施是降低接地电阻 R_E 值。只要 R_E 足够小，就能保证人身安全。

(二) 保护接零

1. 保护接零

在中性点直接接地的 380/220V 的三相四线网络中，为了保证人身安全，将用电设备的金属外壳与零线作良好的电气连接，称为保护接零，如图 7-5 所示。

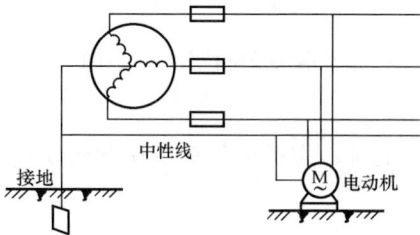

图 7-5 保护接零

用电设备若某相绝缘损坏碰壳时，在故障相中会产生很大的单相短路电流，使电源处的熔断器熔断，或低压断路器跳闸，切断电源，可以避免人体触电；即使保护动作之前触及到了绝缘损坏的用电设备的外壳，由于接零回路的电阻远小于人体电阻，短路电流几乎全部通过接零回路，通过人身的电流几乎为零，从而保证了人身安全。

2. 零线的重复接地

在保护接零的系统中，为了防止接地中性线断线失去接零的保护作用，有时还需要零线的重复接地。所谓零线的重复接地，即在保护接零的系统中，将零线每隔一段距离而进行的数点接地，如图 7-6 所示。

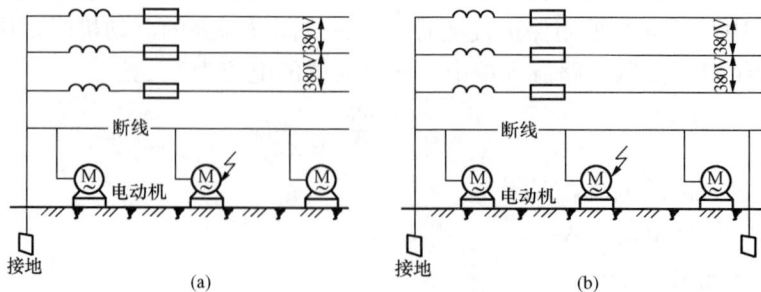

图 7-6 零线的重复接地

(a) 无重复接地时；(b) 有重复接地时

图 7-6（a）中，运行中若接地中性线断线，断线之前的部分可以得到接零保护，而断线后的部分在电动机某相故障搭壳、特别是有单相负载的情况下，即使电动机未发生故障，也会使电动机外壳出现危险的电压。图 7-6（b）中，当采用了零线的重复接地措施后，中性线断线后部分的实际上保护接零转变成了保护接地，从而提高了安全性。需要指出的是，重复接地对人体并非绝对安全，重要的是使零线不能断线，这在施工和运行中要特别注意。

三、接地的 TN、TT、IT 系统

在 380/220V 的低压配电系统中，为了取得相电压、线电压、保护人身安全及供电的可靠性，我国现已广泛采用了中性点直接接地的 TN、TT 和 IT 接线的供电方式，如图 7-7 所示。从触电防护的角度出发，它们分别采用了保护接地和保护零接地的技术措施。

各系统除了从电源引出三相配电线外，分别设置了电源的中性线（N 线）、保护线（PE 线）或保护中性线（PEN 线）。中性线（N 线）一是用于连接额定电压为 220V 的单相设备，二是用于传导三相系统中不平衡电流，三是用于减小系统中性点的偏移。保护线（PE 线）是保证人身安全、防止触电事故发生的接地线。保护中性线（PEN 线）兼有中性线和保护线的功能，即"零线"。

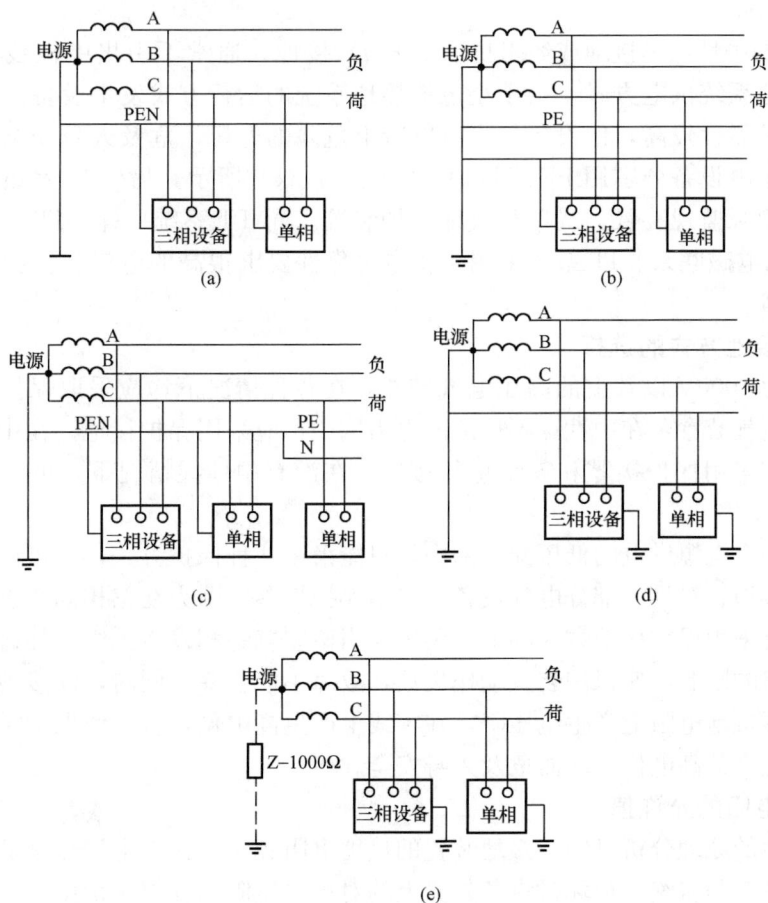

图 7-7　保护接地的 TN、TT、IT 系统

（a）TN-C 系统；（b）TN-S 系统；（c）TN-C-S 系统；（d）TT 系统；（e）IT 系统

（一）TN 系统

TN 系统中的触电防护采用的是保护接零的措施，即将供电系统内用电设备的必须接地部分与 N 线、PE 线或 PEN 线相连。如果 N 线与 PE 线合并成 PEN 线，称为 TN-C 系统，用三相四线制供电，如图 7-7（a）所示；如果 N 线和 PE 线分设，称为 TN-S 系统，用三相五线制供电，如图 7-7（b）所示；如果系统前的一部分 PE 线和 N 线合为 PEN 线，而后一部分 N 线和 PE 线分设，则称为 TN-C-S 系统，用三相四线制供电，如图 7-7（c）所示。其中 TN-S 系统具有更高的电气安全性，广泛使用于小企业及民用生活中。

（二）TT 系统

TT 系统中引出的 N 线提供单相负荷的通路，用电设备的外壳与各自的 PE 线分别接地，是三相四线制但采用保护接地的供电系统，如图 7-7（d）所示。

TT 系统由于各设备的 PE 线分别接地，无电磁联系、无互相干扰，因此适用于对信号干扰要求较高的场合，如对电子数据处理、精密检测装置的供电等。但 TT 系统中若干用电设备的绝缘损坏不形成短路，而仅是绝缘不良引起的漏电时，由于漏电电流较小，电路中的电流保护装置可能不动作，会使漏电设备的外壳长期带电，增加人体触电的危险性。因此为了保护人身安全，TT 系统中应装设灵敏的触电保护装置。

（三）IT 系统

IT 系统中的中性点不接地或经阻抗（1000Ω）接地，通常不引出中性线，为三相三线制的小电流接地系统供电方式。由于小电流接地系统的运行方式发生设备碰壳时可以继续供电，供电的可靠性较高，但设备外壳可能带上危险的电压，危及人身安全。预防触电的安全措施是各用电设备分别用 PE 线接地，如图 7-7（e）所示，另外 IT 系统应装灵敏的触电保护装置和绝缘监视装置，或单相接地保护装置。同 TT 系统一样，IT 系统用电设备的各 PE 线之间无电磁联系。IT 系统多用于供电可靠性要求很高的电气装置中，如发电厂的厂用电及矿井等。

四、保护接地方式的选择

（1）电压为 1000V 以及上的高压电气装置，在各种情况下均应采取保护接地。电压在 1000V 以内的电气装置，在中性点不接地的电力网中，应采用保护接地；在中性点直接接地的电力网中，应采用保护接零和零线重复接地，在没有中性线情况下，也可采用保护接地措施。

（2）由同一个电源供电的低压配电网中，只能采用一种保护方式，不可以对一部分电气设备采用保护接地、对另一部分电气设备又采用保护接零。因为在三相四线制保护接零的供电网中，若又有采用保护接地方式的电气装置，当该装置一相发生绝缘损坏碰壳时，接地电流受到接地电阻的限制，使保护装置动作失灵，故障不能切除。同时，此接地电流流回电源中性点时在电源接地电阻上产生电压降，在零线上产生高电位，直接使保护接零的电气设备外壳上带上不允许的高电位，从而危及人身安全。

五、接地电阻的允许值

从保护接地的原理分析可知，接地装置的接地电阻越小，接地电压也越低。实际上保护接地的基本原理就是将绝缘损坏时设备外壳上的对地电压限制在安全范围内。要对降低接地电阻值提出过高的要求是不经济的，对不同的电网可以有不同的要求，总体来说接地电阻 R_E 为

$$R_E = \frac{U_E}{I_E} \qquad (7\text{-}2)$$

式中 U_E——接地电压，V；

I_E——接地电流，A。

（一）对高压设备的接地电阻要求

1. 大电流接地电网

在 110kV 及以上的电力网中，单相短路时，接地短路电流很大，相应的继电保护迅速将故障切除。因此，在接地的设备上只在短时间内出现过电压，且工作人员此时触及装置外壳的机会很小。考虑到一般此系统的接地电流大于 4000A，规定接地电压不超过 2000V，接地电阻 R_E 不得超过 0.5Ω。

2. 小电流接地电网

小电流接地系统中发生单相接地时，允许继续运行一段时间，用电设备发生故障碰壳时，增大了触电的可能性。但其接地电流相对不大，对地电压值也较低；一般高、低压装置共用同一接地装置时，接地电压 U_E 不超过 120V；对高压装置单独设立的接地装置 U_E 不应大于 250V，总的 R_E 不应大于 10Ω。

（二）对低压设备的接地电阻要求

（1）对于与总容量在 100kV·A 以上的发电机或变压器供电系统相连的接地装置，R_E 不应超过 4Ω，此系统有零线的重复接地时，每处的 R_E 不应超过 4Ω。

（2）对于与总容量在 100kV·A 以下的发电机或变压器供电系统相连的接地装置，R_E 不应超过 10Ω，此系统中零线的重复接地每处的 R_E 不应超过 30Ω，且接点处不应少于 3 个。

（3）对 TT、IT 系统中用电设备的接地电阻，按接地电压不高于 50V 计算，一般 R_E 不大于 100Ω。

六、供配电系统的防雷措施

雷电是自然界中的一种静电现象，当雷电发生时，放电电流使空气分子电离燃烧发出强烈火光，并使周围空气猛烈膨胀，发出巨大响声。由于雷电的电压极高，电流很大，所以破坏力强，危及面广。对建筑物、电气线路、变配电装置等设施以及对人都会造成严重伤害。

雷电的电压可达十几万伏甚至数十万伏，它的电流能达数十千安甚至数百千安。雷电放电的时间极短促，一般约为几十毫秒，但强大的雷电流会在极短的时间内造成极大的危害。为防止雷电的破坏，供配电站及其重要设备应采取相应的防雷措施，供配电系统的防雷措施方式归纳起来主要有以下三方面。

（一）架空线路的防雷措施

（1）110kV 以上的架空线路一般沿全线装设避雷线。

（2）35kV 架空线路一般只在进出变电站的一段线路上装设避雷线。

（3）3～10kV 架空线路的防雷措施主要有：

1）利用三角形排列的顶线兼作防雷保护线。

2）在架空线路系统中，对绝缘比较薄弱的杆塔，如木杆线路中的个别金属杆塔、交叉跨越及带有弱绝缘换位杆塔等，应装设管型避雷器或保护间隙。

3）架空线路上的柱上断路器和负荷开关，应装设阀型避雷器保护。

4）同级电压线路的相互交叉或与较低电压线路、通信线路交叉时，交叉档两端的铁塔均应接地。

5）对于经常运行而又带电的柱上断路器，应在带电侧装设阀型避雷器保护。

（二）供配电站的防雷措施

1. 装设避雷针防护直击雷

供配电站的露天供配电设备、母线架构、建筑等应装设避雷针作为直击雷防护装置。供配电站内的避雷针按安装和接地的方式不同，可分为独立避雷针和构架避雷针两种。独立避雷针与被保护物之间应保持一定的空间距离，以免当避雷针上落雷时造成向被保护物反击的事故。如图7-8所示，避雷针对被保护物不发生反击的空间距离 S_h 为

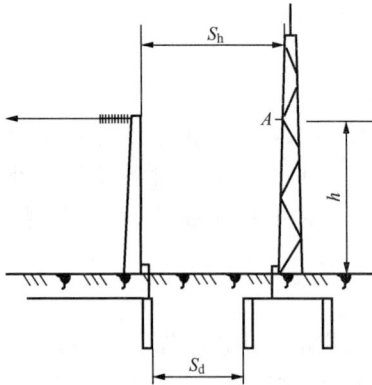

图7-8　独立避雷针与被保护物之间的允许距离

$$S_h = 0.3R_{sh} + 0.1h \qquad (7\text{-}3)$$

式中　R_{sh}——避雷针接地装置的冲击接地电阻，Ω；

h——被保护物的高度，m。

为了降低雷击避雷针时所造成的感应过电压的影响，在条件许可时此距离应尽量增大，一般情况不应小于5m。

独立避雷针宜装设独立的接地装置，而且其装置与被保护物的接地体之间也应保持一定的距离，以免在地中向被保护物的接地体发生反击。避雷针的接地装置与被保护物的接地网间的最小允许距离 S_d 为

$$S_d \geqslant 0.5R_{sh} \qquad (7\text{-}4)$$

一般情况下，S_d 不应小于3m。

2. 装设避雷器防护感应雷及侵入波

高压侧装设避雷器主要用来保护主变压器，以免雷电冲击波沿高压线路侵入变电站，损坏变电站的变压器。为此要求避雷器应尽量靠近主变压器安装，但是变压器和母线之间还有高压开关电器等设备，按电气设备间应留有一定安全距离的要求，接在母线上的避雷器和主变压器之间会有一定的距离。这个距离过大，会使避雷器失去对变压器的保护作用。为限制距离，阀型避雷器至3～10kV主变压器的最大允许电气距离见表7-2。

表7-2　　　　　　　　阀型避雷器至3～10kV主变压器的最大允许电气距离

雷雨季节经常运行的进线路数	1	2	3	≥4
避雷器至主变压器的最大允许电气距离（m）	15	23	27	30

低压侧装设避雷器主要用于多雷区用来防止雷电波沿低压线路侵入而击穿电力变压器的绝缘。当变压器低压侧中性点不接地时（如IT系统），其中性点可选择装设阀式避雷器、金属氧化物避雷器或保护间隙。

3. 变电站防雷方案

（1）3～10kV变电站典型防雷方案，高压配电装置中避雷器的装设如图7-9所示，电力变压器的防雷保护及其接地系统如图7-10所示。其特点如下：

1）在每回进线端和每段母线上，均装有阀型避雷器。

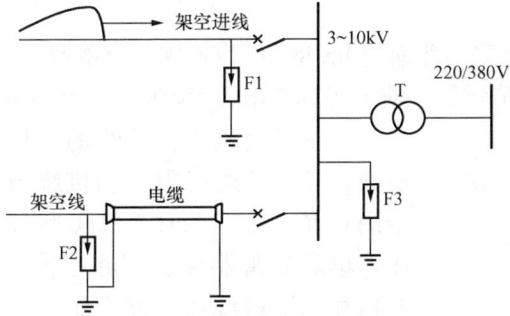

图 7-9　3～10kV 变电站高压配电
装置中避雷器的装设

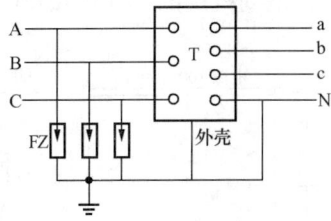

图 7-10　电力变压器的防雷
保护及其接地系统
T—电力变压器；FZ—阀型避雷器

2）如果进线有一段引入电缆的架空线路，则在架空线路终端的电缆头处装设阀型避雷器或管型避雷器，其接地端与电缆头外壳相连后接地。

3）避雷器的接地端与变压器低压侧中性点及金属外壳等连接在一起接地。

（2）35～110kV 变电站典型防雷方案如图 7-11 所示，其特点如下：

1）在变电站进线段 1～2km 的杆塔上架设避雷线，防止进线段被雷击出现感应过电压且限制其进入变电站的雷电流在 5kA 以内。

2）由于木杆线路对地绝缘很高，为了限制线路上遭受直击雷产生的高电压，在木杆或木横担的钢筋混凝土杆线路进线段的首端，装设一组管型避雷器 F1，其工频接地电阻应该在 10Ω 以下。

3）变电站的进线段在靠近隔离开关或断路器 QF1 处装设一组管型避雷器 F2，以防止线路上的侵入波在隔离开关或断路器开路处的电压上升，或引起闪络。F2 的外间隙应调整到正常运行时不被击穿。

4）变电站母线上，装设阀型（或氧化物）避雷器 F3。

5）如为母线分段的两路进线时，每路进线和每段母线均按以上标准方案施设保护。

6）对 35kV 进线且容量不大的变电站，可根据它的重要性简化防雷保护：①容量在 5600kV·A 以下的变电站，避雷线可缩短为 500～600m，可不装设 F2；②容量在 3200kV·A 以下者，可简化为不装避雷线，只将 500～600m 进线段的所有线路的绝缘子铁脚接地或只在母线上装阀型避雷器；③容量在 1000kV·A 以下不重要负荷的变电站，可简化为如图 7-12 所示的防雷接线方式。其中，FZ 为阀型避雷器，JX 为保护间隙。

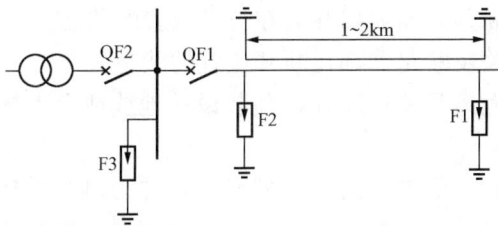

图 7-11　35～110kV 变电站典型防雷方案

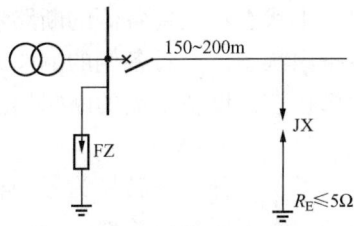

图 7-12　35kV 变电站进线段
简化保护接线

（三）高压电动机的防雷措施

高压电动机对雷电波侵入的防护，不能采用普通的 FS 型和 FD 型阀式避雷器，而要采用专用于保护旋转电动机用的 FCD 型磁吹阀式避雷器，或采用具有串联间隙的金属氧化物避雷器。

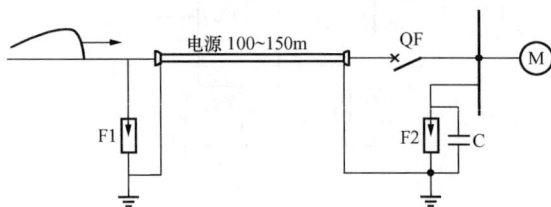

图 7-13　高压电动机的防雷保护接线
F1—管型或普通阀型避雷器；F2—磁吹阀型避雷器

由于电动机固体绝缘的出厂冲击耐压值低，尤其是运行中电动机绕组的安全冲击耐压值常低于 FCD 型阀型避雷器的残压，单靠避雷器保护不够完善，必须与电容器和电缆进线段等联合组成保护，这样可进一步降低侵入波的波陡度，使保护的可靠性更高。具有电缆进线段的高压电动机防雷保护接线，如图 7-13 所示。

当侵入波使管型避雷器 F1 击穿后，电缆首端的金属外皮和芯线间被电弧短路，由于很高频率的雷电流和强烈的集肤效应使雷电流沿电缆金属外皮流动，而流过电缆芯线的雷电流很小，这样电动机母线所受的过电压就较低，即使磁吹阀型避雷器 F2 动作，流过它的雷电流及残压也不会超过允许值。为保护中性点的绝缘，采用 F2 与电容器 C 并联来降低母线上侵入波的波陡度。

对定子绕组中性点能够引出的高压电动机，应在中性点装设阀型或金属氧化物避雷器，以保护电机中性点对地绝缘。

第三节　工厂供配电站运行和维护

一、工厂变电运行及倒闸操作

工厂变电运行是指工厂变电站值班人员对变电站内的变配电设备进行监视、控制、操作和调节，使变配电设备正常运行，同时对设备运行状态进行分析，在出现异常状态及事故情况下，能单独处理或与电力部门共同处理，以保证变电站内设备安全、稳定、经济运行。工厂变电运行一般包括变压器的运行和维护、线路的运行和维护、开关电器的运行和维护、无功补偿设备的运行维护等。

一般变配电设备所处的工作状态有运行、热备用、冷备用和检修四种状态，如图 7-14 所示。

（1）运行状态：设备各侧的隔离开关及断路器都在合上位置，设备带有规定电压的状态。

（2）热备用状态：设备各侧的断路器断开，而隔离开关在合上位置的状态。

（3）冷备用状态：设备各侧的隔离开关及断路器都在断开位置的状态。

（4）检修状态：设备各侧的断路器、隔离开关均断开，并装设接地线或合上接地开关的状态。

变配电设备从一种状态转换为另一种状态所进行的一系列操作，称为倒闸操作。变电站内的电气设备，常需要进行检修、试验，以及事故处理，这就需要改变设备的状态，这些工作都需要通过倒闸操作来完成。为了准确地进行倒闸操作，不因误操作而造成电气事故，必须清楚地了解设备所处的状态，即正确判断开关设备的位置。

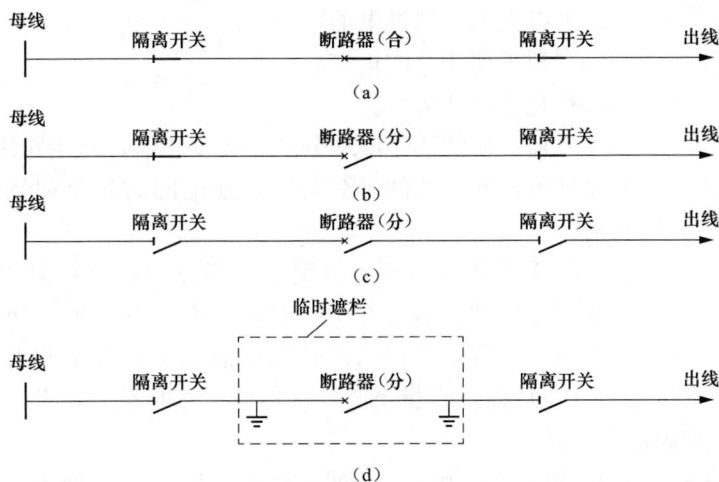

图 7-14　变配电站设备的工作状态
（a）运行状态；（b）热备用状态；（c）冷备用状态；（d）检修状态

二、供配电变压器运行和维护

变压器是一种静止的电气设备，其构造比较简单、运行条件较好。供配电工作人员若能全面掌握其性能，正确操作和运行维护就可以使变压器安全可靠地供电，减少和避免临时性检修，延长使用寿命。

（一）供配电变压器的运行

1. 空载运行

空载运行是变压器的一种极限运行状态，是指变压器一次绕组接通电源，二次绕组开路的一种运行状态。

变压器空载运行时，二次绕组中无电流流过，即变压器没有电能输出，但一次绕组中有空载电流流过，电源消耗了功率，这些功率全部转化为能量损耗，此损耗称空载损耗，它主要包括铁损耗和铜损耗两部分，因其铜损耗很小可忽略不计，所以变压器的空载损耗又叫铁损耗。通常空载损耗占变压器额定功率的 $0.2\%\sim1.5\%$，对长期运行积累的电能损失是不可忽视的，因此，变压器在不带负荷时应及时从电网上切除，以节约电能。

2. 负载运行

负载运行是变压器的最基本运行状态。这时由于变压器二次侧接上负载，所以二次绕组中有电流流过，即变压器有了电能输出，此电能由电源供给，大小由负荷决定。变压器的负载运行与空载运行相比，一次侧流入的电流明显增大，二次绕组的端电压也将受到负载的影响而发生变化，这是负载运行与空载运行的主要区别。

变压器所带负荷超过其额定容量叫过载运行。变压器一般不允许过载运行，但在特殊情况下允许短时间内（几个小时）过载 15% 左右，不得超过 30%。在过载运行期间应加强对变压器的监视，其温升不允许超过铭牌规定限值。

3. 并列运行

将两台或多台变压器的一次侧接到共同的电源上，二次侧接到共同的母线上的运行方式称为变压器的并列运行，如图 7-15 所示。变压器并列运行的意义在于如下几点。

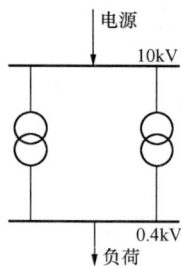

图 7-15 变压器并列运行

（1）可以大大加强供电的可靠性。

（2）有利于变压器的检修。

（3）有利于经济运行。

（4）可随负荷的逐年增加分期安装变压器，减少初次投资。

由此可见，变压器的并列运行，在电网的安全和经济运行中有着重要的意义。

变压器并列运行的理想情况是：当变压器已经并列而未带负荷时，各变压器仍与单独空载运行时一样，只有空载电流，而各变压器之间没有环流存在；当带有负荷后，各变压器能按其容量的大小成比例地分配负荷，即容量大的变压器多分担负荷，容量小的变压器少分担负荷。由此，在实际运行中并列运行的变压器必须满足以下条件：

1）联结组别相同。若联结组别不相同，并列运行的变压器二次侧线电压间将存在一定的相位差，会产生很大的电压，而变压器的内阻抗很少。所以，这个电压将在变压器线圈中产生几倍于变压器额定电流的环流，使变压器严重损伤，甚至烧坏。因此，并列运行的变压器联结组别必须相同。

2）变比相等。并列运行的变压器，其高低压侧额定电压必须分别相同。如果变比不相等，相应的二次绕组间就会产生电压，从而在变压器线圈中将有环流存在，增加变压器的损耗，减少变压器的输出容量。因此，要求并列运行的变压器变比相等。但达到完全相等是比较困难，所以允许变比有一个不大于 0.5% 的差值。

3）阻抗电压相等。并列运行的变压器其他条件相符，阻抗电压不相等时，会使并列运行的变压器负荷不能按其容量比分配，即阻抗电压大的变压器负荷分配少，当这台变压器达到满载时，另一台阻抗电压小的变压器就要过载。所以，要求并列运行的变压器阻抗电压尽量相等，允许相差不得超过 ±10%。

另外，由于变压器容量越大，其阻抗电压也越大，所以并列运行变压器的容量不宜相差过大，一般不能超过 3:1。

（二）供配电变压器的维护

1. 变压器高、低压熔丝的选择

变压器在运行中有可能发生故障和出现异常运行情况，为了避免造成严重后果和事故扩大，需要给变压器装设相应的保护装置。小容量配电变压器一般采用高、低压熔丝保护。

高压熔丝（一般为高压跌落式熔断器）作为变压器本体保护和二次侧出线故障的后备保护。按运行规程规定，容量为 100kV·A 以下的配电变压器其高压熔丝的容量可按 2～3 倍的一次额定电流选择，容量为 100kV·A 以上的配电变压器高压熔丝的容量可按 1.5～2 倍的一次额定电流选择。

配电变压器低压总熔丝保护的作用是指变压器二次侧发生短路或过载时熔丝熔断，使变压器不致烧毁。其熔丝选择的原则是：应能保证当低压熔断器所在回路电气部分发生故障时，低压熔丝熔断，而高压熔丝不断；熔丝容量一般选取比变压器二次额定电流稍大一些即可，最大不应超过变压器二次额定电流的 20%～30%。

2. 变压器的操作

（1）停电操作。操作的顺序必须是先停低压侧，后停高压侧。在停低压侧时，也必须是先停分路开关，再停总开关。配电变压器一般都采用跌落式断路器，在跌落式断路器停电操作时，为防止风力作用造成相间弧光短路，应先拉中相，再拉背风相，最后拉迎风相。

（2）送电操作。操作顺序与停电相反，即先送高压侧、后送低压侧。合高压侧跌落式断路器时，先合迎风相，再合背风相，最后合中相；在合低压侧开关时，应先合低压侧总开关，后合低压分路开关。

无论是停电操作还是送电操作必须注意以下几点：

1）操作要使用合格的安全工具，操作要有人监护。

2）变压器只有在空载状态下才允许操作高压侧跌落式断路器。

3）尽量不要在雨天或大雾天操作，以免发生大的电弧。

3. 配电变压器的电压调节

运行中的配电变压器由于一次侧电压的变化、负载大小和性质的变化，会使二次侧电压也有较大的变化。为使负载电压在一定范围内变化，保证用电设备的正常需要，有必要对变压器进行调压，配电变压器一般采用无载调压方式。

无载调压具体调压方法为：利用调压分接开关的转换；改变变压器一次绕组的匝数，从而改变变比，以达到调节二次输出电压的目的，即：当电源电压在额定值时，开关置于"2"挡；当电源电压低于额定值时，开关置于"3"挡；当电源电压高于额定值时，开关置于"1"挡。分接开关接线图如图7-16所示。

配电变压器无载调压分接开关的调整应按以下步骤进行。

（1）先将变压器停电。

（2）将分接开关调到位后，来回转动几次，使其触点接触良好。

（3）调试完毕后，必须用电桥或万用表来测量绕组的直流电阻，以免因为分接开关接触不良烧毁变压器。大容量的变压器测量时要用双臂电桥。

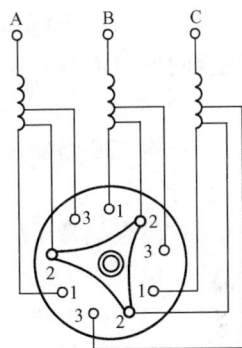

图 7-16　分接开关接线图

（4）测量完后，应先对线圈放电，然后再拆开测量接线，以防发生残余电荷触电事故。

（5）绕组的直流电阻值与变压器油温有很大关系，测量时应兼测变压器上层油温，把所测得电阻值换算到油温为20℃时的相应电阻值，再与规定值比较。

（6）三相绕组的直流电阻相对误差值不应超过2%，所测得结果和历次测量数据不应有很大的出入，否则要分析原因进行处理。

（7）若测量结果一切正常，则可使变压器投入运行。

三、开关电器的运行与维护

（一）断路器的运行维护

1. SF_6 断路器的巡视检查

（1）检查 SF_6 气体压力是否保持在额定压力，如压力下降即表明漏气，应及时查出泄漏位置并进行消除，否则将危及人身及设备安全。

（2）检查绝缘子应清洁、无裂纹、无破损、无放电痕迹和闪络现象。

（3）检查接头接触部位应无过热现象，无异常声响。

（4）在投入前应检查操动机构是否灵活，分合闸机械位置指示器指示正确，与当时实际运行位置相符。

（5）运行时应严格防止潮气进入断路器内部，以免由于电弧产生的氟化物和硫化物与水作用对断路器结构材料产生腐蚀。

2. SF₆ 断路器气压降低的处理

利用 SF₆ 气体密度继电器（气体温度补偿压力开关）监视气体压力的变化。

当 SF₆ 气体下降至第一报警值时，密度继电器动作，其触头闭合发"补气"信号。及时检查压力表指示，检查密度继电器动作值是否正确，是否漏气。运行中，在同一温度下，相邻两次记录的压力值，相差（0.1～0.3）×105Pa 时，可能有漏气，有条件的可用检漏仪器检查。运行中发生 SF₆ 气体泄漏，若有异声或严重异味，眼、口、鼻有刺激症状，运行人员应尽快离开现场。必须做好防护后才能重新进入现场。确认气体泄漏时，联系检修人员检修处理。如因操作不能离开，工作人员必须穿戴防护用具。包括工作手套、工作鞋、护目镜、密封式工作服、防毒面具等，应根据工作条件使用。还应注意，工作现场不许抽烟。工作中若发生流泪、流鼻涕、咽喉中的热辣感、发音嘶哑、头晕以及胸闷、恶心、颈部不适等中毒症状，应迅速离开现场，到空气新鲜处休息，必要时，应经医生治疗。

当 SF₆ 气压下降至第二报警值时，密度继电器动作，发出闭锁压力信号，同时把断路器的跳合闸回路断开，实现分、合闭锁。

3. 真空断路器的巡视检查

（1）检查断路器操动机构是否灵活，分合闸机械位置指示器指示正确，与当时实际运行位置相符。

（2）检查绝缘子应清洁、无裂纹、无破损、无放电痕迹和闪络现象。

（3）检查接头接触部位应无过热现象，无异常声响。

（4）检查触头超行程在规定范围内。

（5）检查灭弧室完好，无漏气现象。

（6）检查断路器绝缘拉杆应完整无断裂现象。

（7）检查运行环境无滴水、化学腐蚀气体及剧烈振动。

4. 真空断路器真空度失常的处理

玻璃外壳的真空断路器正常运行时，灭弧室真空度正常，其灭弧室屏蔽罩颜色应无异常变化。如果在巡视中发现真空灭弧室出现红色或乳白色辉光，说明真空度下降，应更换灭弧室。陶瓷外壳的真空断路器运行中无法看到灭弧室内部，应在规定时间内停电后，通过工频耐压检查灭弧室的绝缘水平，间接测量灭弧室的真空度。如发现真空度下降，应更换灭弧室。

（二）隔离开关的运行维护

1. 隔离开关的巡视检查

触头是隔离开关上最重要的部分，无论哪一种隔离开关，隔离开关合上后，其触头弹簧或弹簧片都会因锈蚀或过热使弹力降低；隔离开关在断开后，触头暴露在空气中，容易发生氧化和脏污；在操作过程中，电弧会烧坏触头的接触面，各联动部件也会发生磨损或变形，造成触头接触不良；在操作过程中用力不当，会使接触面位置不正，造成触头压力不足等。以上几种情况均会造成隔离开关的触头接触不紧密。所以在运行中，检查隔开关每相触头接触是否紧密应该作为巡视检查的重点。具体如下。

（1）检查触头或接点干净，接触良好。无松动、断裂、变形、烧伤痕迹。运行时触头温度不超过允许值。

（2）检查绝缘子应清洁、无裂纹、无破损、无放电痕迹和闪络现象。

（3）检查连杆、转轴等机械部分无变形，连接良好。

（4）检查引线无松动、无严重摆动和烧伤断股现象。

（5）检查操动机构各部件完好。

2. 隔离开关运行时触头过热

隔离开关运行时触头过热的原因有：合闸不到位、触头紧固件松动、刀口合的不严、过负荷等。

触头过热的处理方法如下。

（1）如果因为过负荷引起过热，应将负荷降低额定值及以下运行。

（2）如果因为触头接触不良而过热，可用相应电压等级的绝缘棒推动触头，使触头接触良好。

四、架空线路的运行与维护

架空线路在露天架设，长年经受自然条件和周围环境的影响，因此事故较多，在运行中应加强巡视和维护，预防事故的发生。

（一）架空配电线路的故障原因

（1）大自然季节变化的影响。在雷雨季节会发生雷击事故；大雾季节会发生闪络放电事故；大风、雨雪、高温及严寒等都会给架空线路造成不利影响，如大风、大雨常常会引起电杆倒塌，导线短接或折断。

（2）电力负荷的影响。工业生产在不同季节用电负荷有很大的变化，线路往往超载运行，使导线接头过热而发生导线烧断事故，且线路电压过低还会发生烧毁电气设备等事故。

（3）线路本身存在缺陷或人为因素的影响。架设线路时使用的材料不合格或已有损伤；线路安装不合要求或构件因运行年久而变质；在电杆和拉线附近取土、构筑设施；由于导线接头不牢，负荷电流过大会引起导线发热等。

（4）周围环境及外物的影响。不同地区的线路受环境条件的影响各不相同，例如：化工区线路受到污染，容易发生闪络放电；城镇的线路易受天线、风筝等外物的影响；野外地区受树木、大风影响出现倒杆、断线、接地短路等事故。另外，空气中灰尘、煤烟、水汽、可溶性盐类和有腐蚀性气体，将使线路的绝缘水平降低，绝缘子泄漏电流增大。

（5）气温的影响。导线本身具有热胀冷缩的特性，受气温的影响较大。昼夜间气温高低悬殊，一年四季变化就更大，导线的弧垂也随之增大和减小。在冬季，由于气温过低弧垂变小，遇有风雪最易发生断线事故。夏季气温升高导线弧垂过大，遇到大风，容易发生相间碰线短路事故。因此，导线的弧度应根据气温高低调整适度。

（二）架空配电线路的故障及故障点的查找

当各种原因引起线路供电的突然中断，首先要找到故障点和故障类型，才能找出故障原因和制订修复措施，恢复供电线路的运行，并防止以后发生类似事故。

1. 线路故障的分类

（1）按设备机械性能分为以下几种。

1）倒杆。由于外界的原因（如杆基失土、洪水冲刷、外力撞击等）使杆塔的平衡状态失去控制，造成倒杆，供电中断。架空线路中倒杆是一种恶性故障。

2）断线。因外界原因造成导线的断裂，致使供电中断。

（2）按设备电气性能分为以下几种。

1）单相接地。线路一相的一点对地绝缘性能丧失，该相电流经由此点流入大地，形成单相接地。单相接地是电气故障中出现最多的故障。它的危害主要在于使三相平衡系统受到破坏，在中性点不接地系统中，非故障相的电压升高到原来的$\sqrt{3}$倍，很可能会引起非故障相绝缘的破坏。在中性点直接接地系统中，单相接地就是短路，将导致供电中断。造成单相接地的因素很多，如导线断线落地、树枝碰及导线、跳线、因风偏对电杆放电等。

2）两相短路。线路的任意两相之间造成直接放电，使通过导线的电流比正常时增大许多倍，并在放电点形成强烈的电弧，烧坏导线，造成供电中断。两相短路包括两相接地短路，比单相接地情况要严重得多。形成两相短路的原因有混线、雷击、外力破坏等。

3）三相短路。在线路的同一地点三相间直接放电，形成三相短路。三相短路（包括三相接地短路）是线路上最严重的电气故障，不过它出现的机会极少。造成三相短路的原因有线路带地线合闸、线路倒杆造成三相接地等。

4）缺相。断线不接地，通常又称缺相运行。送电端三相有电压，受电端一相无电流，三相电动机无法运转。造成缺相运行的原因是熔断器熔丝一相烧断、耐张杆的一相跳线、因接头不良烧断等。

2. 查寻故障点的基本方法

故障发生后，变电站断路器跳闸或有接地显示，从继电保护装置动作上可初步了解故障的电气类型，但还不能立即确定故障点确切的地理位置。要查出故障点的位置，必须立即对线路进行故障巡视。在故障巡视中，巡线工作会遇到如下困难。

（1）对于较高电压的送电线路，由于距离长，全线巡视工作量甚大。

（2）对于10kV配电线路，除了主干线外，还有许多分支线需要同时查找。

（3）一些较微的电气故障，在供电设备上所造成的机械损伤有时不明显，如树枝碰线单相接地，大都是瞬时性的，树枝烧断后导线上留下的伤痕很轻很小，巡视时难于发现。为了迅速查出故障点，可用以下方法：

1）分段普查。对于长距离的高压线，可分成多个小组进行全面巡查，出发前明确分工，定出起止杆号，一旦查出故障点，立即报告。

2）分区试送、缩小查找范围。对于接有分支线的10kV线路，可通过变电站或线路上的断路器切除部分线路，再对余下部分进行试送，从试送成功是否便可区别故障线路与非故障线路，这样经过几次"筛选"，故障线路的范围大为缩小，故障巡视的工作量也大为减少。

3）细心查找和访问。轻微的电气故障，如导线因碰树枝而引起的单相接地，往往不易寻找。但是绝大多数电气故障都伴随有电弧产生，在短路点必然有烧伤的痕迹，只要细心找到烧伤的痕迹，便可判断已发生过电气故障。在查找过程中，必要时应访问沿线居民群众，了解事故当时的目击情况，以助分析故障和找到故障点。

（三）架空线路的运行与管理

为了线路安全运行，不发生或少发生事故，必须从以下方面加强线路运行和管理工作。

（1）掌握季节和环境特点，做出相应的反事故措施。

（2）充分掌握用电客户的用电规律，制订出相应的预防措施。

（3）加强线路巡视工作。

1. 反事故措施

（1）防污。及时清扫绝缘子，在大雾季节或者气温0℃左右雨季节来临之前，应抓紧绝缘子的测试，清扫及紧固木结构的连接螺栓等项工作，以防泄漏电流引起绝缘子表面闪络和木杆燃烧事故。

（2）防雷。在雷雨季节到来之前，应做好防雷设备的试验检查和安装工作，并要按期测试接地装置的电阻以及更换损坏的绝缘线。

（3）防暑。在高温季节来到之前，应检查各相导线的弧垂，以防因气温增高弧垂增大而发生事故。对满负荷运行的电气设备，要加强温度监视，检查导线对地距离，检查交叉跨越距离。

（4）防寒防冻。在严寒季节来到之前，应注意导线弧垂，过紧的应加以调整以防断线，注意导线覆冰情况，防止断线。

（5）防风。在风季到来之前，要加固拉线及电杆基础，调整各相导线弧垂，清理线路周围杂物及附近的树木，以免树碰导线造成事故。

（6）防汛。在汛期到来之前，对在河流附近冲刷以及附近挖土造成杆基不稳的电杆，要采取各种防止倒杆的措施。另外，还应做好防鸟和其他小动物等工作。

2. 架空线路的故障及预防

高压线路发生故障后，变电站断路器跳闸或使保护装置发出信号。如果在低压线路发生故障，将会造成熔丝熔断。为预防事故发生，保障供电需要对线路进行及时检修和维护。

（1）对事故的分析和处理。事故发生后，首先应记录故障时间，变电站防护装置的动作情况，当时天气、风力情况和当地群众、用电单位反映的情况，迅速组织人力进行事故巡视，尽快找出故障点。

找到故障点以后，如果导线断落在地上（带电时），8m 范围以内不得有人进入，以防跨步电压触电，巡视人员除立即报告外，还应看守事故现场，保留现场实物和痕迹，以便于分析事故原因。经抢修恢复正常供电后，要认真分析事故原因，制订防范措施，最后写出分析报告。

（2）事故的预防。巡线中发现的问题、缺陷和不安全因素，应安排计划进行检修，达到规程要求，一般要求杆身倾斜不大于杆径，拉线紧固没有松弛，绝缘子表面清洁无裂纹，导线弧垂对地距离应符合要求。为了安全运行，预防事故发生，除正常的检修、维护外，还应对线路进行定期测试，测试的周期和内容见表 7-3。

表 7-3　　　　　　　　　　　　　线路的测试周期和内容

项目	周期	内容
接地装置和接地电阻	每 5 年 1 次	用接地电阻测试仪测量，并检查接地装置锈蚀情况
绝缘子测试	每 2 年 1 次	用固定间隙测试悬式绝缘子，查明因绝缘降低而成为零值的绝缘子
线路首末端电压	每年 1 次	在最高负荷时进行测量
线路电流	每年 1 次	在高峰负荷时测量低压线路和高压线路支线上的电流
登杆检查	1~2 年 1 次	重点检查绝缘子，清扫污秽，留心各部螺栓、绑线情况等

第四节　工厂供配电系统用电安全

一、用电安全工作规范

（一）保证安全工作的组织措施

在高低压电气设备上工作，保证安全的组织措施是工作许可制度、工作监护制度、工作间断、转移和终结制度，具体内容详见 GB 26860—2011《电业安全工作规程（发电厂和变电站电气部分)》。

（二）保证安全工作的技术措施

在全部停电和部分停电的电气设备上工作时，必须完成下列技术措施：

（1）停电。检修设备，一般情况下均应停电后进行，即把从各方面可能来电的电源都断开，且应有明显的以空气为介质的断开点。对于多回路的设备，特别要注意防止从低压侧向被检修设备反送电。在断开电源的同时，还要断开断路器的操作电源，隔离开关的操作把手也必须锁住。

（2）验电。工作前，必须用相应电压等级的验电笔或验电器，对检修设备的进出线两侧各相分别检验，明确无电后，方可开始工作。验电器具应在事先带电设备上进行试验，以证明其性能可靠。

（3）装设接地线。装设接地线是预防工作地点突然来电的唯一可靠安全措施。

对可能送电到检修设备的各电源侧及可能产生感应电压的地方，都要装设接地线。装设接地线时，必须先装接地端，后接导体端，且接触必须良好。拆接地线的顺序相反，即先拆导体端、后拆接地端。装拆接地线时均应使用绝缘操作杆或戴绝缘手套。

接地线使用截面积不小于 25mm² 的铜绞线，严禁使用不符合规定的导线作接地线短路之用。接地线应尽量装设在工作时看得见的地方。

（4）悬挂标示牌和装设遮栏。在断开的断路器和隔离开关操作把手上，悬挂"禁止合闸，有人工作"的标示牌，必要时加锁固定。

在工作时，当距离其他带电设备的距离小于表 7-4 所列的安全距离时，应加装临时遮栏或保护罩，临时遮栏和保护罩距带电设备的距离不得小于表 7-5 所规定的数值。

表 7-4　　　　　　　　　　　　人距带电设备的安全距离

电压等级（kV）	15 以下	20～35	44	60～110
安全距离（m）	0.70	1.00	1.20	1.50

表 7-5　　　　　　　　　　　临时遮栏和保护罩距带电设备的安全距离

电压等级（kV）	15 以下	20～35	44	60～110
安全距离（m）	0.35	0.60	0.90	1.50

（三）带电工作中的防触电措施

1. 在低压电气设备上从事带电工作的防触电措施

（1）工作人员应穿绝缘鞋和棉质工作服，戴绝缘手套、安全帽和护目镜，并站在绝缘垫上，严禁穿背心或短裤进行带电作业。

（2）使用合格的有绝缘手柄的钳子、螺丝刀、活动扳手等工具，严禁使用锉刀和金属尺。

（3）将可能碰触的其他带电体及接地物用绝缘板隔开或遮盖，以防止相间短路和接地短路。

2. 在低压线路上带电工作的防触电措施

（1）应使用合格的有绝缘手柄的工具，穿绝缘靴（鞋）或站在干燥的绝缘物上。

（2）高、低压线同杆架设时，应先检查工作人员与高压线可能接近的距离是否符合规定；若不符合规定，要采取防止误碰高压线的措施或将高压线停电。

（3）同一杆上不准两人同时在不同相上工作，工作人员穿越线档，必须先用绝缘物将导线遮盖好。

（4）上杆前应分清相线（火线）与地线（零线），选好工作位置。断开导线时，应先断开相线、后断开地线；搭接导线时，应先接地线、后接相线；接相线时，应先将两个线头搭实后再进行缠绕，切不可使人体同时接触两根导线。

二、安全用电常识

（一）按规定使用电气安全用具

电气安全用具分基本安全用具和辅助安全用具两大类。

（1）基本安全用具。其绝缘足以承受电气设备的工作电压，操作人员必须使用它，才允许操作带电设备，例如操作高压隔离开关的绝缘棒［如图 7-17（a）所示］和用来装拆低压 RTO 型熔断器熔管的绝缘手柄等。

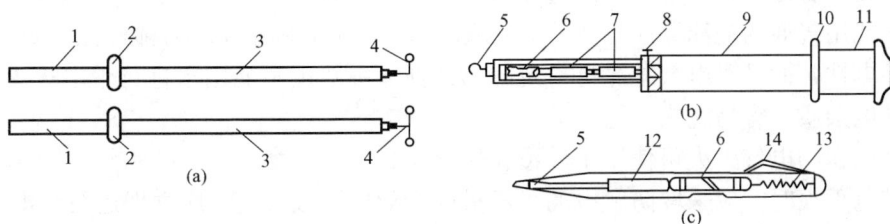

图 7-17　安全用具外形示意图

（a）绝缘棒（俗称"令克棒"）；（b）高压验电器；（c）低压试电笔

1—手柄；2—护环；3—绝缘杆；4—金属钩；5—触头；6—氖灯；7—电容器；8—接地螺钉；

9—绝缘杆；10—护环；11—手柄；12—碳质电阻；13—弹簧；14—金属挂钩（撑柄）

（2）辅助安全用具。其绝缘不足以完全承受电气设备工作电压的作用，但是操作人员使用它，可使人身安全有进一步的保障，例如绝缘手套、绝缘靴、绝缘地毯、绝缘垫台、高压验电器［如图 7-17（b）所示］、低压试电笔［如图 7-17（c）所示］、临时接地线及各种标示牌等。

（二）普及安全用电常识

（1）不得随意加大熔体规格，不得随意更换熔体材质（如以铜丝或铁丝来代换原来的铅锡合金丝）。

（2）不得长时间超负荷用电。多台大容量设备错开使用时间，以免出现过负荷。

（3）电线上不得晾晒衣物，以免电线绝缘损坏漏电伤人。

（4）不得在架空线路和室外变配电装置附近放风筝，也不得用鸟枪或弹弓射击架空线路上的鸟。

（5）不得擅自攀登电杆和变配电装置的构架。

（6）移动电器和手持电具的插座，一般应采用带有保护接地（PE）插孔的插座。

（7）当带电导线断落在地上时，不可走近。对落地的高压线，应离开其落地点 $8\sim10\mathrm{m}$ 以上，更不得接触。遇此断线接地故障应划定禁止通行区，派人看守，并通知电工或供电部门前来处理。

（8）如遇有人触电，应按规定方法进行急救处理。

三、正确处理电气火灾事故

电气失火有两个特点：①失火的电气设备可能带电，因此灭火时要防止触电，应尽快断开失火设备的电源；②失火的电气设备可能充有大量的可燃油，可导致爆炸，使火势蔓延。

带电灭火的措施和注意事项如下：

（1）应使用二氧化碳（CO_2）、四氯化碳（CCl_4）或 1211（二氟一氯一溴甲烷）等灭火器灭火。这些灭火器的灭火剂均不导电，可直接用来扑灭带电设备的失火。但使用二氧化碳灭火器时，要防止冻伤和窒息，因为其二氧化碳是液态的，灭火时它喷射出来后，强烈扩散，大量吸热，形成温度很低（可低至 $-78.5℃$）的雪花状干冰，降温灭火，并隔绝空气。因此使用二氧化碳灭火器时，要打开门窗，并要离开火区 $2\sim3m$，勿使干冰沾着皮肤，以防冻伤。使用四氯化碳灭火器时，要特别防止中毒，因为四氯化碳受热时，与空气中的氧（O_2）作用，将产生有毒的光气（$COCl_2$）和氯气（Cl_2），因此在使用四氯化碳灭火器时，应打开周围门窗，有条件时最好戴上防毒面具。

（2）不能用普通的泡沫灭火器灭火，因为其灭火剂（水溶液）为稀硫酸（H_2SO_4），具有一定的导电性，而且对电气绝缘有一定的腐蚀性。一般也不能用水进行带电灭火，因水中通常含有导电杂质，容易造成触电事故。

（3）小面积的电气失火可使用干砂覆盖熄灭。

（4）带电灭火时，应采取防触电的可靠措施。如遇有人触电，应立即进行触电急救。

四、触电急救

（一）触电急救的原则要求

触电急救必须分秒必争，立即就地迅速用心肺复苏法进行抢救，并坚持不断地进行，同时及早与医疗部门联系，争取医务人员接替救治。在医务人员未接替救治前，不应放弃现场抢救，更不能只根据没有呼吸或脉搏擅自判定伤员死亡，放弃抢救，只有医生有权做出伤员死亡的诊断。

（二）脱离电源注意事项

（1）触电急救。首先要使触电者迅速脱离电源，越快越好，因为电流作用的时间越长，伤害越重。

（2）脱离电源就是要把触电者接触的那一部分带电设备的断路器、隔离开关或其他断路设备断开，或设法将触电者与带电设备脱离。在脱离电源中，救护人员既要救人，也要注意保护自己。

（3）如触电者处于高处，脱离电源后会自高处坠落，因此要事先采取预防措施。

（4）救护触电伤员切除电源时，有时会同时使照明失电，因此应考虑事故照明、应急灯等临时照明。新的照明要符合使用场所防火、防爆的要求，但不能因此延误切除电源和进行急救。

（三）脱离电源后的处理

（1）触电伤员神志清醒者，应使其就地躺平，需严密观察，不要立即站立或走动。

（2）触电伤员如神志不清者，应使其就地仰面躺平，确保其气道通畅，并用 5s 时间，呼叫伤员或轻拍其肩部，以判定伤员是否意识丧失。禁止摇动伤员头部呼叫伤员。

（3）需要抢救的伤员，应立即就地坚持正确抢救，并设法联系医疗部门接替救治。

（四）呼吸、心跳情况的判定

触电伤员如意识丧失，应在 10s 内，用看、听、试的方法，见图 7-18（a）、（b）来判定伤员的呼吸及心跳情况。

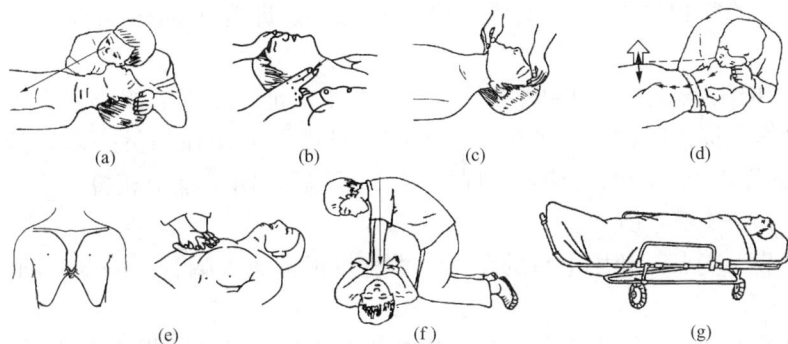

图 7-18　触电急救正确方法示意图

(a) 看、听；(b) 试；(c) 仰头抬颏法；(d) 口对口人工呼吸；

(e) 胸外按压的正确位置；(f) 正确的按压姿势与用力方法；(g) 正确的搬运方式

(1) 看——看伤员的胸部、腹部有无起伏动作。

(2) 听——用耳贴近伤员的口鼻处，听有无呼吸声音。

(3) 试——试测口鼻有无呼气的气流，再用两手指轻试一侧（左或右）喉结旁凹陷处的颈动脉有无搏动。

若看、听、试结果，既无呼吸又无颈动脉搏动，可初步判定呼吸心跳停止。

（五）心肺复苏法

触电伤员呼吸和心跳均停止时，应立即按心肺复苏法支持生命的三项基本措施，正确进行就地抢救，即通畅气道、口对口（鼻）人工呼吸、胸外按压（人工循环）。

1. 通畅气道

(1) 触电伤员呼吸停止，重要的是始终确保气道通畅。如发现伤员口内有异物，可将其身体及头部同时侧转，迅速用一个手指或两手指交叉从口角处插入，取出异物。操作中要注意防止将异物推到咽喉深部。

(2) 通畅气道可采用仰头抬颏法见图 7-18 (c)。严禁用枕头或其他物品垫在伤员头下，使头部抬高前倾，将加重气道阻塞，且会使胸外按压时流向脑部的血流减少，甚至消失。

2. 口对口（鼻）人工呼吸

(1) 在保持伤员气道通畅的同时，救护人员用放在伤员额上的手捏住伤员鼻翼。救护人员深吸气后，与伤员口对口紧合，在不漏气的情况下，先连续大口吹气两次，每次 1~1.5s。如两次吹气后试测颈动脉仍无搏动，可判断心跳已经停止，要立即同时进行胸外按压。

(2) 除开始时大口吹气两次外，正常口对口（鼻）呼吸的吹气量不需过大，以免引起胃膨胀。吹气和放松时要注意伤员胸部应有起伏的呼吸动作如图 7-18 (d) 所示。吹气时如有较大阻力，可能是伤员头部后仰不够，应及时纠正。

(3) 触电伤员如牙关紧闭，可口对鼻人工呼吸。口对鼻吹气时，要将伤员嘴唇紧闭，防止漏气。

3. 胸外按压

(1) 正确的按压位置是保证胸外按压效果的重要前提。确定正确按压位置的步骤如下：

1) 右手的食指和中指沿触电伤员的右侧肋弓下缘向上，找到肋骨和胸骨接合处的中点。

2) 两手指并齐，中指放在切迹中点（剑突底部），食指平放在胸骨下部。

3）另一只手的掌根紧挨食指上缘，置于胸骨上，即为正确按压位置，如图 7-18（e）所示。

（2）正确的按压姿势是达到胸外按压效果的基本保证，正确的按压姿势如下：

1）使触电伤员仰面躺在平硬的地方，救护人员站立或跪在伤员一侧肩旁，救护人员的两肩位于伤员胸骨正上方，两臂伸直，肘关节固定不屈，两手掌根相叠，手指翘起，不接触伤员胸壁，如图 7-18（f）所示。

2）以髋关节为支点，利用上身的重力，垂直将正常成人胸骨压陷 3～5cm。儿童和瘦弱者酌减。

3）压至要求程度后，立即全部放松，但放松时救护人员的掌根不得离开胸壁。

4）按压必须有效，有效的标志是按压过程中可以触及颈动脉的搏动。

（3）按压的操作频率。

1）胸外按压要以均匀速度（80 次/min 左右）进行，每次按压和放松的时间相等。

2）胸外按压宜与口对口（鼻）人工呼吸同时进行，其节奏为：单人抢救时，每按压 15 次后吹气 2 次（15∶2），反复进行；双人抢救时，每按压 5 次后由另一人吹气 1 次（5∶1），反复进行。

（六）抢救过程中的再判定

（1）按压吹气 1min 后（相当于单人抢救时做了 4 个 15∶2 压吹循环），应用看、听、试的方法在 5～7s 时间内完成对伤员呼吸和心跳是否恢复的再判定。

（2）若判定颈动脉已有搏动但无呼吸，则暂停胸外按压，而再进行 2 次口对口人工呼吸，接着每 5s 吹气一次（即每分钟 12 次）。如果脉搏和呼吸均未恢复，则继续坚持心肺复苏法抢救。

（3）在抢救过程中，要每隔数分钟再判定一次，每次判定时间均不得超过 5～7s。在医务人员未接替抢救前，不得放弃现场抢救。

（七）抢救过程中伤员的移动与转院

（1）心肺复苏应在现场就地坚持进行，不要为方便而随意移动伤员；如确有需要移动时，抢救中断时间不应超过 30s。

（2）移动伤员或将伤员送医院时，应使伤员平躺在担架上并在其背部垫以平硬阔木板，如图 7-18（g）所示，不得采用架起和拖拽伤员四肢的搬运方式。而且在移动和送往医院的过程中，心跳呼吸停止者要继续心肺复苏法抢救，在医务人员未接替救治前不能中止。

（八）伤员初期恢复后的处理

如伤员的心跳和呼吸经抢救后均已恢复，可暂停心肺复苏法操作。但心跳呼吸恢复的早期有可能再次骤停，因此应严密监护，不能麻痹，要随时准备再次抢救。伤员初期恢复后神志不清或精神恍惚、躁动，应设法使之安静，以配合进一步治疗。

第五节　工厂供配电的节约用电

一、节约用电的意义

电能属于二次能源，它的获得需要付出相当高的代价。一般来说，发电厂每发一度电

（1kW·h），约消耗一次能源煤炭 400～500g，折合热量约为 3000cal（1cal＝4.1868J），加上工厂用电和输、配电损失，送到用户处的每度电约需消耗量 3500cal 左右，综合效益仅为 25％。因此说电力是国家宝贵的动力资源，应珍惜使用。节约用电不仅是节约了电量，而且还有以下重要意义。

（1）节约煤炭。

（2）节省国家对发、供电设备的投资。

（3）在电力供应不足的情况下，使每千瓦时电发挥更大的作用，满足工农业生产持续发展的需要。

（4）减少用电单位的电费开支，降低成本，尤其是对大工业用户效果更明显。

因此节约用电的意义很大，其潜力也很大，应把节约用电提高到重要的议事日程中。

二、节约用电的一般措施

（一）加强供用电系统的科学管理

1. 加强节约用电管理，建立节电奖惩制度

节约用电管理规定要求：加强节约用电管理；加强对高耗电行业的监督和指导，督促其采取有效的节电措施；禁止生产、销售国家明令淘汰的低效高耗电的产品；禁止在新建或改建工程项目中采用国家明令淘汰的低效高耗电的工艺、技术和产品，并依法建立节电奖惩制度。

2. 实行计划用电，提高电能利用率

电能是一种特殊商品，对国民经济和人民生产、生活影响极大，因此国家对电能的生产、分配和使用必须实行宏观调控。计划用电就是宏观调控的一种手段。企业用电，应当按照企业与当地供电部门签订的《供用电合同》，实行计划用电；当地供电电网，可依法对企业采取必要的限电措施。对企业内部的供配电系统来说，各车间用电也要按照企业下达的用电指标实行计划用电。实行计划用电，可以促使用户尽量降低能耗，提高电能的利用率。

3. 实行负荷调整，移峰填谷，提高系统供电能力

实行负荷调整（即调荷），就是根据供电电网的供电情况及各类用户的不同用电规律，合理地有计划地安排各类用户的用电时间，以降低负荷高峰，填补负荷低谷（即"移峰填谷"），充分发挥发、变电设备的能力，提高电力系统的供电能力。负荷调整是一项带全局性的工作，也是宏观调控的一种手段。有些地区现已实行并将全面推行的"分时电价制"，就是运用电价这一经济杠杆对负荷进行调整的一种有效措施。

企业内部的调荷措施有：错开各车间的上下班时间和进餐时间等，使各车间的高峰负荷分散；调整各车间的生产班次和工作时间，特别是有的大容量设备应安排在低谷时间使用，实行高峰让电。

实行负荷调整、"移峰填谷"，可提高电力变压器的负荷率和功率因数，既提高供电能力，又实现电能节约。

4. 实行经济运行方式，全面降低系统能耗

所谓经济运行方式就是能使整个电力系统的电能损耗减少、经济效益提高的一种运行方式。例如对负荷长期偏低（如小于额定负荷 30％时）的电力变压器，可以考虑换以较小容量的电力变压器。如果运行条件许可，两台并列运行的电力变压器可以考虑在低负荷时切除一

台，对负荷率长期偏低的电动机，也可以考虑换以较小容量的电动机。如此处理，均可减少电能损耗，达到节电节能的目的。

5. 加强运行维护，提高设备的检修质量

节电工作，与供用电系统的运行维护和检修质量也有很大关系。例如电力变压器通过大修，消除了铁芯过热的故障，就降低了铁损耗，节约了电能。又如电动机通过检修，使其转子与定子间的气隙均匀或减小，或者减小了转轴的转动摩擦，也能减少电能损耗。再如将配电线路中接头的接触不良、严重发热的问题解决好了，不仅能保证安全供电，而且能使线路的电能损耗减少。对于其他的动力设施，加强维护保养，减少水、气、热等能源的跑、冒、滴、漏，也能直接节约电能。

（二）搞好供用电系统的技术改造

1. 逐步更新淘汰现有低效耗能的供用电设备

以高效节能的电气设备来取代低效耗能的电气设备，这是节电节能的一项基本措施，其经济效益十分明显。例如同是 10kV、1000kV·A 的配电变压器，采用热轧硅钢片的 SJL 老型变压器，其空载损耗为 3.9kW，而采用冷轧硅钢片的 S9 型低损耗变压器，其空载损耗仅为 1.7kW。如果以 S9 型来替换 SJL 型，则仅是其空载损耗（铁损耗）一年就可节电（3.9－1.7）×8760＝19272kW·h，相当可观。

2. 改造现有能耗大的供用电设备和不合理的供配电系统

（1）对能耗大的电气设备进行技术改造，也是节电的一项有效措施。例如交流弧焊机是间歇性工作的，其空载时间往往长于工作时间，而空载时的功率因数只有 0.1～0.3，造成系统很大的电能损耗。如果加装空载自停装置，平均每台一年可节约有功电能 1000kW·h，节约无功电能 3500kvar·h，效果明显。

（2）对现有不合理的供配电系统进行技术改造，尽可能地降低线路损耗，也是节电的一项有效措施。例如：将迂回配电的线路，改为直配线路；将截面偏小的导线更换为截面稍大的导线；将绝缘破损、漏电较大的绝缘导线予以换新；在技术经济指标合理的条件下将配电系统升压运行；改选或者增设供配电站站址，使配电变压器更接近负荷中心等，都能有效地节约电能，且能改善供电质量。

3. 合理选择供用电设备的容量，或进行技术改造，提高设备的负荷率

合理选择设备容量、发挥设备潜力、提高设备的负荷率和使用效率，也是节电的一项基本措施。例如合理选择电力变压器的容量，使之接近于经济运行状态，是比较理想的。如果变压器的负荷率长期偏低，则应按经济运行条件进行考核，适当更换较小容量的变压器。又如感应电动机，若长期轻载运行而其定子绕组为三角形联结，则可将其改为星形联结，电动机的铁损耗相应减小，从而节约了电能。如果电动机所带机械的生产工艺条件允许，也可将绕线转子改接为励磁绕组，使之同步化运行，这可大大提高功率因数、节约电能。

4. 改革落后工艺，改进操作方法

生产工艺不仅影响到产品的质量和产量，而且影响到产品的耗电量，例如在机械加工中，有的零件加工以铣代刨的工艺，就可使耗电量减少 30%～40%。在铸造中，有的零件用精密铸造工艺来减少金属切削余量，可使耗电量减少 50% 左右。

改进操作方法也是节电节能的一条有效途径。例如在电加热处理中，电炉的连续作业就

比间歇作业消耗的电能少。

5. 采用无功补偿设备，人工提高功率因数

以上所述的各项措施均为提高自然功率因数的措施，不需增设无功补偿设备，最为经济，因此应予优先采用。当采用各项措施其功率因数仍达不到规定的要求时，则必须采用无功补偿设备。

一般情况下，应采用并联电容器作为无功补偿，而且宜就地平衡补偿。补偿企业单位基本无功功率的电容器组，宜在供配电站集中补偿。

三、供用电设备的电能节约

（一）电力变压器的电能节约

1. 电力变压器节电的一般措施

（1）选用新型低损耗（即节能型，如 S9、S11 系列等）电力变压器，淘汰或改造老式电力变压器。

（2）合理选择电力变压器的容量，既要满足当前负荷的需要，又要考虑 5～10 年负荷发展的要求。

（3）实行电力变压器的经济运行方式。

（4）加强电力变压器的运行维护和检修试验工作。

2. 一台变压器的经济负荷

变压器运行的经济负荷是使变压器的有功损耗和无功损耗在电力系统中造成的有功损耗最小的负荷值，其中变压器的无功损耗在系统中造成的有功损耗是通过无功功率经济当量 K_q 换算而得的，一台变压器的经济负荷为

$$S_{ec \cdot T} = S_{N \cdot T} \sqrt{\frac{\Delta P_0 + K_q \Delta Q_0}{\Delta P_k + K_q \Delta Q_N}} \tag{7-5}$$

其中

$$\Delta Q_0 \approx (I_0\%/100) S_{N \cdot T}, \Delta Q_N \approx (U_k\%/100) S_{N \cdot T}$$

式中　$S_{N \cdot T}$——变压器额定容量；

ΔP_0——变压器的空载损耗；

ΔP_k——变压器的短路损耗；

ΔQ_N——变压器额定负荷时无功损耗；

$I_0\%$——变压器空载电流占额定电流百分值；

$U_k\%$——变压器短路电压（阻抗电压）占额定电压百分值。

一般电力变压器的经济负荷为 50% 左右。

计算电气设备的无功功率损耗在电力系统中引起的有功功率损耗增加量，故引入无功功率经济当量 K_q，其含义是电力系统发送 1kvar 的无功功率，相应地使系统增加有功功率损耗量。

无功功率经济当量 K_q 值，与电力系统的容量、结构及计算点距离发电厂的远近等诸多因素有关。

（1）由发电厂直配的用户，可取 $K_q = 0.02 \sim 0.04$kW/kvar。

（2）由发电厂经两级变压供电的用户，可取 $K_q = 0.05 \sim 0.08$kW/kvar。

（3）由发电厂经三级及以上变压供电的用户，可取 $K_q = 0.01 \sim 0.15$kW/kvar。

（4）当用户具体位置不详或作为一般情况，可取 $K_q = 0.1\,\text{kW/kvar}$。

3. 多台变压器经济运行的临界负荷

多台变压器经济运行的临界负荷，是变压器多一台运行与少一台运行在电力系统中造成的有功损耗正好相等的一个负荷值，如图 7-19 所示中 S_{cr}。系统的有功损耗除包括变压器有功损耗造成的以外，还包括变压器无功损耗造成的、通过无功功率经济当量 K_q 变换的有功损耗。

判别 n 台变压器运行与 $n-1$ 台变压器运行有功损耗（含无功损耗换算值）最小的临界负荷为

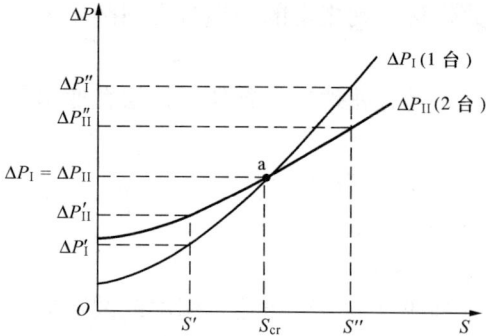

图 7-19　变压器经济运行负荷曲线

$$S_{cr} = S_{N \cdot T} \sqrt{(n-1)n \frac{\Delta P_0 + K_q \Delta Q_0}{\Delta P_k + K_q \Delta Q_N}} \qquad (7\text{-}6)$$

由式（7-6）可知，判别两台变压器经济运行的临界负荷为

$$S_{cr} = S_{N \cdot T} \sqrt{2 \times \frac{\Delta P_0 + K_q \Delta Q_0}{\Delta P_k + K_q \Delta Q_N}} \qquad (7\text{-}7)$$

式（7-7）中各符号含义与式（7-5）中相同。运行中变压器负荷应尽量接近此临界负荷值。

（二）电动机的电能节约

1. 电动机节电的一般措施

（1）选用新型高效节能电动机，淘汰或改造老式电动机。

（2）合理选择电动机的类型和各种参数（包括功率、电压、电流、极数等）。

（3）合理选择电动机的运行方式，尽量减少启动次数和空载运行时间。电动机启动时，启动电流一般在额定电流的 5～7 倍。所以，启动时损耗较大，易使电动机发热。

（4）尽量采用先进的控制方式和控制设备。

（5）尽量提高电动机的自然功率因数，或进行就地无功补偿。

（6）加强电动机的运行维护，提高检修质量，减少机械摩擦损失。

2. 异步电动机最佳负荷率计算

异步电动机的最佳（经济）负荷率为

$$\beta_{opt} = \sqrt{\frac{\Delta P_0}{\left(\dfrac{1}{\eta_N} - 1\right) P_N - \Delta P_0}} \qquad (7\text{-}8)$$

式中　P_N——电动机额定功率；

ΔP_0——电动机空载损耗；

η_N——电动机额定效率。

3. 交流感应电动机利用电磁转差离合器调速节电

电磁转差离合器的原理结构如图 7-20 所示，它由电枢和磁极两部分组成。电枢做成如笼型电机转子那样的短路绕组，也可以做成实心的圆筒型。磁极部分由磁极与励磁绕组组成。电枢部分与电动机的转轴连接，以恒定转速 n_1 旋转，是主动部分；而磁极部分与机械负载的转轴连接，转速为 n_2，是从动部分。

当励磁绕组通入直流励磁电流后，在离合器的磁路里产生磁通，旋转的电枢切割气隙磁通，因而在电枢中感生电流，此电流与磁通作用产生电磁转矩。由于离合器主动部分（电枢）已由电动机带动，因此其从动部分（磁极）随之旋转。

电磁转差离合器的工作原理与感应电动机相似，从动部分的转速 n_2 总比主动部分的转速 n_1 稍慢。

电磁转差离合器通过改变励磁电流可以方便地调节磁极的转速 n_2。由于磁极与机械负载连轴，因此改变励磁电流就改变了机械负载的转速。

利用电磁转差离合器进行调整，具有简单方便、投资小、效率高等优点。在接近额定转速范围内（90%额定转速以上）运转时，效率比变频调速或直流电动机调速的效率都高，功率因数也高，节电效果明显。但负载转矩过低（低于10%额定转矩）时，可能使控制功能变坏，甚至失控，所以此调速方式不适于转矩与转速成反比变化的吊车类负载。

4. 交流笼型电动机利用液力耦合器调速节电

液力耦合器的原理结构如图7-21所示。它主要由泵轮、涡轮、输入输出连接装置和密闭的外壳等组成。

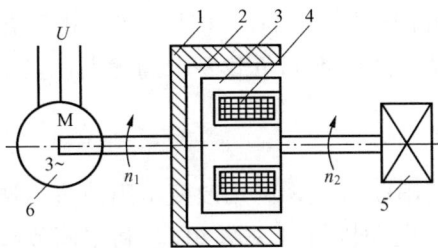

图 7-20　电磁转差离合器的原理结构
1—电枢；2—气隙；3—磁极；4—励磁绕组；
5—机械负载；6—交流电动机

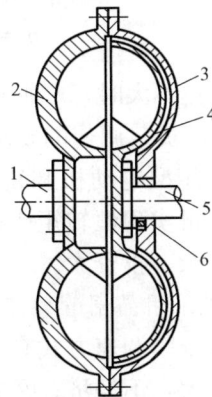

图 7-21　液力耦合器原理结构
1—输入轴；2—泵轮；3—外壳；
4—涡轮；5—输出轴；6—油封

当泵轮被主动机械拖动时，液力耦合器腔体内的工作液体在泵轮内获得动能，进入涡轮后，其动能转变为机械能，从而推动涡轮旋转，带动负载工作，实现功率的传递。调节其腔体内的液体量就可实现输出轴的无级调速，并达到节电的要求，这种调速方式适用于大功率的风机和泵类负载。

5. 交流绕线转子电动机采用晶闸管串级调速节电

三相绕线转子感应电动机的调速有两种方法：①转子绕组串电阻调速，其缺点是电阻上要消耗大量的电能，而且是有级调速；②转子绕组串电动势调速。晶闸管串级调速即转子串电动势调速的一种，其原理电路如图7-22所示。

由图7-22可知，绕线电动机转子电压经二极管整流为直流电压 U_d，再由晶闸管逆变器将其直流侧电压 U'_d（如忽略回路电阻，则 $U'_d = U_d$）逆变为交流电压，使转差功率经变压器反

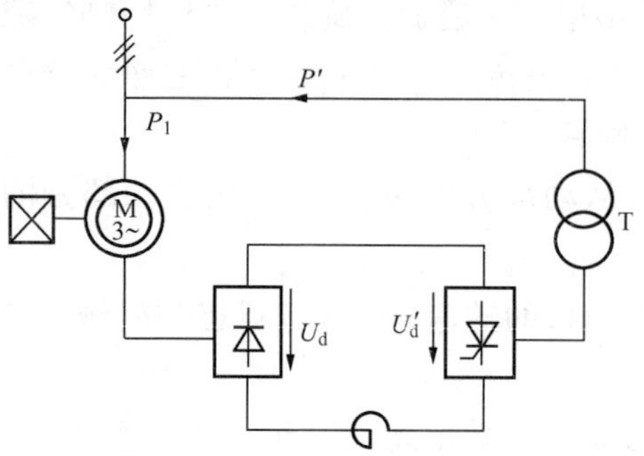

图 7-22　晶闸管串级调速原理电路

馈到交流电网。此时 U_d' 可视为加到电动机转子绕组的电动势，控制逆变角 β 就可改变 U_d' 的数值，也就是改变了引入转子绕组的电动势，从而实现了电动机的串级调速。

这种调速方法既实现了无级平滑调速，又消除了转子电阻发热问题，降低了电能损耗，节约了电能。但采用常规的晶闸管串级调速，由于电流滞后于电压导通，不仅电动机本身需要吸收无功功率，逆变器也需要吸收无功功率，因此功率因数一般为 0.4~0.6 左右。如果采用一种可关断晶闸管（GTO），在门极加正向脉冲电流时导通，而加反向脉冲电流时关断，因此利用此特性可使电流超前于电压，使功率因数提高到 0.9 以上，达到进一步节电的要求，这种调速方式也主要运用于风机、泵类。

6. 交流电动机采用变频调速节电

改变电源的频率 f_1，可以调节交流电动机的同步转速 n_0，对感应电动机来说，其转速为

$$n = n_0(1-s) = \frac{60f_1}{p}(1-s)$$

当转差率 s 变化不大时，n 基本上与 f_1 成正比。因此平滑地改变频率 f_1，即可平滑地调节 n，从而满足机械负载调速的要求。

变频调速对于笼型电动机和绕线转子电动机都是适用的。这种调速方式具有调速范围大、平滑性好，且可实现恒转矩或恒功率调速从而适应不同负载要求的优点，但需专用的变频电源，故结构复杂、投资大。

7. 直流电动机采用晶闸管整流调速节电

直流电动机传统的调速方式有：①电枢回路串联电阻，利用改变电阻值进行调速，这种调速方式电能损耗大，不经济；②采用发动机—电动机组（G-M 组），利用调节直流发电机（G）的励磁电流来改变供给直流电动机（M）的电枢电压以调节直流电动机的转速。这种调速方式，电枢回路不串电阻，损耗较小，但直流发电机还需交流电动机拖动，由于交流电动机和直流发电机在运转中都有电能损耗，而且结构复杂，投资大，也不经济。现在已广泛应用晶闸管—电动机组调速，去掉了交流电动机—直流发电机组，大大简化了调速装置，降低了投资，节约了电能。

晶闸管—电动机组调速的基本原理电路如图 7-23 所示。用晶闸管对交流电源进行整流，形成可变的直流电压加在电动机的电枢绕组上。调整晶闸管触发脉冲的相位，可将输出的直流电压和电流控制在任意正负值上，从而可自由调节电动机的转矩和转速。这种调速方式的电能损耗很小，而且电动机同时采用再生制动方式，进一步节约电能。

8. 直流电动机采用晶闸管斩波器调速节电

直流斩波器是一种将直流电源的恒定直流电压变换为可调直流电压的晶闸管装置。它以晶闸管作为直流开关，控制直流电路的接通和关断，使负荷端得到大小可调的直流电 U_d。主回路也没有电阻，也采用再生制动。其原理电路如图 7-24 所示。它具有启动平稳、调速特性好和节电效果好等优点，广泛用于电力机车、地铁、电车等的调速控制。

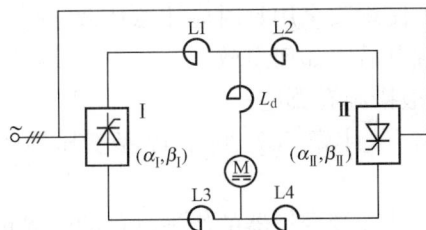

图 7-23　晶闸管—电动机组调速的基本原理电路

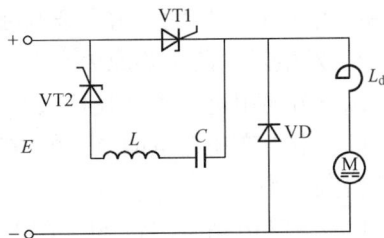

图 7-24　逆导型直流斩波器调速原理电路

9. 设法提高电动机运行的功率因数

（1）合理选择电动机的容量，使其负荷率接近于最佳负荷率（70％以上），可获得较高的功率因数。

（2）长期轻载运行的△联结的电动机可改为丫联结，使定子绕组电压降为原来电压的 $1/\sqrt{3}$，从而减小铁损耗，提高功率因数。

（3）使绕线转子电动机同步化运行，或采用同步电动机，均可提高功率因数，但必须是拖动的机械生产工艺所允许。

（4）加强运行维护、提高检修质量、减小机械损耗和空载损耗，均能有效地提高功率因数，节约电能。

（三）电力网络的节约用电

电力线路的节能措施主要是降低其损耗。

（1）把较高电压的送电线路架设到负荷中心，选择合适的负荷距。负荷距的选择可查阅有关线路设计资料。

（2）改进电网结构，避免线路迂回，使其在最合理、最经济的方式下运行。

（3）适当提高运行电压，保证电压质量。导线截面的选择应满足自变压器二次侧出口至线路末端的电压损耗不大于额定电压的 7％。

（4）电网进行升压改造，简化电压等级，减少变电容量。

（5）尽可能使导线按经济电流密度合理运行，导线的经济电流密度可查阅有关资料。

（6）合理调整负荷，提高负荷率。

（7）平衡三相负荷电流。一般要求配电变压器出口电流不平衡度不大于10％，低压干线及主要分支线不平衡度不大于20％。

习　题

7-1　提高功率因数的方法有哪些？

7-2　什么是保护接地、保护接零、零线的重复接地？

7-3　供配电站的防雷措施有哪些？架空线路的防雷措施有哪些？

7-4　供配电变压器并列运行意义及实际运行条件有哪些？

7-5　配电变压器无载调压分接开关的调整步骤有哪些？

7-6　架空线路寻找故障点的基本方法有哪些？对它的反事故措施有哪些？

7-7　工厂供配电中保证安全工作的技术措施是什么？

7-8　电流对人体的危害主要与哪些因素有关？使用安全用具时应注意什么？

7-9　发生触电的主要原因有哪些？发现有人触电后应如何急救？

7-10　节约用电的意义是什么？节约用电的一般措施有哪些？

7-11　电力变压器电能节约的方法主要有哪些？试计算 SL7-2000/10 型变压器的经济负荷和经济负荷率。

7-12　某变电站有两台 SL7-800/10 型变压器，试计算变压器的经济运行的临界负荷值。

参 考 文 献

[1]　张炜. 供用电设备［M］. 北京：中国电力出版社，2015.

[2]　王霁宗. 工企电气设备及其运行（变、配电部分）［M］. 2 版. 北京：中国电力出版社，1998.

[3]　陈小虎. 工厂供电技术［M］. 北京：高等教育出版社，2001.

[4]　胡光甲. 工厂电器与供电［M］. 3 版. 北京：中国电力出版社，2015.

[5]　刘增良. 电气设备及运行维护［M］. 北京：中国电力出版社，2004.

[6]　杨其富. 供配电系统运行管理与维护［M］. 北京：中国电力出版社，2003.

[7]　张莹. 工厂供配电技术［M］. 北京：电子工业出版社，2003.

[8]　邓泽远. 供配电系统与电气设备［M］. 北京：中国电力出版社，1996.

[9]　夏国明. 供配电技术［M］. 北京：中国电力出版社，2004.

[10]　徐玉琦. 工厂与高层建筑供电［M］. 北京：机械工业出版社，2004.

[11]　王艳华. 工业企业供电［M］. 2 版. 北京：中国电力出版社，2014.